U0370284
站在巨人的肩上
Standing on Shoulders of Giants
TURING
图灵教育
iTuring.cn

站在巨人的肩上
Standing on Shoulders of Giants
TURING
图灵教育
iTuring.cn

TURING 图灵程序设计丛书

Bootstrap 4 Site Blueprints

Bootstrap实战

（第2版）

[荷] 巴斯·乔布森 [美] 戴维·科克伦 [美] 伊恩·惠特利 著
邵钏 李松峰 译

人民邮电出版社
北 京

图书在版编目（CIP）数据

Bootstrap实战 : 第2版 / (荷) 巴斯·乔布森 (Bass Jobsen) , (美) 戴维·科克伦 (David Cochran) , (美) 伊恩·惠特利 (Ian Whitley) 著 ; 邵钏, 李松峰译. -- 北京 : 人民邮电出版社, 2019.6
(图灵程序设计丛书)
ISBN 978-7-115-51242-0

Ⅰ. ①B… Ⅱ. ①巴… ②戴… ③伊… ④邵… ⑤李… Ⅲ. ①网页制作工具 Ⅳ. ①TP393.092.2

中国版本图书馆CIP数据核字(2019)第087491号

内容提要

Boostrap 是 Twitter 公司内部的一个工具，开源之后迅速得到了各方的认可。本书基于最新 Bootstrap 4 撰写，在简单介绍了安装与配置之后就直奔主题，分别讨论了构建流程、博客站点、WordPress 主题、个人作品展示站点、企业网站、电子商务网站、单页面营销网站和 Angular 应用等几个最具代表性的应用案例，结合这些案例细致地剖析了 Bootstrap 的使用方式和技巧。

本书适合所有前端开发人员及个人网站设计者阅读参考。

◆ 著　[荷] 巴斯·乔布森 [美] 戴维·科克伦
　　[美] 伊恩·惠特利
　译　邵　钏　李松峰
　责任编辑　朱　巍
　责任印制　周昇亮

◆ 人民邮电出版社出版发行　北京市丰台区成寿寺路11号
　邮编　100164　电子邮件　315@ptpress.com.cn
　网址　http://www.ptpress.com.cn
　天津翔远印刷有限公司印刷

◆ 开本：800×1000　1/16
　印张：18.75
　字数：443千字　2019年6月第1版
　印数：1－3 000册　2019年6月天津第1次印刷

著作权合同登记号　图字：01-2019-2397号

定价：69.00元

读者服务热线：(010)51095183转600　印装质量热线：(010)81055316

反盗版热线：(010)81055315

广告经营许可证：京东工商广登字 20170147 号

前　言

2011 年 8 月，Twitter Bootstrap 横空出世。如今，这个被称为“Bootstrap”的框架，俨然已成为前端设计领域最受欢迎的辅助技术。

在和 Bootstrap 打了 5 年多的交道后，我很高兴能写作本书并与你分享自己的经验。在 CSS 和 HTML 领域，Bootstrap 引领我使用相关的最佳实践。它在帮助交付稳定成果的同时，也大大提升了我的工作效率。毫无疑问，Bootstrap 使我成为了更优秀的 Web 开发人员。

Bootstrap 4 是又一个里程碑式的版本，它针对现代浏览器优化了核心代码。使用它，即可用一套代码来搭建在不同设备类型和设备尺寸上都有良好表现的网站与应用。

Bootstrap 是基于 MIT 许可证而发布的开源软件，它的网站托管、开发与维护均在 GitHub 上进行。

本书详细介绍 Bootstrap 的使用方法。全书简明易懂，循序渐进，让你时时处处体验到自定义和重编译 Bootstrap 的 Sass 文件的强大威力，同时掌握应用 Bootstrap 的 JavaScript 插件设计专业用户界面的技巧。

最后，本书并不局限于 Bootstrap。Bootstrap 只是一个工具，一种达到目标的手段。学完这本书之后，你将成为一位更加熟练、高效的 Web 设计师。

本书内容

第 1 章“初识 Bootstrap”，教大家如何下载 Bootstrap、如何基于 HTML5 Boilerplate 设置站点模板，以及如何把 Bootstrap 的 Sass 文件编译为 CSS。

第 2 章“用 Gulp 打造自己的构建流程”，教大家如何用 Gulp 来创建 Bootstrap 项目的构建流程。你可将这一流程复用于自己的新项目。构建流程会把自己的 Sass 代码编译成 CSS 代码，准备 JavaScript 代码，以及运行静态网页服务器以测试结果。

第 3 章“用 Bootstrap 和 Sass 定制博客站点”，带大家初识 Sass。你将学习如何使用 Sass 来定制 Bootstrap 组件。本章将为 Web 日志开发一个网页，并以不同的策略使用 Sass 来调整样式。

第 4 章“WordPress 主题”，学习把个人作品展示站点转换成 WordPress 主题。这一章要利用知名的 JBST 4 Starter Theme，还会定制模板文件、Sass、CSS 和 JavaScript，以满足自身需要。

第 5 章“作品展示站点”，开始学习创建简单的个人作品展示站点，包括全宽的传送带切换效果、三栏文本布局，以及使用 Font Awesome 的字体图标——通过自定义 Bootstrap 的 Sass 文件以及添加自己的 Sass 文件来实现。

第 6 章“企业网站”，学习如何创建复杂的页头区，添加下拉菜单和实用导航，以及构建复杂的三栏布局和四栏页脚，同时还要确保所有这些内容具有完全的响应能力。

第 7 章“电子商务网站”，带领大家探索商品展示页面的设计，学会在复杂的响应式网格中管理多行商品。与此同时，还要实现一个响应式设计的选项，可根据目录、品牌等筛选商品。

第 8 章“单页面营销网站”，教大家设计一个漂亮的单页面滚动式营销网站，包括大字欢迎语、带大图标的商品特征列表、图片墙式的用户评论区，以及三个精美的价目表。

第 9 章“用 Bootstrap 搭建 Angular 应用”，学习如何用 Bootstrap 4 创建 Angular 应用。本章最后将介绍一些用于项目部署的其他工具。

本书要求

要完成本书各章的项目，需要安装下列软件。

- 现代浏览器。
- 文本或代码编辑器。
- 在系统中安装 Node.js。

写作本书时，我们使用的是最新的 Bootstrap 稳定版：Alpha 4。之后的重要更新则会包含在 Bootstrap 4 的正式发行版中。

读者对象

本书适合已经熟练掌握 HTML 和 CSS 基础，且熟悉 HTML5 标记和样式表的规范写法的读者。了解 JavaScript 的基础知识会更好，因为本书会用到 Bootstrap 的 jQuery 插件。本书经常会用 LESS 来自定义、编写和编译样式表，因此熟悉 LESS 的读者在处理其细节时会感觉更轻松。不过，即便从来没有使用过 LESS，本书由浅入深的介绍，也会让你顺利入门。

本书约定

本书正文中有很多种版式，以区分不同的信息。以下是这些版式的举例及对其意义的解释。

代码段将以等宽字体印刷，比如：

```
.btn-tomato {
  color: white;
  background-color: tomato;
  border-color: white;
}
```

命令行中的输入和输出会以下面的方式来显示。

```
npm install --global gulp-cli
```

新术语和重要的词汇将采用黑体字。

这个图标表示警告或需要特别注意的内容。

这个图标表示提示或技巧。

读者反馈

欢迎提出反馈，你对本书有任何想法，喜欢它什么，不喜欢它什么，请告诉我们。要写出真正对大家有帮助的图书，你的反馈很重要。一般的反馈，请发送电子邮件至 feedback@packtpub.com，并在邮件主题中注明书名。如果你掌握某个主题的专业知识，并且有兴趣写成或帮助促成一本书，请参考我们的作者指南：http://www.packtpub.com/authors。

客户支持

现在，你是一位令我们自豪的 Packt 图书的拥有者，我们会尽全力帮你充分利用你手中的书。

下载示例代码[1]

你可以用你的账户从 http://www.packtpub.com 下载本书的示例代码文件。如果你从其他地方购买的本书，可以访问 http://www.packtpub.com/support 并注册，我们将通过电子邮件把文件发送给你。

可以按以下步骤来下载源代码文件。

(1) 在我们的网站上，用电子邮箱和密码登录或注册。

① 你可以直接访问本书中文版页面，下载本书项目的源代码：http://ituring.cn/book/1961。——编者注

(2) 将鼠标悬浮到页面顶部的 SUPPORT 标签上。
(3) 点击“Code Download & Errata”。
(4) 在 Search 搜索框中输入本书书名。
(5) 选择需要下载源代码的相应图书。
(6) 在下拉菜单中选择购买本书的途径。
(7) 点击“Code Download”。

文件下载完成后，请用以下软件的最新版本将其解压缩成文件夹。

- 在 Windows 上，使用 WinRAR / 7-Zip
- 在 Mac 上，使用 Zipeg / iZip / UnRarX
- 在 Linux 上，使用 7-Zip / PeaZip

本书的代码同时还托管在 GitHub 上，地址为 https://github.com/PacktPublishing/Bootstrap-4-Site-Blueprints。通过访问 https://github.com/PacktPublishing/，还可以下载其他更多图书与视频所附带的源代码。试一下吧！

下载本书中的彩图

本书还提供了一个 PDF 文件，其中包括了书中所使用到的截图/图表的彩图。这些彩图可以帮助你更好地理解输出的变化。可以从以下地址下载该文件：http://www.packtpub.com/sites/default/files/downloads/Bootstrap4SiteBlueprints_ColorImages.pdf。

勘误表

虽然我们已尽力确保本书内容正确，但出错仍旧在所难免。如果你在我们的书中发现错误，不管是文本还是代码，希望能告知我们，我们不胜感激。这样做，你可以使其他读者免受挫败，以及帮助我们改进本书的后续版本。如果你发现任何错误，请访问 http://www.packtpub.com/submit-errata 提交。[①]选择书名，点击 Errata Submission Form 链接，并输入详细说明。勘误一经核实，你的提交将被接受，此勘误将上传到本公司网站或添加到现有勘误表。

如需查看已提交的勘误，可以访问 https://www.packtpub.com/books/content/support，在搜索区输入书名进行搜索。勘误信息会显示在 Errata 区域中。

侵权行为

版权材料在互联网上的盗版是所有媒体都要面对的问题。Packt 非常重视保护版权和许可证。

① 本书中文版的勘误请到 http://ituring.cn/book/1961 查看和提交。——编者注

如果你发现我们的作品在互联网上被以任何形式非法复制，请立即为我们提供地址或网站名称，以便我们可以寻求补救。

请把可疑盗版材料的链接发到 copyright@packtpub.com。

非常感谢你帮助我们维护作者，以及我们给你带来有价值内容的能力。

问题

如果你对本书内容存有疑问，不管是哪个方面，都可以通过 questions@packtpub.com 联系我们，我们将尽最大努力来解决。

电子书

扫描如下二维码，即可购买本书电子版。

目　录

第1章 初识 Bootstrap

作为 Web 前端开发框架，Bootstrap 的流行很容易理解。它为大多数标准的 UI 设计场景提供了用户友好、跨浏览器的解决方案。它现成可用且经受了社区考验的 HTML 标记、CSS 样式及 JavaScript 插件，极大地提高了 Web 前端界面的开发效率，创造出令人愉悦的效果。有了这些基本的元素，开发人员就有了定制设计的坚实基础。

Bootstrap 使用 Grunt 来构建 CSS 和 JavaScript，并使用 Jekyll 来写作文档。Grunt 是 Node.js 中的一个 JavaScript 任务管理器。除此之外，你也可使用其他工具与技术来构建 Bootstrap，本书将介绍其中一些方法。

不过，流行、高效、有效也不一定都是好事。由于工具便捷而导致人们养成坏习惯的例子屡见不鲜。然而，Bootstrap 却没有，至少不一定有这个问题。从它面世就一直关注它的人都知道，它的早期版本和更新有时候会更侧重实际效率，而非最佳实践。事实上，一些最佳实践，不管是语义标记还是移动优先的设计，抑或资源性能优化，都需要额外的时间和精力才能实现。本章将介绍 Bootstrap，并教大家以下内容。

采用当前的一些最佳实践，创建出高质量的 HTML5 标记结构。

- 用 Bootstrap CLI 创建一个新的 Bootstrap 项目。
- 在项目页面中加入折叠内容。
- 为页面创建导航条。
- 将导航条制作为响应式组件。

1.1 数量和质量

运用得当的情况下，我认为 Bootstrap 无论从质量还是效率上讲，都是 Web 开发社区的一大福利。随着越来越多的开发者使用这个框架，越来越多的人也加入了这个社区，从而逐步接受了前沿的最佳实践。Bootstrap 从一开始就鼓励可靠、成熟及面向未来的 CSS 方案，比如 Nicholas Galagher 的 CSS normalize，以及用 CSS3 方案解决图片过多的问题。此外，它也支持 HTML5 语义标记。

1.1.1　与时俱进

Bootstrap v2.0 发布之后，响应式设计随之成为主流，其界面元素也做到了跨设备响应（包括台式设备、平板和手持设备）。

随着 Bootstrap v3.0 的发布，其功能愈加完善，拥有了如下特性。

- 移动优先的响应式网格。
- 基于 Web字体的图标，适用于移动端及高分辨率屏幕。
- 不再支持 IE7，标记和样式更加简洁高效。
- 从 3.2 版本开始，必须使用 autoprefixer 才能构建 Bootstrap。

本书对应的是 Bootstrap v4.0 版本。该版本在引入很多新的组件与改进的同时，也摒弃了一些旧的组件。下述摘要列举了 Bootstrap 4 最重要的改进与变化。

- Less（Leaner CSS）被 Sass 所替代。
- 重构了 CSS 代码，避免使用标签选择符与子元素选择符。
- 改进了网格系统，更好地适配移动端设备。
- 替换导航条。
- 可选的 Flexbox 支持。
- 新的 HTML 重置模块 Reboot。Reboot 继承自 Nicholas Galagher 的 CSS normalize，并负责CSS 规则 `box-sizing: border-box`的声明。
- jQuery 插件现已均由 ES6 编写，并支持 UMD 模块方案。
- 受助于 Tether这一类库，提示语（tooltip）组件和弹框（popover）组件的自动布局获得了改进[①]。
- 舍弃了对 Internet Explorer 8 的支持，因此可以将样式单位中的像素值替换为 rem 和 em。
- 增加了 Card 组件，替换之前版本中的 Well、Thumbnail 和 Panel 组件。
- 舍弃 Glyphicon Halflings 图标集中的字体图标。
- 舍弃 Affix 插件，由支持 `position: sticky` 的修补器（polyfill）所替代。

1.1.2　Sass 的威力

使用 Bootstrap 时，可以考虑使用强大的 Sass。作为CSS 的预处理器，Sass 延伸了 CSS 的语法，增添了变量、混入和函数等特性，帮助用户以 DRY（Don't Repeat Yourself，避免重复代码）的方式来编写 CSS 代码。原生的 Sass 是用 Ruby 编写的，如今则可以使用速度更快的 C++移植版，libSass。与旧式的 Sass 缩排语法相比，Bootstrap 使用的是更为现代的 SCSS 语法。

---

① 对 Tether 的依赖仅存在于 Bootstrap 4 Alpha 版本，自 Bootstrap 4 Beta 版本开始，这一依赖关系被 Popper.js 插件取代。——译者注

对于那些在日常工作中使用 CSS，并对函数式编程语言有所了解的读者来说，学习 Sass 的难度不大。如需深入理解 Sass，可以阅读敝作 *Sass and Compass Designer's Handbook*。

Bootstrap 4 用 Sass 取代了之前的 CSS 预处理器 Less。由于 Sass 开发者社区日渐壮大，因此与 Less 相比，Bootstrap 团队更加青睐 Sass。习惯使用 Less 并有意就此切换到 Sass 的读者需要认识到：与声明式风格的 Less 相比，Sass 更像是一种函数式编程语言。在 Sass 中，变量不经定义是无法使用的，因此需要在代码的开头就修改变量。Bootstrap 中的变量都有默认值，可以再次声明和赋值这些变量名，从而实现对默认值的覆写。

与 Less 相反，Sass 不支持 `if-else-then` 结构，以及`for`、`foreach` 循环。

从单纯给标记添加类到定制 Bootstrap 的 SCSS 文件，大幅提高了我们的能力和工作效率。在 Bootstrap 默认的样式表基础之上，开发者可以发挥自己的创造力，定制自己的内容。换句话说，Bootstrap 确实非常强大。在本书中我会以有趣而严谨的方式，教大家利用它实现高效工作和最佳实践，以及做出漂亮、用户友好的界面。

1.1.3 下载已编译代码

在 http://getbootstrap.com/网站上，可以找到按钮来下载编译好的 Bootstrap 代码。下载下来的文件包括编译好的 CSS 代码和 JavaScript 代码，可以直接用于项目中。这些编译好的 CSS 和 JavaScript 代码囊括了 Bootstrap 中所有的组件和功能。本书稍后将介绍如何创建定制版本的 Bootstrap，其中只包含那些真正要用到的组件和功能。

除了下载默认的版本外，还可以选择支持 Flexbox 的版本，或者仅包含网格系统的 Bootstrap 版本。

1.1.4 支持 Flexbox 的版本

在 http://getbootstrap.com/网站上，还可以下载支持 Flexbox 的 Bootstrap。切换到 Flexbox 版本后无须对 HTML 做任何变更，唯一要做的就只是修改 CSS 源文件。

1.1.5 仅包含网格系统的版本

Bootstrap 内置了一个移动优先的、12 栏布局的、响应式网格系统。对于那些只需要在项目中使用网格系统的人来说，可以选择下载仅包含网格系统的 Bootstrap 版本。该版本提供了预定义的网格标签类，且无须加载任何 JavaScript 文件。在这种情况下，如 1.6 节中“box-sizing”部分所介绍的，使用者需自行定义包括 `box-sizing: border-box` 在内的 HTML 重置规则。

在该版本中，除了能使用预定义的网格标签类，还能利用 Sass 中的变量和混入来定制符合语义的响应式页面布局。

1.1.6　从 CDN 加载运行 Bootstrap

除了下载 Bootstrap 这一方法外，还可以在项目中通过 CDN（内容分发网络）来加载 Bootstrap。CDN 可用来给多个服务器分配带宽，进而让用户从离其最近的资源节点下载静态内容。

可以从以下 CDN 加载 Bootstrap：https://www.bootstrapcdn.com/。BootstrapCDN 由 MaxCDN 提供技术支持，其官方网站为：https://www.maxcdn.com/。

子资源完整性（SRI）

其他人可以通过控制 CDN 上的代码而随意地向文件中注入恶意内容，因此 CDN 还是存在不小的风险。为了规避这一风险，我们可以在那些加载CDN文件的<script>元素和<link>元素中添加完整性属性。该属性值应当是以 base64 编码的 sha384 散列。除此之外，还应当在这些元素中添加 crossorigin 属性。从 MaxCDN 加载 jQuery 的 script 元素的写法如下。

```
<script src="http://code.jquery.com/jquery-2.2.3.min.js"
integrity="sha256-a23g1Nt4dtEYOj7bR+vTu7+T8VP13humZFBJNIYoEJo="
crossorigin="anonymous"></script>
```

关于子资源完整性，可以访问 https://www.w3.org/TR/SRI/获取更多的信息。

1.2　下载 Bootstrap 源文件

下载 Bootstrap 的途径很多，但通过这些途径下载的文件并不完全一样。为了后面考虑，我们必须确保下载到 Sass 文件，因为这些文件可以为我们提供定制和创新的基础。在这里，我们溯本求源，打开 http://getbootstrap.com。

Bootstrap

Build responsive, mobile-first projects on the web with the world's most popular front-end component library.

Bootstrap is an open source toolkit for developing with HTML, CSS, and JS. Quickly prototype your ideas or build your entire app with our Sass variables and mixins, responsive grid system, extensive prebuilt components, and powerful plugins built on jQuery.

Get started　Download

打开网站，一眼就能看到大大的“Download”按钮。

若情形有变，也可以访问 GitHub 上的项目链接（https://github.com/twbs/bootstrap），点击“Download ZIP”按钮来下载，或者运行以下命令来克隆整个 Bootstrap 项目。

```
git clone https://github.com/twbs/bootstrap.git
```

1.2.1　下载后的文件

下载 Bootstrap 的源文件之后，应该能看到类似下图所示的文件结构。

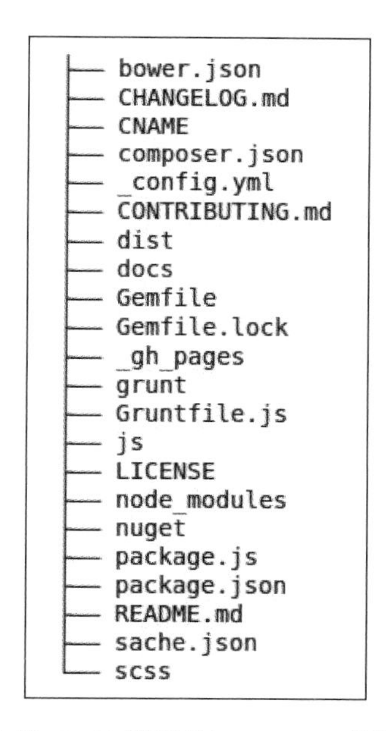

除了 SCSS 代码和 jQuery 插件的 EM6 代码等 Bootstrap 源文件外，上述文件中还包括了用于构建 Bootstrap 的内容。Bootstrap 默认由 Grunt 来构建。诚然，文件不少，但并非全都需要。无论如何，这里包含了 Bootstrap 所能提供的一切。值得注意的是，正如之前所提到的，Glyphicon Halfling 字体集已被舍弃，因此源文件中并不包含字体文件。Bootstrap 中的默认字体仅由 CSS 设定，无须依赖任何字体文件。

随着时间推移，已下载文件中的实际内容可能有所变化，但主要内容通常不会变。需要注意的是，在 scss 文件夹中，可以找到所有重要的 Sass 文件，它们是本书所有项目的关键。除此之外，js 文件夹中包含 Bootstrap 的独立 JavaScript 插件，可供我们选用。

另外，假如你只需要 Bootstrap 默认提供的预编译 CSS 或 JavaScript 文件（如 bootstrap.css 或 bootstrap.min.js），也可以在 dist 文件夹中找到它们。这些预编译文件的结构如下。

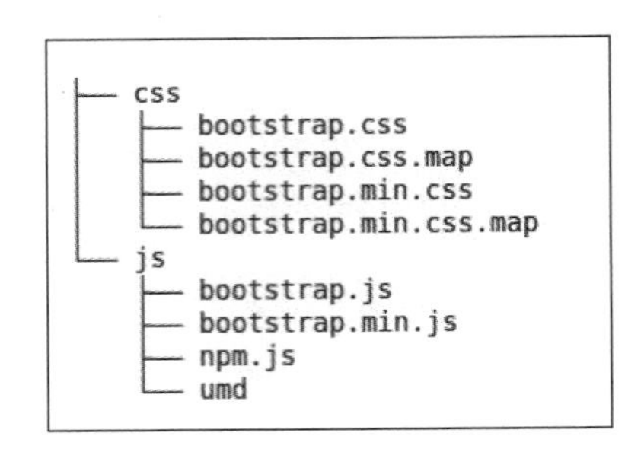

上图中，umd 文件夹包含了用于在 CommonJS 环境中进行 `require()`操作的插件文件。这些文件符合 UMD（Universal Module Definition）规范。作为脚本加载机制，CommonJS 和 AMD 都能确保不同的 JavaScript 组件以正确的顺序加载、协同。通用的 UMD 规范同时支持 CommonJS 和 AMD。

另外，源文件里还有一个 docs/examples 文件夹，其中包含示例 HTML 模板。我们第一个项目的模板文件夹就会基于其中一个示例来创建。

1.2.2　下载安装 Bootstrap 的其他方法

除了直接下载，还可以用其他工具和包管理器来获取 Bootstrap 文件，具体可参考下列命令和工具。

- 用 npm 来安装：`npm install bootstrap`
- 用 Meteor 来安装：`meteor add twbs:bootstrap`
- 用 Composer 来安装：`composer require twbs/bootstrap`
- 用 Bower 来安装：`bower install bootstrap`
- 用 NuGet 来安装：
    - CSS：`Install-Package bootstrap -Pre`
    - Sass：`Install-Package bootstrap.sass -Pre`

1.3　工具配置

如果要使用 Grunt 文件在本地运行 Bootstrap 文档，则需下载 Bootstrap 源文件并配置 Node和 Grunt 环境。Bootstrap 的构建流程如下。

- 通过 `npm install -g grunt-cli` 安装 Grunt 命令行工具 grunt-cli。
- 到/bootstrap 根目录，运行 `npm install` 来安装在 package.json 文件中所列举的本地依赖。
- 安装 Ruby，并用 `gem install bundler` 来安装 Bundler，最后再运行 `bundle install`，该命令会安装项目中所有的 Ruby 依赖，如 Jekyll 和其他插件。

至此，即可在/bootstrap 根目录中通过运行以下命令来在本地启动 Bootstrap 文档。

```
bundle exec jekyll serve
```

接下来，可以访问 http://localhost:9001 查看文档和示例。

HTML 初始模板

下载 Bootstrap 源文件后，即可将 dist 文件夹中编译好的 CSS 和 JavaScript 文件用于 HTML中。可参考以下示例，创建一个新的 HTML 模板。

```
<!DOCTYPE html>
<html lang="en">
  <head>
    <!-- Required meta tags always come first -->
    <meta charset="utf-8">
    <meta name="viewport" content="width=device-width, initial-scale=1,
shrink-to-fit=no">
    <meta http-equiv="x-ua-compatible" content="ie=edge">
    <!-- Bootstrap CSS -->
    <link rel="stylesheet" href="https://maxcdn.bootstrapcdn.com/bootstrap/
4.0.0-alpha.2/css/bootstrap.min.css">
  </head>
  <body>
    <h1>Hello, world!</h1>
    <!-- jQuery first, then Bootstrap JS. -->
    <script src="https://ajax.googleapis.com/ajax/libs/jquery/2.1.4/
jquery.min.js"></script>
    <script src="https://cdnjs.cloudflare.com/ajax/libs/tether/1.1.2/js/
tether.min.js"></script>
    <script src="https://maxcdn.bootstrapcdn.com/bootstrap/4.0.0-alpha.2/
js/bootstrap.min.js"></script>
  </body>
</html>
```

如上所示，HTML 代码应以 HTML5 的文档类型标记`<!DOCTYPE html>`开头。

1. 响应式 meta 标签

Bootstrap 支持响应式并遵循“移动优先”的设计理念，所以 HTML 代码的 head 区域中应包含如下响应式 meta 标签。

```
<meta name="viewport" content="width=device-width, initial-scale=1,
shrink-to-fit=no">
```

Bootstrap 采用“移动优先”的策略，其代码首先为移动端设备而优化，然后采用 CSS 媒体查询技术来增加对更大尺寸屏幕的支持。

2. `X-UA-Compatible` meta 标签

`X-UA-Compatible` 是另一个应当添加到 HTML 模板的 head 区域中的重要 meta 标签，其写法如下。

```
<meta http-equiv="x-ua-compatible" content="ie=edge">
```

该 meta 标签可以强制 Internet Explorer 以最新的渲染模式来显示内容。

3. Bootstrap 的 CSS 代码

除了上述标签，还应当在 HTML 文档中加载 Bootstrap 的 CSS 代码。在之前的示例模板中，CSS 代码是从 CDN 加载的。也可以将这一 CDN URI 替换成 dist 文件夹中的本地 CSS 文件。

```
<link rel="stylesheet" href="dist/css/bootstrap.min.css">
```

4. JavaScript 文件

最后，应在 HTML 代码的末尾加载 JavaScript 文件，从而加速页面的加载。Bootstrap 的 JavaScript 插件依赖 jQuery，因此在加载这些插件前需要先行加载 jQuery。对于popover 和插件而言，除了 jQuery，它们还依赖 Tether，因此在加载 jQuery 后应当立即加载 Tether，然后加载其他插件文件。相关的 HTML 代码的写法如下。

```
<script
src="https://ajax.googleapis.com/ajax/libs/jquery/2.1.4/jquery.min.js"></script>
<script
src="https://cdnjs.cloudflare.com/ajax/libs/tether/1.1.2/js/tether.min.js">
</script>
<script
src="https://maxcdn.bootstrapcdn.com/bootstrap/4.0.0-alpha.2/js/bootstrap.min.js">
</script>
```

和 CSS 代码一样，也可用本地的 JavaScript 文件替代上述例子中的 CDN URI。

1.4　使用 Bootstrap CLI

本书将介绍 Bootstrap CLI 。除了使用 Bootstrap 的打包构建流程，还可以通过运行 Bootstrap CLI 命令来创建新项目。

Bootstrap CLI 是 Bootstrap 4 中的命令行界面，其内置了一些示例项目，你也可以将它用于自己的项目。

使用 Bootstrap CLI 需安装以下软件。

- Node.js 0.12+：可从 Node.js 官方网站下载并安装。
- 安装 Node.js 后，运行`[sudo] npm install -g grunt bower`。

- ❑ Git：运行你的电脑操作系统所对应的 Git 安装程序。
- ❑ Windows 用户也可尝试使用 Git for Windows。

除 Grunt 外，Gulp 是 Node.js 体系中另一个任务管理工具。如果你偏好使用 Gulp，则可运行以下命令来安装该工具。

```
[sudo] npm install -g gulp bower
```

第 2 章将详细介绍 Gulp。

安装完上述软件后，可以运行以下命令，通过 npm 安装 Bootstrap CLI。

```
npm install -g bootstrap-cli
```

该操作会在操作系统中增加 `bootstrap` 这一命令。

1.5 准备新的 Bootstrap 项目

安装好 Bootstrap CLI 后，就可以运行以下命令来创建新的 Bootstrap 项目了。

```
bootstrap new --template empty-bootstrap-project-gulp
```

命令运行后，会收到询问 “What's the project called? (no spaces)”。输入项目名，即可创建出一个同名的文件夹。初始化配置完成后，该项目文件夹中的目录和文件结构将如下图所示。

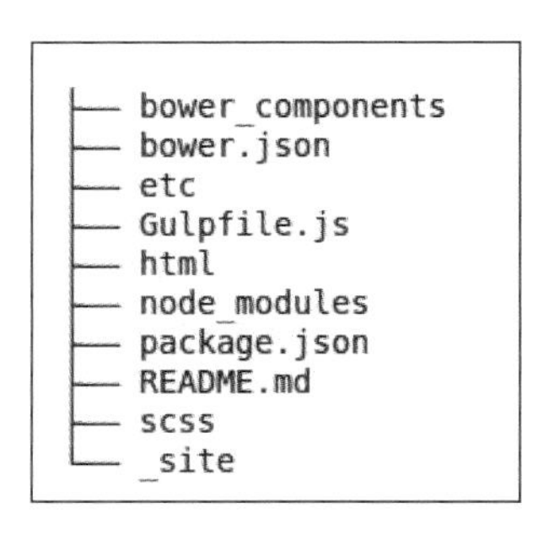

上述项目文件夹中包含了 Gulpfile.js 文件。在第 2 章中，你将学习使用 Gulp 构建流程创建自己的 Bootstrap 项目。

至此，可以运行 Bootstrap 的 `watch` 命令，同时修改 html/pages/index.html 文件来观察效果。该 HTML 模板文件是用 Panini 来编译的。作为平面文件编译工具，Panini 可以帮助你创建出布局一致、文件片段可复用的 HTML 页面。

如需了解Panini 的更多相关信息，可访问 http://foundation.zurb.com/sites/docs/panini.html。

Panini 会将 HTML 模板编译成单个 index.html 文件，就像前面介绍的那样。

1.6 设置主结构元素

下面开始准备页面内容。我们将添加以下页面元素。

- 包含 logo 和导航的页头区。
- 包含页面内容的主内容区。
- 包含版权信息和社交媒体链接的页脚区。

添加这些内容，我们都会基于最新的 HTML5 最佳实践来做，并且会考虑 ARIA（Accessible Rich Internet Applications，无障碍富互联网应用）的 `role` 属性（即 `banner`、`navigation`、`main` 和 `contentinfo` 这几个角色）。

运行 `bootstrap watch` 命令，浏览器将自动访问 http://localhost:8080 地址。接着，编辑 html/pages/index.html 文件。使用文本编辑器，在这一文件中输入以下 HTML代码。

```
---
layout: default
title: Home
---
<header role="banner">
  <nav role="navigation">
  </nav>
</header>

<main role="main">
  <h1>Main Heading</h1>
  <p>Content specific to this page goes here.</p>
</main>

<footer role="contentinfo">
  <p><small>Copyright &copy; Company Name</small></p>
</footer>
```

这就是页面的基本结构和内容了。继续往下。值得注意的是，刚才在 html/pages/index.html文件中添加的内容会编译到 `html/layout/default.html` 布局模板中。该模板包含了 HTML 主干结构以及对编译好的 CSS 和 JavaScript 代码的链接。

在 HTML 代码的末尾加载 JavaScript 代码，以此获取更快的性能。Gulp 会将 jQuery、Tether 和 Bootstrap 所需的各种 jQuery 插件打包到一个_site/js/app.js 文件中。除此之外，也可以从 CDN加载 jQuery 或 Tether。

导航条标记

编译后的 CSS 代码已经链接到编译后的 HTML 代码，你也可以在_site/css 文件夹中找到。下面简单介绍如何用 Sass 定制 CSS。但首先我们尝试将至少一个 Bootstrap 特有的元素“导航条”放置到页面中。

开始，我们只做 Bootstrap 的基本导航条（稍后会添加细节）。使用 Bootstrap 文档中的标记，得到如下结果，嵌套在 header 元素中。

```
<header role="banner">
<nav class="navbar navbar-light bg-faded" role="navigation">
  <a class="navbar-brand" href="index.html">Navbar</a>
  <ul class="nav navbar-nav">
    <li class="nav-item">
      <a class="nav-link active" href="#">Home <span class="sr-
only">(current)</span></a>
    </li>
    <li class="nav-item">
      <a class="nav-link" href="#">Features</a>
    </li>
    <li class="nav-item">
      <a class="nav-link" href="#">Pricing</a>
    </li>
    <li class="nav-item">
      <a class="nav-link" href="#">About</a>
    </li>
  </ul>
  <form class="form-inline pull-xs-right">
    <input class="form-control" type="text" placeholder="Search">
    <button class="btn btn-success-outline" type="submit">Search</button>
  </form>
</nav>
</header>
```

保存结果，浏览器会自动刷新并显示 Bootstrap 默认样式的导航条。如下图所示，排版和布局上也有所增强，这说明 CSS 已经生效了，祝贺你！

这样我们就配置好了 Bootstrap 的默认样式。

1. 导航条所使用的 CSS 类

如之前的导航条例子所示，可以使用<nav>、<a>和<ul>等标准的 HTML 元素，配以 Bootstrap

的 CSS 类来创建导航条。

首先观察以下代码片段中<nav>元素所拥有的类。

```
<nav class="navbar navbar-light bg-faded" role="navigation"></nav>
```

.nav 类会设置导航条的基础样式。

.navbar-light 和.navbar-dark 类则设置导航条中文字和链接的颜色。当导航条的背景色呈亮色时，应当使用.navbar-light类；而当导航条的背景色呈暗色时，则应使用 .navbar-dark 类。

最后，.bg-*类会设置导航条具体所采用的背景色；可供选择的类有.bg-inverse、.bg-faded、.bg-primary、.bg-success、.bg-info、.bg-warning 和.bg-danger。这些背景色类是 Bootstrap 内置的，也可用于其他元素和组件上。

导航条中的标题可以由包含.navbar-brand 类的<a>元素或<span>元素组成。

导航条中具体的项目则由无序列表元素（<ul>）所组成。在列表元素内，每个列表成员（<li>）都会拥有.nav-item 这一 CSS 标签，同时包含一个拥有.navbar-link 类的<a>元素。对于当前选中的列表成员而言，除了.navbar-link 外，还会包含.active 类。

最后，在以下导航条的 HTML 代码片段中，可以看到.sr-only 类。

```
<span class="sr-only">(current)</span>
```

包含.sr-only 类的 HTML 元素仅在屏幕阅读器中有效。

如需了解更多信息，可访问 http://a11yproject.com/posts/how-to-hide-content/。

2. 在页面中放置导航条

默认情况下，导航条拥有圆角，并以静态定位的方式出现在页面中。可以使用一些特殊的 CSS 类，将导航条固定在页面顶部（.navbar-fixed-top）或底部（.navbar-fixed-bottom），也可移除其圆角效果并调整 z-index 值（.navbar-full）。接下来，我们将导航条做成响应式的。通过这一试验，也可以测试 Bootstrap 中 JavaScript 插件的运行效果。

3. 在导航条中添加可折叠内容

借助 Bootstrap 中的折叠插件，我们可以创建出可折叠内容，并能简单地用<a>标签或<button>标签显示或隐藏内容。同时，还可以在导航条中添加这一切换按钮。

首先，在<div class="collapse">元素内创建可折叠内容，并对该元素赋予唯一的 ID。具体写法如下。

```
<div class="collapse" id="collapsiblecontent">
Collapsible content
</div>
```

然后，创建拥有.navbar-toggler 类和 data-toggle、data-target 属性的按钮，具体写法如下。

```
<button class="navbar-toggler" type="button" data-toggle="collapse" data-
target="#collapsiblecontent">
&#9776;
; </button>
```

在以上代码片段中，data-toggle 属性应当设置为 collapse，以触发折叠插件功能；而 data-target 属性则应指向刚创建的可折叠内容的唯一 ID。HTML 代码中的☰ 表示汉堡图标，在页面上会显示成以下样式。

现在将这些代码写在一起，并把按钮放在导航条中。在 html/pages/index.html 文件中编写以下 HTML 代码，即可在浏览器中看到效果。

```
<header>
  <div class="collapse" id="collapsiblecontent">
    Collapsible content
  </div>
  <nav class="navbar navbar-light bg-faded" role="navigation">
    <button class="navbar-toggler" type="button" data-toggle="collapse" data-
target="#collapsiblecontent">
    ≡
    </button>
  </nav>
</header>
```

如果 Bootstrap 的 watch 命令还在运行，浏览器应当会自动刷新。结果如下图所示。

点击汉堡图标，可折叠内容就会显示出来。如果这一行为符合预期，就表明折叠插件工作正常。除此之外，折叠插件还能用来制作响应式的导航条，稍后将详细介绍。

默认情况下，.collapse 元素中的内容是隐藏的。点击切换按钮后，折叠插件会在该元素上添加.in 类，从而使内容显示出来。为了让显示/隐藏的过程顺畅，插件还会添加一个临时的.collapsing 类来实现动画效果。

4. 响应式与断点

默认情况下，Bootstrap 中的断点有 4 个：544、768、992 和 1200 像素。围绕这些断点，设计将适配具体的设备和不同尺寸的浏览器视口。与此同时，Bootstrap中移动优先的响应式网格也会用到这些断点。本书稍后将详细介绍网格。

可以使用这些断点来指定和命名视口的大小范围：超小（xs）表示视口宽度小于 544 像素的手机端竖屏模式，小（sm）表示视口宽度小于 768 像素的手机端横屏模式，中等（md）表示视口宽度小于 992 像素的平板设备，大（lg）表示视口宽度大于 992 像素的桌面设备，超大（xl）表示视口宽度大于 1200 像素的桌面设备。由于视口大小的像素值与页面中的字号无关，并且现代浏览器普遍修复了缩放所带来的问题，因此这些断点以像素为单位。

有不同意见认为，断点以 em 为单位更好。

如需了解更多信息，可访问 http://zellwk.com/blog/media-query-units/。

偏好使用 em 作为断点单位的人，可以修改 scss/includes/_variables.scss 文件中所声明的 $grid-breakpoints 变量。如果使用 em 值作为媒体查询的度量，则相关 SCSS 代码的写法如下。

```
$grid-breakpoints: (
  // 超小屏幕 / 手机
  xs: 0,
  // 小屏幕 / 手机
  sm: 34em, // 544px
  // 中型屏幕 / 平板
  md: 48em, // 768px
  // 大屏幕 / 桌面设备
  lg: 62em, // 992px
  // 超大屏幕 / 宽屏桌面设备
  xl: 75em //1200px
);
```

除此之外，还应修改$container-max-widths 变量声明。修改 Bootstrap 变量的操作应当通过编辑本地的 scss/includes/_variables.scss 文件来实现，具体解释可参考 http://bassjobsen.weblogs.fm/preserve_settings_and_customizations_when_updating_bootstrap/。如此操作可以避免 Bootstrap 版本更新对本地修改的意外覆写。

5. 响应式工具类

Bootstrap 中预定义了一些工具类，用以加速开发对移动端设备友好的产品。可以使用这些类，通过媒体查询技术在不同设备和不同大小的视口中显示/隐藏内容。

以.hidden-*-up 类为例，其中*代表某个断点的名称，该类可在所有设备视口宽度大于指定断点的情况下隐藏相关的内容。如.hidden-md-up 类会在中型视口、大视口和超大视口的情况下隐藏某个元素；与之相反，.hidden-md-down 则会在视口宽度小于指定断点的情况下隐藏某个元素。

也可以通过 Sass 混入的方式来使用 Bootstrap 的媒体查询范围和断点。混入 media-breakpoint-up()接受断点名称作为输入参数，用于设置 min-width 这一媒体查询规则。在该规则下，相关的CSS内容仅在视口宽度大于断点的情况下才生效。与之相反，混入 media-breakpoint-down() 用于设置 max-width 规则，相关的 CSS 内容仅在视口宽度小于断点的情况下有效。

对于以下可写在 scss/app.scss 文件末尾的 SCSS 代码而言：

```
p {
font-size: 1.2em;
  @include media-breakpoint-up(md) {
    font-size: 1em;
  }
}
```

该 SCSS 代码会被编译成以下 CSS 内容。

```
p {
  font-size: 1.2em;
}

@media (min-width: 768px) {
  p {
    font-size: 1em;
  }
}
```

6. 完成响应式导航条

为了在 Bootstrap 响应式导航条基础上完成导航条，还得增加两个新元素，以及相应的类和 data 属性。

先在之前的导航条代码中添加切换按钮。该按钮的 HTML 代码如下所示。

```
<button class="navbar-toggler hidden-md-up pull-xs-right" type="button"
data-toggle="collapse" data-target="#collapsiblecontent">
    ≡
  </button>
```

从以上 HTML 代码可以看到，响应式导航条组件也会用到折叠插件，因此和之前可折叠内容的例子一样，该按钮也拥有相同的 `data` 属性。此外，该按钮有一个`.hidden-md-up` 工具类（如之前描述），用于在视口宽度大于 768像素的情况下隐藏按钮。`.pull-xs-right` 类则在移动设备上让按钮浮动于导航条右侧。

然后，添加需要折叠的元素的类。在本例中，需要折叠的是含导航链接的`<ul>`元素。在该元素上添加`.collapse` 类，使元素默认处于隐藏状态；同时添加`.navbar-toggleable-sm` 类，以避免在视口较大的设备上内容发生折叠。最后，将元素的 ID 值设为刚才按钮元素的 `data-target` 属性值。HTML 代码如下。

```
<ul class="nav navbar-nav navbar-toggleable-sm collapse"
id="collapsiblecontent"></ul>
```

完整的响应式导航条的 HTML 代码如下。你可以将该代码写到 html/pages/index.html 文件中，并在浏览器中测试。

```
<header role="banner">
  <nav class="navbar navbar-light bg-faded" role="navigation">
    <a class="navbar-brand" href="index.html">Navbar</a>
    <button class="navbar-toggler hidden-md-up pull-xs-right" type="button"
data-toggle="collapse" data-target="#collapsiblecontent">
    ≡
    </button>
    <ul class="nav navbar-nav navbar-toggleable-sm collapse"
id="collapsiblecontent">
      <li class="nav-item">
        <a class="nav-link active" href="#">Home <span class="sr-
only">(current)</span></a>
      </li>
      <li class="nav-item">
        <a class="nav-link" href="#">Features</a>
      </li>
      <li class="nav-item">
        <a class="nav-link" href="#">Pricing</a>
      </li>
      <li class="nav-item">
        <a class="nav-link" href="#">About</a>
      </li>
    </ul>
  </nav>
</header>
```

随着 Bootstrap 版本的更新，标签结构、CSS 类名和 `data`属性可能发生变化。如果以上代码行不通，可以查看 Bootstrap 的官方文档。作为备选方案，可以基于本书提供的示例代码来创建项目。

默认情况下，`.navbar-brand` 和`.nav-link` CSS 类中会定义 `float:left` 规则。对于可折叠版本的导航条来说，导航链接不应出现浮动，因此需撤销浮动操作。可以在 scss/app.scss 文件的末尾添加以下 SCSS 代码，在小型视口中移除浮动。

```
.navbar {
  @include media-breakpoint-down(sm) {
    .navbar-brand,
    .nav-item {
      float: none;
    }
  }
}
```

如果 Bootstrap 的 `watch`命令还在运行，则浏览器会在 HTML 或 Sass 代码保存后自动刷新；否则再次启动 `watch` 命令，在浏览器中访问 http://localhost:8080/会看到结果。通过鼠标点击和拖曳来调整浏览器的窗口大小，使其宽度窄于 768 像素。

如果一切运行正常，就能看到如下图所示的可折叠导航条，其中包含了网站名称、logo 和切换按钮。

很好！点击切换按钮，导航条会下滑打开，结果如下图所示。

搞定！祝贺你！

7. 新的 Reboot 模块和 Normalize.css

说起 CSS 的级联特性，就不得不提到，浏览器的默认样式要优先于开发者偏好的样式。换而言之，除非开发者显式声明，否则浏览器会以自带的默认样式来渲染内容。不同的浏览器，自带的默认样式也各不相同，而这也是造成浏览器兼容性问题的主要原因。为了避免类似的麻烦，可以重置 CSS 或 HTML，即开发者将常用的 HTML 元素设置为默认样式，从而杜绝由浏览器默认样式所造成的问题，同时保证 HTML 元素在不同的浏览器上呈现相同的效果。

Bootstrap 使用由 Nicholas Galagher 编写的 Normalize.css。这是一个适用于HTML5 的现代 CSS 重置工具，可以从 http://necolas.github.io/normalize.css/下载。使用该工具后，不同的浏览器对 HTML 元素的显示效果会更加一致，且符合现代标准。Normalize.css 和其他一些样式规则组成了Bootstrap 中新的 Reboot 模块。

8. box-sizing

Reboot 模块会从全局层面将 box-sizing 值从默认的 `content-box` 改为 `border-box`。box-sizing 是 CSS 盒模型中用于计算某个元素宽与高的属性。事实上，box-sizing 并不是 CSS 中的新内容，但将其设置为 `border-box` 可以让工作轻松很多。设置为 `border-box` 后，计算元素的宽度时会将其边框和内边距也包括在内。如此一来，对元素边框或内边距的调整就不会影响到整体的布局了。

9. 预置 CSS 类

Bootstrap 中预置的 CSS 类包罗万象。只用 `div` 元素，配以正确的网格类，即可在项目中开发出移动优先的响应式网格。除此之外，也可以使用CSS类来给其他元素和组件定制样式。对于以下 HTML 代码中的按钮样式来说：

```
<button class="btn btn-warning">Warning!</button>
```

按钮显示在页面上会如下图所示。

可以看到，Bootstrap 使用两个类来定制按钮的样式。第一个`.btn` 类使元素具有通用的按钮布局样式。第二个`.btn-warning` 类则对按钮设置定制的颜色。

CSS 中的子串属性选择符可以**部分**匹配属性的值。比如，可以匹配所有 class 值以 `btn-`开头的元素。你或许会疑惑：为什么 Bootstrap 不用`[class^='btn-']`属性选择符，而要用`.btn` 类来设置按钮的通用样式呢？原因有两点。首先，有意见表明子串属性选择符性能不佳，因此 Bootstrap 会避免使用该技术。其次，`[class^='btn-']`不会匹配 `not btn-`的情况。

除了`<button>`标签，也可以用这些类将超链接`<a>`显示成按钮的样子。

```
<a class="btn btn-primary" href="#" role="button">Link</a>
```

10. Sass 变量和混入

可以通过修改 scss/_variabels.scss 文件中的 Sass 变量来改变 Bootstrap 的默认样式。例如，将 `$brand-primary` 变量设置为别的颜色，即可改变之前例子中含 `.btn-primary` 类的按钮的样式。

也可以通过 Bootstrap 中的 Sass 混入，用自己定制的 CSS 类来扩展 Bootstrap。除了用 Sass 混入和变量来构建自己的（语义）网格外，还可以用它们来创建自己的按钮类，如以下 SCSS 代码所示。

```
.btn-tomato {
  @include button-variant(white, tomato, white);
}
```

该 SCSS 代码会被编译成以下 CSS 代码。

```
.btn-tomato {
  color: white;
  background-color: tomato;
  border-color: white;
}
.btn-tomato:hover {
  color: white;
  background-color: #ff3814;
  border-color: #e0e0e0;
}
.btn-tomato:focus, .btn-tomato.focus {
  color: white;
  background-color: #ff3814;
  border-color: #e0e0e0;
}
.btn-tomato:active, .btn-tomato.active,
.open > .btn-tomato.dropdown-toggle {
  color: white;
  background-color: #ff3814;
  border-color: #e0e0e0;
  background-image: none;
}
.btn-tomato:active:hover, .btn-tomato:active:focus,
.btn-tomato:active.focus, .btn-tomato.active:hover,
.btn-tomato.active:focus, .btn-tomato.active.focus,
.open > .btn-tomato.dropdown-toggle:hover,
.open > .btn-tomato.dropdown-toggle:focus,
.open > .btn-tomato.dropdown-toggle.focus {
  color: white;
  background-color: #ef2400;
  border-color: #bfbfbf;
}
.btn-tomato.disabled:focus, .btn-tomato.disabled.focus,
.btn-tomato:disabled:focus, .btn-tomato:disabled.focus {
  background-color: tomato;
  border-color: white;
```

```
}
.btn-tomato.disabled:hover, .btn-tomato:disabled:hover {
  background-color: tomato;
  border-color: white;
}
```

Bootstrap 中的 Sass 代码会避免使用元素选择符和嵌套选择符，其背后的考量可以参考 http://markdotto.com/2015/07/20/css-nesting/。

Bootstrap 还会避免使用 Sass 中的`@extend`功能。使用`@extend`功能的风险在于它可能引入复杂的 CSS 冗余代码。具体情况可参考 Hugo Giraudel 的文章（https://www.sitepoint.com/avoid-sass-extend/）。

使用临时选择符能有效降低这一风险。Bootstrap 代码中不会使用临时选择符，不过这并不影响你用`@extend`功能来定制和扩展 Bootstrap。比如，可以用`@extend`功能让所有的图片元素默认具备响应式特性。

Bootstrap 中图片元素默认是不具备响应式特性的。想让一张图片变成响应式的话，需要在`<img>`元素上添加`.img-fluid`类。

可以在 scss/app.scss 文件末尾添加以下 SCSS 代码，用`@extend`功能让图片默认具备响应式特性。

```
img {
  @extend .img-fluid;
}
```

相较于`@extend`，有些人认为使用混入是更好的选择。但应该看到，在 Bootstrap 的 Sass代码中，并不存在让图片变成响应式的混入操作。

1.7 浏览器支持

之前提到过，Bootstrap 4 不支持 IE8 及之前的 IE 浏览器。对于需要支持 IE8 的项目，建议使用 Bootstrap 3。Bootstrap 4 还提供 Flexbox 支持。需要注意的是，对于 IE 浏览器而言，**CSS3 中的弹性盒模型布局**（Flexbox）仅在IE11 及之后的版本中有效。1.7.2 节将介绍 Flexbox 的优劣。除了IE8及之前的老版本浏览器，Bootstrap对包括移动浏览器在内的所有主流浏览器均提供支持。

1.7.1 浏览器引擎前缀

CSS3 引入了**浏览器引擎规则**。开发者可以使用这些规则编写仅适用于某个浏览器的 CSS 代码。乍一看，这么做有违初衷。理想情况下，所有的浏览器都能以相同的方式支持 Web 标准和相关实践，而 HTML 和 CSS 也能在所有的浏览器上显示相同的结果。但事实上，这些浏览器引擎前缀反而能让我们离理想更近一步，让我们在标准实现的早期就能用上新的语法规则。最后，这些前缀还能让浏览器实现私有的 CSS 属性，而这些属性在正常情况下是不太可能（甚至永远没有可能）成为标准的。

由于以上原因，浏览器引擎前缀在很多新的 CSS3 特性中扮演了重要的角色，比如**动画**、**圆角**、**阴影**等属性，这些属性过去都曾依赖于浏览器引擎前缀规则。可以看到，有些属性会从引擎前缀进化成标准规则，比如 `border-radius` 和 `box-shadow` 属性，都被现如今的绝大多数浏览器所支持，无须添加任何前缀。

浏览器引擎前缀包括：

- WebKit：`-webkit`
- Firefox：`-moz`
- Opera：`-o`
- Internet Explorer：`-ms`

对于以下 CSS 代码来说：

```
transition: all .2s ease-in-out;
```

如需在所有的浏览器上正常工作，或者至少在 Bootstrap 所支持的浏览器上正常工作，则需写成：

```
-webkit-transition: all .2s ease-in-out;
-o-transition: all .2s ease-in-out;
transition: all .2s ease-in-out;
```

如需了解 `transition` 属性及其浏览器支持方面的更多相关信息，可以访问 http://caniuse.com/#feat=css-transitions。

由于浏览器及其版本的不同，相同的CSS 属性可能对应很多不同的引擎前缀，因此编写跨浏览器的 CSS 代码就会变得非常复杂。

编译成 CSS 代码的 Bootstrap 中的 Sass 代码不包含任何前缀。事实上，Bootstrap 的构建流程中包含了 PostCSS autoprefixer。当创建自己的构建流程时，也应将 PostCSS autoprefixer 这一工具包含在内。第 2 章将介绍如何用 Gulp 来创建构建流程。

1.7.2 弹性盒模型

根据需要，Bootstrap 4 还提供了 Flexbox 支持。**Flexbox 布局**是 CSS3 的一个新特性。它在编写灵活的响应式布局时非常有用。Flexbox提供了在不同屏幕分辨率下动态地改变页面布局的功能。该盒模型不使用浮动，同时其外边距也不会随内容塌缩。所有最新版本的主流浏览器都很好地支持 Flexbox 布局。

有关浏览器支持的详情，可以访问 http://caniuse.com/#feat=flexbox。然而很多旧版本的浏览器不支持 Flexbox 布局。

如需使用 Flexbox 布局，则应将 Sass 变量`$enable-flex`设置为`true`并重新编译 Bootstrap。在该操作后，无须修改已有的 HTML 代码。

1.8　Yeoman 工作流

Yeoman 可以帮助开发人员启动新的项目，你可以使用它来替代 Bootstrap CLI。

Yeoman 工作流中包含了 3 种工具，可以用来提升创建 Web 应用时的效率和质量，包括脚手架工具（`yo`）、构建工具（Grunt 和 Gulp 等），以及包管理器（如 Bower 和 npm）。

可以访问 https://github.com/bassjobsen/generator-bootstrap4，从中找到搭建 Bootstrap 4 前端 Web 应用的 Yeoman 脚手架。在安装 Yeoman 后，运行以下命令来安装脚手架工具。

- 安装：`npm install -g generator-bootstrap4`。
- 运行：`yo bootstrap4`。
- 运行`grunt`构建代码，然后运行`grunt serve`预览结果。

这一生成 Bootstrap 项目的 Yeoman 工具让开发人员可以安装支持 Flexbox 的代码。它还能在 Web 应用中安装 Font Awesome 和 Octicons 字体图标库以直接使用。

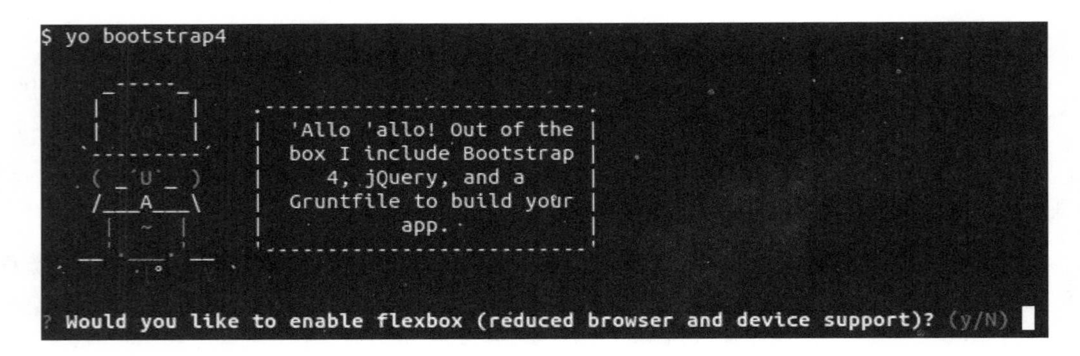

1.9　排错

如果不顺利，可以再检查一遍以下事项。

- 标记结构是否正确？有没有未闭合、不完整或错配的标签、类，等等？

另外，检查下面这些事项也可能有用。

- 把前面的步骤从头到尾再过一遍，复核各项。
- 验证 HTML 保证格式正确。
- 比较本书示例代码和自己的代码。
- 参考 Bootstrap 文档，看相关标签结构和属性是否有更新。
- 把你的代码放到http://jsfiddle.net/或http://www.codepen.com/上，到http://stackoverflow.com/上寻找高手帮助。

把那么多部件合到一起，让它们协作运行，出点问题很正常。而学会找到问题并加以解决同样是我们的生存之道！

Bootply 是一个用于实验 Bootstrap、CSS、JavaScript 和 jQuery 的小工具，可以用来测试 HTML 代码。虽然不能直接在 Bootply 上编译 CSS，但可以添加自己编译好的 CSS 代码。

Bootply 的官网地址为：http://www.bootply.com/。

我们的网站模板已经基本完成了。在继续学习之前，先停下来总结一下。

1.10 小结

如果大家一直跟着前面的教程在做，那现在已经为继续实现更高级的设计打好了基础。我们学习了创建新的 Bootstrap 4 项目所需的基础。可以轻松地用 Bootstrap CLI 来新建一个项目，并用 JavaScript 的折叠插件做出响应式的导航条。在学习如何将 Bootstrap 的 Sass 代码编译成 CSS 代码后，我们对 Bootstrap 中的 CSS 和 HTML 代码，以及相关的浏览器支持有了更好的理解。

现在，或许把所有文件都备份一下比较好，因为后面的项目都以它们为基础。

下一章将介绍如何用 Gulp 打造自己的构建流程，并自动编译项目。

第 2 章

用 Gulp 打造自己的构建流程

本章将介绍如何为 Bootstrap 项目搭建自己的构建流程。Bootstrap 的 CSS 是用 Sass 编写的，所以如果不使用预编译好的 CSS 代码的话，就需要自行完成编译工作。将 Sass 代码编译成 CSS 需要使用 Sass 编译器。

与此同时，Bootstrap 中的 JavaScript 插件在交付生产环境使用前，也应当打包和压缩。

阅读完本章，你将学会：

- 用 Gulp 搭建构建流程；
- 在构建流程中设置不同的环境；
- 将 Sass 代码编译成 CSS 代码；
- 在 CSS 代码中自动加入引擎前缀；
- 为项目准备 JavaScript 插件；
- 运行静态 Web 服务器；
- 测试代码；
- 使用标准的 Bootstrap 组件，并根据需要进行修改；
- 用 Bootstrap 创建简单的单页面营销网站；
- 在 GitHub 上发布项目。

2.1 开发目标

在本章中，你将针对示例项目打造构建流程。该流程不仅会处理 CSS 和 JavaScript 代码，同时也会运行静态 Web 服务器，在浏览器测试中当文件内容发生修改时它会自动刷新浏览器，还会测试项目代码，等等。

我们将创建一个用 Bootstrap 做的单页面营销布局，作为示例项目来演示构建流程的各个步骤。本章结束时，你将开发出自己的 HTML 网页，其显示结果如下图所示。

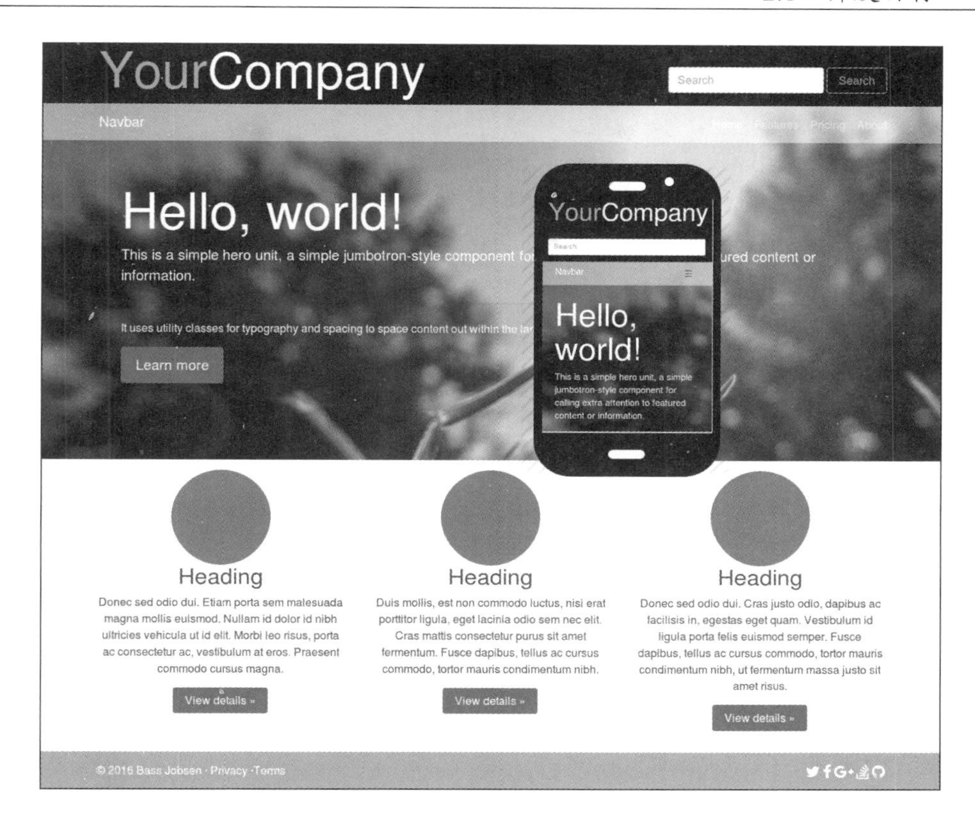

项目要求

Node.js 是基于 Chrome 的 V8 JavaScript 引擎开发的 JavaScript 运行时环境。它使用事件驱动的非阻塞输入/输出模型，是非常高效的轻量级工具。你需要在自己的系统中安装 Node.js，方能运行本章的示例代码。可以访问 https://nodejs.org/en/download/下载 Node.js 源代码或适合你的平台的安装文件。在 Linux、Mac OS X 和 Windows 上，Node.js 均能良好地运行。

npm 是 Node.js 的包管理器，在安装 Node.js 时会自动安装。

在安装好 Node.js 和 npm 后，还应当以系统全局模式安装 Gulp。可以运行以下命令，安装 Gulp。

```
npm install --global gulp-cli
```

Gulp 是什么？为什么要使用 Gulp？

Gulp 是 Node.js 中的一个任务管理器，可用来打造构建系统。在该构建系统中，可以轻松地添加编辑、复制等自动化任务。与此同时，还能用 Gulp 来监听事件。当发生文件修改，触发这些事件时，构建系统中的任务会自动重新运行。Bootstrap 中的 CSS 代码是用 Sass 来编写的，你也可以使用 Gulp 将自己的 Sass 文件编译成静态 CSS 代码。编译完成后，还可以通过构建任务来处理 CSS 代码。

本章稍后还会介绍用 Gulp 测试代码、进行静态检查，以及压缩和优化代码，从而适配生产环境的要求。代码静态检查（lint）的意思是通过运行程序来分析代码，从而找到潜在的错误。

2.2　Bootstrap 构建流程

Bootstrap 的软件包中自带了构建流程。写作本书时，Bootstrap 构建流程是用 Grunt 编写的。使用该流程可以编译生成定制的 Bootstrap 版本，同时在本地运行相关文档。和 Gulp 类似，Grunt 也是 Node.js 中的任务管理器。和 Gulp 不同的是，Grunt 在构建过程中不使用流，而是将临时代码保存成文件。

在 Bootstrap 源代码的 Gruntfile.js 文件中，包含着 Grunt 构建流程中的一系列任务。可以参考该文件，理解使 Bootstrap 代码适用于生产环境的相关任务。

与 Grunt 相比，Gulp 更直观，也更易入门，因此本章将用 Gulp 来替代 Grunt。Gulp 比 Grunt 出现得更晚，但其社区发展得很快，每天都有新的插件发布。

最后，需要注意的是，虽然像 Gulp 和 Grunt 这样的任务管理器可以让工作变得更加轻松，但对于在 Node.js 中运行任务而言，它们并不是必需品。

2.3　在项目中安装 Gulp

在继续介绍前，我们需要运行以下命令，初始化 npm。

```
npm init
```

如下图所示，回答该命令执行过程中所提出的问题。

```
$ npm init
This utility will walk you through creating a package.json file.
It only covers the most common items, and tries to guess sensible defaults.

See `npm help json` for definitive documentation on these fields
and exactly what they do.

Use `npm install <pkg> --save` afterwards to install a package and
save it as a dependency in the package.json file.

Press ^C at any time to quit.
name: (tmp) bootstrap-one-page-marketing-design
version: (1.0.0)
description: Simple One Page Marketing Website Design powered by Bootstrap 4
entry point: (index.js) Gulpfile.js
test command: gulp test
git repository: https://github.com/bassjobsen/bootstrap-one-page-marketing-design/
keywords: bootstrap, panini, sass, gulp
author: Bass Jobsen
license: (ISC) MIT
```

该命令会创建新的 package.json 文件，其中包含了与项目有关的各种元数据，以及项目的依赖。之后安装的各种 Gulp 插件都会成为该项目的（开发）依赖。

在项目中安装 Gulp，并运行以下命令，将其保存为开发性依赖（devDependencies）。

```
npm install --save-dev gulp
```

--save-dev 标记会将 Gulp 作为 devDependency 保存到 package.json 文件中。

2.3.1　创建包含任务信息的 Gulpfile.js

在项目目录中创建名为 Gulpfile.js 的新文件，并在其中编写以下 JavaScript 代码。

```
var gulp = require('gulp');

gulp.task('default', function() {
  // 默认任务代码
});
```

之后我们会在此文件中添加 Gulp 任务。可以运行以下命令进行测试。

```
gulp
```

该默认任务会运行，且不做任何操作。

至此，除了 Bootstrap，我们也可以安装需要的 Gulp 插件，来搭建构建流程。

2.3.2　清理任务

每次运行构建流程时，清理任务都需要移除临时文件夹_site 及其所有内容。

```
// 擦除打包目标文件夹
gulp.task('clean', function() {
  rimraf('_site');
});
```

我们需要用以下方式安装 rimraf。

```
npm install rimraf --save-dev
```

2.4　配置开发环境和生产环境

毋庸置疑，我们需要在项目开发过程中使用构建流程。但在开发过后，却有必要运行不同的任务，使代码适配生产环境。在开发阶段，为了方便调试，我们需要在 CSS 代码中包含 CSS sourcemap；而在生产环境中，则需要移除 CSS sourcemap，以压缩 CSS 代码。

gulp-environment 插件可以方便地创建开发环境、生产环境等不同的配置，从而在不同的环境下运行相应的任务。可以运行以下命令安装该插件。

```
npm install --save-dev gulp-environments
```

然后在 Gulpfile.js 文件中添加该插件，写法如下。

```
var environments = require('gulp-environments');
```

可以用该插件来设置不同的环境。

```
var development = environments.development;
var production = environments.production;
```

之后，就可以通过`--env` 命令行标记来设置运行环境。

```
gulp build --env development
```

在代码中，可以根据不同的环境来设置变量。

```
var source = production() ? "source.min.js" :

"source.js";
```

或者仅在一种环境中运行子任务。

```
.pipe(development(sourcemaps.init()))
```

可以访问 https://github.com/gunpowderlabs/gulp-environments，查看 gulp-environment 插件的完整文档和示例。

2.5　用 Bower 安装 Bootstrap

Bower 是客户端编程领域的包管理系统。用 Bower 来安装 Bootstrap 源代码，可以用更轻松的方式实现版本更新。运行以下命令来初始化 Bower。

```
bower init
```

如下图所示，回答该命令执行过程中所提出的问题。

```
$ bower init
? name bootstrap-one-page-marketing-design
? description Simple One Page Marketing Website Design powered by Bootstrap 4
? main file Gulpfile.js
? what types of modules does this package expose?
? keywords bootstrap, panini, gulp, sass
? authors Bass Jobsen <bass@w3masters.nl>
? license MIT
? homepage https://github.com/bassjobsen/bootstrap-one-page-marketing-design/
? set currently installed components as dependencies? No
? add commonly ignored files to ignore list? Yes
? would you like to mark this package as private which prevents it from being ac
cidentally published to the registry? Yes
```

执行以上步骤后，会生成一个 bower.json 文件。然后运行以下命令。

```
bower install bootstrap#4 --save-dev
```

该命令会将 Bootstrap 下载到 bower_components 文件夹中。值得注意的是，由于 Bootstrap 依赖 jQuery 和 Tether，因此在上述过程中，这两个类库也会被安装。

`--save-dev` 标记会将 Bootstrap 作为 `devDependency` 保存到 bower.json 文件中。

2.6 创建本地 Sass 文件结构

在开始将 Bootstrap 的 Sass 代码编译成 CSS 代码前，我们需要在本地创建一些 Sass 或 SCSS 文件。首先，在项目目录中创建一个新的名为 scss 的子目录。在该目录中，创建项目主文件 app.scss。

然后，在该 scss 目录中创建名为 includes 的子目录。从 bower_components 目录下的 Bootstrap 源代码中复制 bootstrap.scss 和_variables.scss 这两个文件，将其粘贴到新的 scss/includes 目录中。

```
cp bower_components/bootstrap/scss/bootstrap.scss
scss/includes/_bootstrap.scss
cp bower_components/bootstrap/scss/_variables.scss scss/includes/
```

值得注意的是，bootstrap.scss 文件被重命名为_bootstrap.scss。新的文件以下划线开头，并成为最终打包文件中的一部分。

用以下方式，将之前步骤中复制的文件导入到 app.scss 文件里。

```
@import "includes/variables";
@import "includes/bootstrap";
```

接下来，打开scss/includes/_bootstrap.scss文件，修改其中导入到Bootstrap局部文件的代码，使bower_components目录中的源代码得以加载。之后在配置Sass编译器时，我们会将bower_components目录配置到编译器的包含路径中。_bootstrap.scss文件中，`@import`语句的写法如下。

```
// 核心变量与混入
@import "bootstrap/scss/variables";
@import "bootstrap/scss/mixins";
// 重置与依赖
@import "bootstrap/scss/normalize";
.....
```

至此，Bootstrap 的所有 SCSS 代码就导入到项目中了。当需要为生产环境调整代码时，可以将项目中用不到的局部文件注释掉。

不必修改 scss/includes/_variables.scss 文件，但可以考虑移除其中所有的`!default`声明。因为真正的默认值都定义在 original_variables.scss 文件中并已被导入。

请注意，scss/includes/_variables.scss 文件中不必包含所有的 Bootstrap 变量。但包含所有的 Bootstrap 变量会让修改定制工作变得更加轻松，并能在升级 Bootstrap 时确保自己的默认值不变。

2.6.1 将 Bootstrap 的 Sass 代码编译成 CSS 代码

接下来该把 Sass 代码编译成 CSS 代码了。Bootstrap 中的 Sass 代码是用新的 SCSS 语法编写的。本章不会详细介绍 Sass。你可以阅读第 3 章，学习有关 Sass 的知识。

在 Gulp 中，可以使用两个插件将 Sass 代码编译成 CSS。第一个插件叫作 gulp-ruby-sass，如其插件名称所示，它使用 Ruby Sass 将 Sass 编译为 CSS。第二个插件叫作 gulp-sass，它使用 node-sass，通过 libSass 编译 Sass 代码。本书使用第二个插件 gulp-sass。请注意，libSass 与 Compass 不兼容。

可以运行以下命令，在项目中安装 gulp-sass。

```
npm install gulp-sass --save-dev
```

安装好插件后，即可在 Gulpfile.js 中添加编译任务。

```
var sass = require('gulp-sass');
var bowerpath = process.env.BOWER_PATH || 'bower_components/';
var sassOptions = {
  errLogToConsole: true,
  outputStyle: 'expanded',
  includePaths: bowerpath
};

gulp.task('compile-sass', function () {
  return gulp.src('./scss/app.scss')
    .pipe(sass(sassOptions).on('error', sass.logError))
    .pipe(gulp.dest('./_site/css/'));
});
```

请注意，在这个例子中，我们将 `includePaths` 选项值设置为 `bowerpath` 变量，同时使用 `development()` 函数在开发环境中编写 CSS sourcemap。稍后将介绍 CSS sourcemap 的更多相关内容。

2.6.2 使用 CSS 调试 sourcemap

Sass 编译器会将多个不同的 Sass 文件合并成单个 CSS 文件。在多数情况下，这一 CSS 文件会被压缩。因此如果用浏览器中的开发者工具查看 HTML 源文件，则调试器中的样式是无法与原始的 Sass 代码相对应的。为了解决这一问题，可以使用 CSS sourcemap，在压缩/合并的 CSS 文件与构建前的 Sass 代码之间进行映射。

CSS sourcemap 的设计初衷是在压缩后的 JavaScript 文件与其源文件之间进行映射。从版本 3

开始，sourcemap 协议也支持 CSS。使用 Sass 编译器（或者如本例所展示的，使用更好的 gulp-sourcemap 插件），可以生成 CSS sourcemap，并在 CSS 文件中添加对 sourcemap 的引用，写法如下。

```
/*# sourceMappingURL=app.css.map */
```


从以下浏览器开发工具的截图中可以看到，样式规则会对应到声明它的 Sass 源文件。

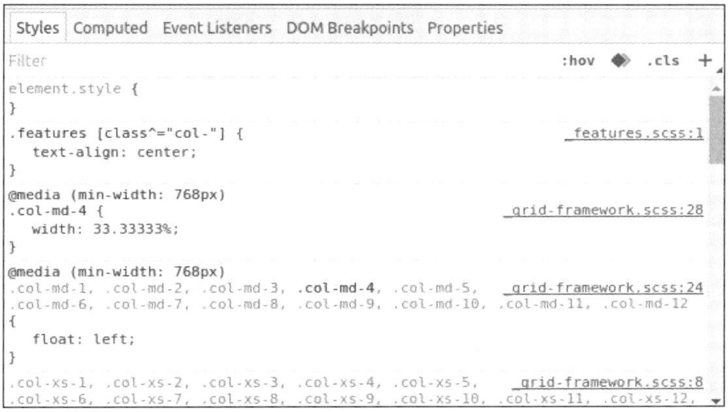

```
Styles  Computed  Event Listeners  DOM Breakpoints  Properties
Filter                                         :hov  .cls  +
element.style {
}
.features [class^="col-"] {                    features.scss:1
  text-align: center;
}
@media (min-width: 768px)
.col-md-4 {                                    grid-framework.scss:28
  width: 33.33333%;
}
@media (min-width: 768px)
.col-md-1, .col-md-2, .col-md-3, .col-md-4, .col-md-5,   grid-framework.scss:24
.col-md-6, .col-md-7, .col-md-8, .col-md-9, .col-md-10, .col-md-11, .col-md-12
{
  float: left;
}
.col-xs-1, .col-xs-2, .col-xs-3, .col-xs-4, .col-xs-5,   grid-framework.scss:8
.col-xs-6, .col-xs-7, .col-xs-8, .col-xs-9, .col-xs-10, .col-xs-11, .col-xs-12,
```

要使用 CSS sourcemap，首先需要安装 gulp-sourcemaps 插件。

```
npm install gulp-sourcemaps --save-dev
```

然后，就可以将 sourcemap 添加到 compile-sass 任务中。

```
gulp.task('compile-sass', function () {
  return gulp.src('./scss/app.scss')
    .pipe(development(sourcemaps.init()))
    .pipe(sass(sassOptions).on('error', sass.logError))
    .pipe(development(sourcemaps.write()))
    .pipe(gulp.dest('./_site/css/'));
});
```

请注意，由于使用了 `development()` 判断和 gulp-environment 插件，CSS sourcemap 只会在开发环境中生成。

如之后将介绍的，gulp-sourcemaps 插件还支持 gulp-postcss 和 gulp-cssnano 插件。这些插件应该在 compile-sass 任务中的 `sourcemaps.init()` 语句之后，`sourcemaps.write()` 语句之前执行。

2.6.3 运行 postCSS 前缀自动添加插件

从版本 3.2 开始，Bootstrap 使用前缀自动添加插件，在打包的 CSS 代码中自动添加浏览器引擎前缀。运行 postCSS 前缀自动添加插件非常简单，且可以用 Gulp 实现自动化。

在 Gulp 中，可以使用 gulp-postcss 插件来运行别的插件，处理编译后的 CSS 代码。

可以运行 gulp-postcss 插件，在 Bootstrap 中使用 postcss 前缀自动添加工具。该工具会使用 Can I Use 数据库中的数据，在生成的 CSS 代码中自动添加所需的浏览器引擎前缀。

除此之外，Bootstrap 还使用了 mq4-hover-shim 这一模拟工具（shim），用于模拟媒体查询 Level 4 标准中的 hover 媒体特性。

有关该 shim 工具的更多信息，可以访问 https://www.npmjs.com/package/mq4-hover-shim。

执行以下操作，安装、配置 autoprefixer 和 mq4-hover-shim。首先，执行以下命令。

```
npm install gulp-postcss autoprefixer mq4-hover-shim --save-dev
```

然后在 Gulpfile.js 中定义一个变量，以表示将在 gulp-postcss 插件中执行的一系列任务。

```
var processors = [
mq4HoverShim.postprocessorFor({ hoverSelectorPrefix: '.bs-true-hover ' }),
autoprefixer({
  browsers: [
    //
    // Bootstrap 官方所支持的浏览器：
    // http://v4-alpha.getbootstrap.com/getting-started/browsers-devices/
#supported-browsers
    //
    'Chrome >= 35',
    'Firefox >= 38',
    'Edge >= 12',
    'Explorer >= 9',
    'iOS >= 8',
    'Safari >= 8',
    'Android 2.3',
    'Android >= 4',
    'Opera >= 12'
    ]
  })
];
```

可以看到，autoprefixer 接受一个散列类型的参数，其中设定了需要支持什么浏览器。可以从 Bootstrap 源代码的 bower_components/bootstrap/Grunt.js 文件中复制这一散列值。

然后，就可以将 postcss 插件添加到 sass 编译任务中，写法如下。值得注意的是，gulp-postcss 插件可以配合 gulp-sourcemaps 插件一起使用。

```
gulp.task('compile-sass', function () {
    return gulp.src('./scss/app.scss')
        .pipe(development(sourcemaps.init()))
        .pipe(sass(sassOptions).on('error', sass.logError))
```

```
            .pipe(postcss(processors))
            .pipe(development(sourcemaps.write()))
            .pipe(gulp.dest('./_site/css/'));
});
```

2.6.4 处理 CSS 代码以适配生产环境

将项目部署到生产环境时，我们不再需要使用 CSS sourcemap。compile-sass 这一任务会借助 gulp-environment 插件，用 `development()` 函数确保 CSS sourcemap 仅在开发环境中生成。

编译出来的 CSS 代码越小，它在浏览器中的加载速度就越快。因此，将编译后的 CSS 代码压缩，会让加载速度变得更快。CSSnano 可以对 CSS 代码进行集中优化，确保处理后的结果在生产环境中尽可能得小。

同样，也存在 与 CSSnano 对应的 Gulp 插件，可以运行以下命令进行安装。

```
npm install gulp-cssnano --save-dev
```

插件安装完成后，就可以将它添加到 compile-sass 任务中。

```
var cssnano = require('gulp-cssnano');
gulp.task('compile-sass', function () {
    return gulp.src('./scss/app.scss')
        .pipe(development(sourcemaps.init()))
        .pipe(sass(sassOptions).on('error', sass.logError))
        .pipe(postcss(processors))
        .pipe(production(cssnano()))
        .pipe(development(sourcemaps.write()))
        .pipe(gulp.dest('./_site/css/'));
});
```

上述代码清楚地表明，cssnano 仅在生产环境中运行。除了这种写法，也可以将 cssnano 作为 gulp-postcss 插件的一个处理器来运行。

造成 CSS 性能问题的一个最常见的原因是 CSS 代码冗余。因此，可以将 scss/includes/_bootstrap.scss 文件中用不到的 CSS 组件等代码注释掉，进一步缩减编译后 CSS 的大小。

2.6.5 对 SCSS 代码进行静态检查

当使用 Sass 扩展和修改 Bootstrap 的 CSS 源代码时，保持代码整洁、易读是非常重要的。借助 SCSS-lint 工具，可以写出整洁且可复用的 SCSS 代码。同样，也存在与 SCSS-lint 对应的 Gulp插件，可以运行以下命令进行安装。

```
npm install gulp-scss-lint --save-dev
```

请注意，使用 gulp-scss-lint 插件前，需要安装 Ruby 和 SCSS-lint。

接下来，可以在 Gulpfile.js 文件中添加 scss-lint 任务。

```
gulp.task('scss-lint', function() {
    return gulp.src('scss/**/*.scss')
        .pipe(scsslint());
});
```

Bootstrap 中自带了 SCSS-lint 工具的配置文件。可以从 Bootstrap 源代码中复制此配置文件至本地 scss 目录，在项目中复用。

```
cp bower_components/bootstrap/scss/.scss-lint.yml scss/
```

然后修改 scss-lint 任务，使用该配置文件。

```
gulp.task('scss-lint', function() {
    return gulp.src('scss/**/*.scss')
        .pipe(scsslint({'config': 'scss/.scss-lint.yml'}));
});
```

当对包括_variable.scss 和_bootstrap.scss 在内的 scss 目录中的 Sass 文件进行静态检查时，检查结果中会出现警告，这是由_bootstrap.scss 文件中的注释引起的。

可以修改.scss-lint.yml 文件中注释的相关设置，对除_bootstrap.scss 以外的文件进行注释检查。

```
Comment:
  enabled: true
  exclude: ['_bootstrap.scss']
```

另外，本书的示例代码还修改了以下配置。

```
ColorKeyword:
  enabled: false
```

对于 CSS 中的颜色，通常应当使用色值，而不是具体的颜色名称。比如，应使用`#ffa500`而不是`orange`。出于易读性上的考虑，本书示例代码偏好使用颜色名称。

可以阅读第 3 章，了解其他配置项信息。

可以将 scss-lint 任务添加到默认任务中，也可以在需要时手动运行。当将 scss-lint 添加到默认任务中时，不妨将其与 gulp-cached 插件配合使用，仅对修改的文件进行静态检查。

```
var scsslint = require('gulp-scss-lint');
var cache = require('gulp-cached');
gulp.task('scss-lint', function() {
  return gulp.src('/scss/**/*.scss')
    .pipe(cache('scsslint'))
    .pipe(scsslint());
});
```

当通过 watch 任务对文件进行静态检查时，也应当采用相同的写法，使用 gulp-cached 插件，本章稍后详细介绍。

2.7 准备 JavaScript 插件

除了 CSS，有些 Bootstrap 组件也会使用 JavaScript。Bootstrap 会自带一些 jQuery 插件，用于实现一些常用的组件功能。比如，与导航条组件依赖折叠插件的情况相类似，传送带（carousel）组件也存在相应的插件依赖。

这些插件依赖 jQuery，而提示框和弹框组件则依赖 Tether。

在构建流程中，可以用 gulp-concat 插件将 jQuery、Tether 和别的插件打包成一个文件。

可以运行以下命令，安装 gulp-concat 插件。

```
npm install gulp-concat --save-dev
```

安装完成后，打包 JavaScript 文件的写法如下。

```
gulp.task('compile-js', function() {
  return gulp.src([bowerpath+ 'jquery/dist/jquery.min.js', bowerpath+
    'tether/dist/js/tether.min.js', bowerpath+
    'bootstrap/dist/js/bootstrap.min.js','js/main.js'])
      .pipe(concat('app.js'))
      .pipe(gulp.dest('./_site/js/'));
});
```

在该 compile-js 任务中，本地的 js/main.js 也会被打包到最后的文件中，也就是说，除了插件设置，开发者自己写的 JavaScript 代码也可以被打包在内。

处理 JavaScript 代码以适配生产环境

上面的 compile-js 任务只是拼接了 bower_components 目录中已经编译并压缩好的 JavaScript 文件。这些文件从 bower_compoents 目录加载。

bootstrap.min.js 包含了所有的 Bootstrap 插件，而开发者很可能只需要其中一部分。

可以在构建流程中仅打包那些使用到的插件，并自行将其压缩，从而生成更小的 JavaScript 文件。

可以运行以下命令安装 gulp-uglify 插件，压缩代码。

```
npm install --save-dev gulp-uglify
```

使用 gulp-uglify 插件后，compile-js 任务的写法如下。

```
gulp.task('compile-js', ['compress']);
```

配置完成后，打包 JavaScript 文件的写法如下。

```
var uglify = require('gulp-uglify');
gulp.task('compress', function() {
  return gulp.src([
    bowerpath+ 'jquery/dist/jquery.js',
    bowerpath+ 'tether/dist/js/tether.js',
    bowerpath+ 'bootstrap/js/src/alert.js',
    bowerpath+ 'bootstrap/js/src/button.js',
    bowerpath+ 'bootstrap/js/src/carousel.js',
    bowerpath+ 'bootstrap/js/src/collapse.js',
    bowerpath+ 'bootstrap/js/src/dropdown.js',
    bowerpath+ 'bootstrap/js/src/modal.js',
    bowerpath+ 'bootstrap/js/src/popover.js',
    bowerpath+ 'bootstrap/js/src/scrollspy.js',
    bowerpath+ 'bootstrap/js/src/tab.js',
    bowerpath+ 'bootstrap/js/src/tooltip.js',
    bowerpath+ 'bootstrap/js/src/util.js',
    'js/main.js' // 自定义的JavaScript 代码
    ])
    .pipe(uglify())
    .pipe(gulp.dest('dist/js/app.js'));
});
```

当在项目中参考以上代码时，请移除项目中不需要的 JavaScript 文件。

在该代码中，jQuery 和 Tether这两个类库也会被打包在一起，你也可以通过 CDN 来加载它们。对于本项目而言，可以使用 html/includes/footerjavascripts.html 模板中的 HTML 代码。

```
<!-- 首先加载jQuery，然后加载Bootstrap 的 JS -->
<script
src="https://ajax.googleapis.com/ajax/libs/jquery/2.1.4/jquery.min.js"></script>
    <script
src="https://cdn.rawgit.com/HubSpot/tether/v1.2.0/dist/js/tether.min.js"></script>
    <script src="{{ root }}js/app.js"></script>
```

稍后将详细介绍 HTML 模板。

2.8　模块化 HTML

在本章中，我们创建的只是一个单页面网站，但在此过程中使用模板引擎也是不无裨益的。只要是扩展项目，编写更多的 HTML 网页，那么遵循 DRY 原则就可以让工作变得更加高效且可复用。HTML 模板语言和引擎有很多。Bootstrap 使用的是 Jekyll，我们可以借助该静态网站生成器在本地运行 Bootstrap 的文档。目前 Bootstrap CLI 中很多模板使用的是 Nunjucks。而在本章的 Gulp 构建流程中，我们将使用 Panini，它是一个基于 Handlebars 模板语言，实现了模板、页面、局部文件等概念的平面文件编译器。

对于营销示例项目而言，首先需要搭建如下包含 HTML 模板的文件和目录结构。

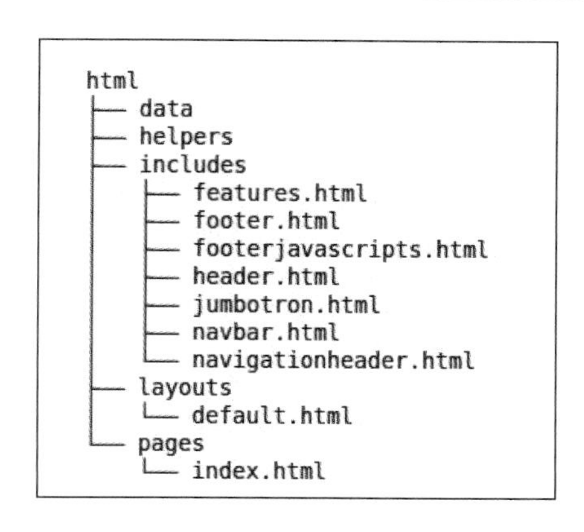

在该文件和目录结构中，pages 目录存放的是网页文件。而每个网页文件都会有其对应的存放在 layouts 目录中的布局文件。网页文件和布局文件都可能用到 includes 目录中的 HTML 局部文件。

可以访问 http://foundation.zurb.com/sitesdocs/panini.html 和 https://github.com/zurb/panini/获取 Panini 的更多相关信息。

2.8.1 新建 Gulp 任务，编译 Panini 模板

运行以下命令，在项目中安装 Panini 编译器。

```
npm install panini --save-dev
```

安装完成后，将 HTML 编译任务添加到 Gulpfile.js 文件中，写法如下。

```
var panini = require('panini');
gulp.task('compile-html', function(cb) {
  gulp.src('html/pages/**/*.html')
    .pipe(panini({
      root: 'html/pages/',
      layouts: 'html/layouts/',
      partials: 'html/includes/',
      helpers: 'html/helpers/',
      data: 'html/data/'
    }))
    .pipe(gulp.dest('_site'));
    cb();
});
```

接下来，就可以运行 `Gulp compile-html` 命令了。

与 CSS 和 JavaScript 任务相同，compile-html 任务会将编译后的文件保存到_site 文件夹中。

2.8.2　校验编译后的 HTML 代码

Bootlint 是 Bootstrap 官方提供的用于检查网页中常见 HTML 错误的工具。对于 Bootstrap 中的组件和窗口部件来说，其 DOM 部分的代码需要符合特定的结构。Bootlint 会检查页面的 HTML 结构，并确保其正确性。同时，它也会检查 HTML 文档中是否包含了必需的 meta 标签。

请注意，Bootlint 检查的对象必须是合法的 HTML5 页面。因此在运行 Bootlint 前，我们需要运行另一个静态检查工具，确保检查对象是合法的 HTML 代码。运行以下命令，安装 gulp-html插件。

```
npm install gulp-html --save-dev
```

gulp-html 是 Gulp 中用于校验 HTML 的插件，其内部使用了 `vnu.jar`。

然后安装 gulp-bootlint 插件。

```
npm install gulp-bootlint --save-dev
```

至此，可以轻松地编写 html-validate 任务了，写法如下。

```
var validator = require('gulp-html');
var bootlint  = require('gulp-bootlint');
gulp.task('validate-html', [compile-html], function() {
  gulp.src('_site/**/*.html')
    .pipe(validator())
    .pipe(bootlint());
});
```

按照这一写法，validate-html 任务的第二个参数为`[compile-html]`，因此该任务会在 compile-html 任务完成后执行。

至于是否应当在构建流程中包括 HTML 校验这一环节，你可以自行决定。如果不需要这一环节，可以轻松地从以下代码中移除 validate-html 任务。

```
gulp.task('html', ['compile-html','validate-html']);
```

2.9　创建静态 Web 服务器

完成编译 HTML、CSS 和 JavaScript 代码的所有任务后，就可以在浏览器中显示和查看结果了。可以使用 Browsersync 这一模块，在开发代码时保持浏览器同步。该模块的工作原理为：当浏览器首次发送页面请求时，模块会在`<body>`标签后注入一个异步脚本标签。

在 Gulp 中使用 Browsersync 时无须安装任何特殊插件，只要简单地用 `require()`将该模块引入即可。

首先，运行以下命令安装 Browsersync。

```
npm install browser-sync gulp --save-dev
```

然后在 Gulpfile.js 文件中创建如下任务。

```
var browser = require('browser-sync');
var port = process.env.SERVER_PORT || 8080;
// 启动 Browsersync 实例
gulp.task('server', ['build'], function(){
  browser.init({server: './_site', port: port});
});
```

server 任务依赖 build 任务(上述代码中的第二个参数 `['build']`)，因此 server 任务会等 build 任务运行完成后再执行。

该任务会运行监听 8080 端口的静态 Web 服务器，向浏览器提供临时目录_site 中的内容，其中包含了别的任务编译生成的文件。

2.9.1 监听文件的修改

静态 Web 服务器成功运行后，即可向构建流程中添加 watch（监听）任务。该任务会在文件发生修改时触发浏览器刷新。

其具体写法如下。

```
// 监听文件修改
gulp.task('watch', function() {
  gulp.watch('scss/**/*', ['compile-sass', browser.reload]);
  gulp.watch('html/pages/**/*', ['compile-html']);
  gulp.watch(['html/{layouts,includes,helpers,data}/**/*'], ['compile-html:reset',
'compile-html']);
});
```

上述操作会监听 scss 文件夹中的 Sass 文件和 html 文件夹中的 HTML 模板。而 compile-html 任务则会在结束后触发 `browser.reload` 语句。

```
.on ('finish', browser.reload);
```

请注意，对于 pages 目录以外的 Panini 文件修改而言，在对它们执行 compile-html 任务前需先执行 compile-html:reset 任务，调用 `panini.refresh()`语句。因为 Panini 仅在首次运行时加载相关的布局、局部文件、帮助文档和数据等文件，所以需要刷新操作来实现重新编译。

2.9.2 复制并压缩图片

每次运行构建流程时，clean（清理）任务都会清空_site 临时目录，因此若项目中使用了图片，则每次运行构建流程时都必须手动将这些图片复制到_site 目录中。

可以将这些图片和其他资源保存到 asset 目录中，并运行以下任务将其复制到_site 目录内。

```
// 复制资源文件
gulp.task('copy', function() {
  gulp.src(['assets/**/*']).pipe(gulp.dest('_site'));
});
```

如果是图片的话，除了复制，还可以用 gulp-imagemin 插件将其压缩。

可以访问 https://github.com/sindresorhus/gulp-imagemin，了解该插件的更多相关信息。

```
var gulp = require('gulp');
var imagemin = require('gulp-imagemin');
var pngquant = require('imagemin-pngquant');
gulp.task('default', () => {
    return gulp.src('assets/images/*')
        .pipe(imagemin({
            progressive: true,
            svgoPlugins: [
                {removeViewBox: false},
                {cleanupIDs: false}
            ],
            use: [pngquant()]
        }))
        .pipe(gulp.dest('_site/images'));
});
```

2.10　归纳汇总，创建 default 任务

在 Gulpfile.js 文件的末尾，我们将编写一系列任务，其中 default（默认）任务会以一定顺序运行构建流程的具体任务环节。这些任务的写法如下。

```
gulp.task('set-development', development.task);
gulp.task('set-production', production.task);
gulp.task('test',['scss-lint','validate-html']);
gulp.task('build', ['clean','copy','compile-js','compile-sass','compile-html']);
gulp.task('default', ['set-development','server', 'watch']);
gulp.task('deploy', ['set-production','server', 'watch']);
```

default 任务首先调用 set-development，将运行环境设置为开发环境。然后运行 server 任务，接着启动 watch 任务。由于 server 任务依赖 build 任务，所以每次 server 任务（Browsersync）运行前都会先运行 build 任务。除了一开始将环境设置为生产环境外，deploys 任务做的事情和 default 任务做的基本一致。

test 任务对 SCSS 代码以及编译后的 HTML 代码进行静态检查。可以运行 `gulp test` 命令，以执行 test 任务。test 任务的执行结果如下。

```
[00:15:02] Starting 'scss-lint'...
[00:15:02] Starting 'compile-html'...
```

```
    [00:15:12] Finished 'compile-html' after 9.25 s
    [00:15:12] Starting 'validate-html'...
    [00:15:12] Finished 'validate-html' after 22 ms
    [00:15:45] 1 issues found in
/home/bass/testdrive/bootstrapbook/chapter2/scss/includes/_bootstrap.scss
    [00:15:45] includes/_bootstrap.scss:1 [W] Comment: Use `//` comments everywhere
    [00:15:45] 2 issues found in
/home/bass/testdrive/bootstrapbook/chapter2/scss/includes/_page-header.scss
    [00:15:45] includes/_page-header.scss:11 [W] PseudoElement: Begin pseudo classes
with a single colon: `:`
    [00:15:45] includes/_page-header.scss:13 [W] TrailingWhitespace: Line contains
trailing whitespace
    [00:15:45] Finished 'scss-lint' after 43 s
    [00:15:45] Starting 'test'...
    [00:15:45] Finished 'test' after 27 μs
    [Wed Apr 27 2016 00:15:59 GMT+0200 (CEST)] ERROR
/home/bass/testdrive/bootstrapbook/chapter2/_site/index.html:58:13 E041 `.carousel`
 must have exactly one `.carousel-inner` child.
```

至此，构建流程即告完成，我们开始使用吧！可以运行以下命令，启动构建流程。

```
gulp
```

`gulp` 命令会运行default 任务。它会启动静态Web服务器并自动监听文件修改。

2.11 使用构建流程，完成项目

本章开头展示了一张单页面营销网站的截图，这个移动优先的响应式网站是用 Bootstrap 开发的。在本章剩余的内容中，将介绍如何用之前创建的 Gulp 构建流程来搭建这一网站。

你需要将 HTML 页面分割为已创建的 HTML 模板结构所对应的不同部分。

该项目会设置一个页面断点：768 像素。对于宽度大于 768 像素的视口而言，导航菜单会被水平放置，别的 UI 元素也会进行相应调整。

2.11.1 布局模板

之前提到过，我们将使用 Panini 将HTML 代码模块化 。并借此避免 HTML 代码出现重复。

Panini 使用了 Handlebars 模板语言。强烈建议你访问以下网址，阅读 Panini 的官方文档：http://foundation.zurb.com/sites/docs/panini.html。

主页文件 index.html 中仅包含以下内容。

```
---
layout: default
title: Home
---
{{> features}}
```

除了`{{> features}}`片段所包含的 includes/features.html 页面外，其他所有的 HTML 代码都是 index.html 文件通过 layout/default.html 这一让所有页面共享布局的默认模板的方式加载的。

默认模板代的码写法如下。

```
<!DOCTYPE html>
<html lang="en">
  <head>
    <!-- 首先包含必需的meta 标签 -->
    <meta charset="utf-8">
    <meta name="viewport" content="width=device-width, initial-scale=1,
shrink-to-fit=no">
    <meta http-equiv="x-ua-compatible" content="ie=edge">

    <title> Your Company :: {{title}}</title>

    <!--Bootstrap CSS -->
    <link rel="stylesheet" href="{{root}}css/app.css">
  </head>
  <body>
    {{> header}}
    {{> navigationheader}}
    {{> body}}
    {{> footer}}
    {{> footerjavascripts}}
  </body>
</html>
```

在此模板中，`{{> body}}`片段将包含项目首页 index.html 文件中的 HTML 代码。而该首页文件中的 `layout:default` 声明则会让 Panini 使用 html/layouts/default.html 文件中的默认模板。

在默认模板中，`{{> header}}`片段会引入 html/includes/header.html 文件中所包含的 HTML 页眉局部文件。

下一节，你将开发这一页眉。开始之前，请执行 `gulp` 命令运行默认任务，任务运行后可以在浏览器中直接看到本节的成果。

2.11.2　页眉

调整浏览器大小，使其视口小于 768 像素。此时页眉会如下图所示。

开始在 html/includes/header.html 文件中编写页眉所属的 HTML 代码。

该 HTML 代码的第一个版本的写法如下。

```
<header class="page-header">
    <div class="container">
      <div class="row">
      <div class="col-xs-12"><h1
class="display-4">Your<span>Company</span></h1></div>
      <div class="col-xs-12">
          <form class="form-inline">
          <input class="form-control" type="text" placeholder="Search">
          <button class="btn btn-outline-success"
type="submit">Search</button>
          </form>
      </div>
      </div>
    </div>
</header>
```


所有的 HTML 都包含在一个具有 `page-header` 类的 `header` 元素中。而紧跟着`<header>`元素的是具有 `container` 类的`<div>`元素。其中 `container` 是 Bootstrap 中最基本的布局元素，也是使用网格系统时不可或缺的类。Bootstrap 中的响应式网格系统由 12 栏、4 个断点所组成，这些断点划分出 5 种网格：极小网格、小网格、中等网格、大网格和极大网格。在 `container` 中，我们通过具有 `row` 类的`<div>`元素来创建一个行区域。行区域内的各种栏元素则以 `col-{grid}-*` 类来表示。可以阅读第 1 章，了解 Bootstrap 网格和响应式特性的更多相关信息。

上述例子中，我们在行区域内创建了两栏。第 1 栏包含了公司名称，而第 2 栏则包含了搜索表单。在小型浏览器视口中，这两栏应当各自撑满100%的视口宽度，呈现出堆叠的效果。而在上述例子中，该效果是通过 `col-xs-12` 这个类来实现的。`col-xs-12` 这一名称清楚地表明在极小网格中相关元素将占据整个 12 栏栏宽。不过，尽管 `col-xs-12` 会将 width 设置为 100%并将 float 设置为 left，其效果却因全局的 `box-sizing: border-box` 声明而与默认情形并无二致。在 box-sizing 值为 border-box 的情况下，块级元素会占据其父元素（container）的整个空间。因此，`col-xs-12` 类的存在与否并不影响最终结果。有关 box-sizing 模型的详细解释，可以阅读第 1 章。

在之前的例子中，公司名会包含在一个具有 `display-4` 类的`<h1>`元素里。而该`<h1>`还会包含`<span>`元素，以实现用两种色彩显示公司名称。

对于第 2 栏中的搜索表单而言，其内部用 `form-inline` 类及镂空按钮构建了默认的内联表单。

完成 HTML 代码的编写后，即可开始定制 CSS。

1. 定制页眉的 CSS 代码

和之前一样，我们将使用 Sass 来构建定制 CSS 代码。对于页眉来说，需要创建 scss/includes/_page-header.scss 这一新的 Sass 局部文件，并在 scss/app.scss 文件中将其引入。

```
@import "includes/page-header";
```

引入上述局部文件前需先引入 Bootstrap，这样才能复用 Bootstrap 中的混入并在需要时扩展 Bootstrap 类。scss/includes/_page-header.scss 文件中 SCSS 代码的写法如下。

```
.page-header {
  background-color: $page-header-background;

  .display-3 {
    color: $company-primary-color;
    span {
      color: $lightest-color;
    }
  }
  [class^="col-"]:last-child {
    margin-top: $spacer-y * 2;
  }
}
```

除了上述代码中的`[class^="col-"]:last-child` 选择符外，还可以使用像`.search-form-column` 类这样的自定义类选择符，并通过修改相关的 HTML 代码来生效。

上述 SCSS 代码中的颜色变量是在 scss/includes/_variables.scss 文件中用以下方式声明的。

```
$darkest-color: #000; // black;
$lighest-color: #fff; // white;
$company-primary-color: #f80; //orange;

// 页眉
$page-header-background: $darkest-color;
```

2. CSS 和 HTML 代码优化

对于以上示例，当浏览器窗口大小调整到小于 544 像素时，页面就会出现问题。

首先，由于 Bootstrap 中的 `inline-form` 类仅在屏幕宽度大于 544 像素时生效，因此示例中的搜索按钮会被挤到下一行中。可以用以下 SCSS 代码重写 Bootstrap 的默认行为。

```
.page-header {
  .form-inline .form-control {
    display: inline-block;
    width: auto;
  }
}
```

除了这一方法外，还可以通过添加 `hidden-xs-down` 类，以在最小型的屏幕中移除搜索按钮 。`hidden-xs-down` 类仅在极小型网格中隐藏相关元素。

另外，在最小型的屏幕中，公司名称可能显得过大。对这种情况，可以使用第 1 章提到的`media-breakpoint-down()`混入，在最窄的屏幕中缩小字号。

```
.page-header {
  @include media-breakpoint-down(xs) {
    .display-3 {
      padding-bottom: $spacer-y;
      font-size: $display4-size;
      text-align: center;
    }
  }
}
```

然后切换到尺寸更大的屏幕，调整浏览器窗口，将其宽度设置为 768 像素以上。

此时，示例中的栏应当水平排列，每栏占据外部容器 50% 的空间（6 栏）。每种网格的外部容器的宽度值都是固定的，当屏幕宽度大于 1200 像素时，容器的宽度永远是 1140 像素。

可以通过添加两个 `col-md-6` 类来实现这一效果。

```
<div class="col-xs-12 col-md-6"><h1  class="display-3">Your<span>Company</span>
</h1></div>
<div class="col-xs-12 col-md-6">
```

与此同时，搜索框应当浮动放置于页眉区域的右侧。这可以通过添加 `pull-md-right`类来实现。

```
<form class="form-inline pull-md-right">
```

其中，`pull-md-right` 类会在中型屏幕及更大尺寸的网格中对相关元素设置 `float:right`属性，因此会编译为以下 CSS 代码。

```
@media (min-width: 768px) {
  .pull-md-right {
    float: right !important;
  }
}
```

在以上制作页眉的过程中，你可能发现：当屏幕宽度大于 768 像素而小于 992 像素时，公司名称区域和搜索框区域可能出现重叠。对于这一问题，可以通过将 `col-md-6` 替换为 `col-lg-6` 来解决，也可以修改 CSS 代码，在更大的屏幕尺寸中缩小公司名称的字号。可以使用 scss/includes/_page-header.scss 文件中的 SCSS 代码来实现。

```
@include media-breakpoint-down(md) {
  .display-3 {
    padding-bottom: $spacer-y;
    font-size: $display4-size;
    text-align: center;
  }
}
```

最后，修改 scss/includes/_page-header.scss 文件，在大尺寸屏幕下定义搜索框的上边距。

```
@include media-breakpoint-up(md) {
  [class^="col-"]:last-child {
    margin-top: $spacer-y * 2;
  }
}
```

3. 调整导航条及首屏的样式

本章示例中，导航条和首屏代码都包含在`<section>`元素中，并配置有背景图片。相关的html/includes/navigationheader.html模板中的HTML代码写法如下。

```
<section class="nature">

         <header>
         {{> navbar}}
         </header>
         {{> jumbotron}}

</section>
```

可以创建 scss/includes/_navigationheader.scss 这一新的 Sass 局部文件，并在其中编写以下SCSS代码。

```
// 免费图片选自 https://www.pexels.com/photo/landscape-nature-sunset-trees-479/
.nature {
  background-image:url('/images/landscape-nature-sunset-trees.jpg');
}
```

请注意，landscape-nature-sunset-trees.jpg图片文件应当保存在项目中的assets/images/目录内。如之前所述，每次运行构建流程时该图片文件都会被自动复制到临时目录_site/images里。

对于导航条来说，我们也将创建 html/includes/navbar.html 这一 HTML 模板，以及 scss/includes/_navbar.scss这一Sass局部文件。并在其中复用第1章中有关响应式导航条的相关代码。

可以修改scss/includes/_navbar.scss文件，设置导航条的背景色。

```
.navbar {
  // 背景：透明;
  background: rgba(255,255,255,0.5);
  //@include gradient-horizontal(green, white);
}
```

请注意，以上SCSS代码中注释掉了两个不同的背景色方案。可以移除注释（或注释掉其他的），尝试使用这些不同的方案。如果此时`gulp`命令正在运行，则可以直接在浏览器中看到效果。

可以将背景色值作为变量保存到scss/includes/_variables.scss文件中，方便之后复用。

```
$navbar-background: rgba(255,255,255,0.5);
```

除此之外，也可以为导航条的背景色创建一个新的类。

```
.bg-nature {
    background: $navbar-background;
}
```

相应的 HTML 代码写法如下。

```
<nav class="navbar navbar-dark bg-nature navbar-full" role="navigation">
```


至于首屏组件，我们将直接使用 Bootstrap 文档中 Jumbotron 组件的 HTML 代码。并将其保存到 html/includes/jumbotron.html 文件中，同时创建 scss/includes/_jumbotron.scss 这一对应的 Sass 局部文件。

html/includes/jumbotron.html 文件中 HTML 代码的写法如下。

```
        <div class="container">
          <div class="jumbotron">
            <h1 class="display-3">Hello, world!</h1>
            <p class="lead">This is a simple hero unit, a simple jumbotron-
style component for calling extra attention to featured content or
information.</p>
            <hr class="m-y-2">
            <p>It uses utility classes for typography and spacing to space content out
within the larger container.</p>
            <p class="lead">
              <a class="btn btn-primary btn-lg" href="#" role="button">Learn more</a>
            </p>
          </div>
        </div>
```

除了已经涉及的 `container`、`display-*`和 `btn-*`类，以上代码中还出现了一些新的 Bootstrap CSS 类。其中，`lead` 类可以使段落突出显示。而`<hr>`元素所具有的 `m-y-2` 类则将水平外边距设置为`$space-y` 高度值的两倍。Bootstrap 中有很多像 `m-y-2` 这样的工具类，可以用来设置元素的内边距和外边距。

这些工具类的命名格式为`{property}-{sides}-{size}`，其中 `property` 的值为 `p`（内边距）或 `m`（外边距），`sides` 的值为 `l`（左）、`r`（右）、`t`（上）、`b`（下）、`x`（左和右）或 `y`（上和下），`size` 的值介于 0 和 3 之间（包括 0 和 3），表示`$space-x` 或`$space-y` 的倍数。

修改完 HTML 代码后，编辑 scss/includes/_jumbotron.scss 文件中的 SCSS 代码。

```
.jumbotron {
  background-color: transparent;
  color: $lightest-color;
}
```

在小屏幕中，导航页眉如下图所示。

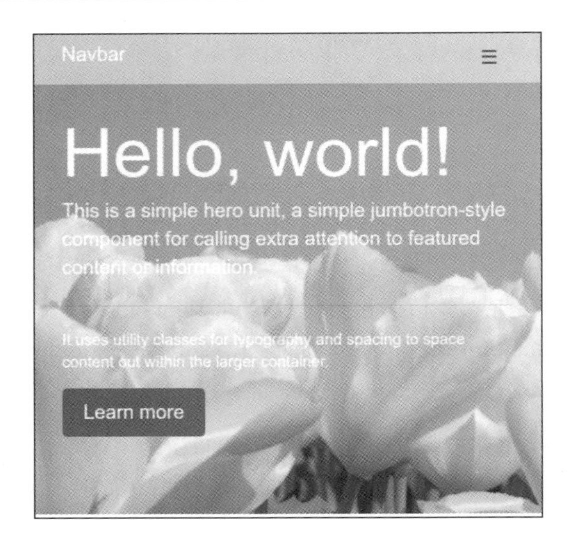

完成导航和首屏的样式调整后，接下来调整页面设计中产品特性部分的样式。

2.12　调整产品特性的样式

首屏组件下方显示的是 3 个特性。其中每一个特性都会显示成下图中的样子：以包含照片或图标的圆形图片开始，继之以标题和文字介绍段落，最后是行动引导按钮。

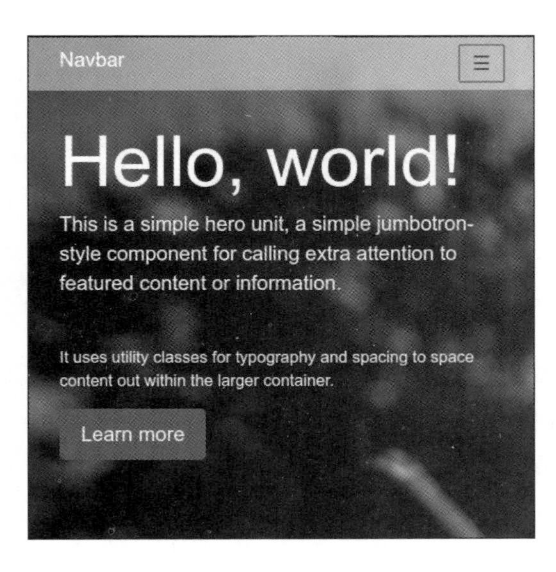

在宽度小于 768 像素的屏幕中，特性会以从上到下的顺序显示。而在更宽一些的屏幕中，这些特性则会以水平三等分的方式排列，如下图所示。

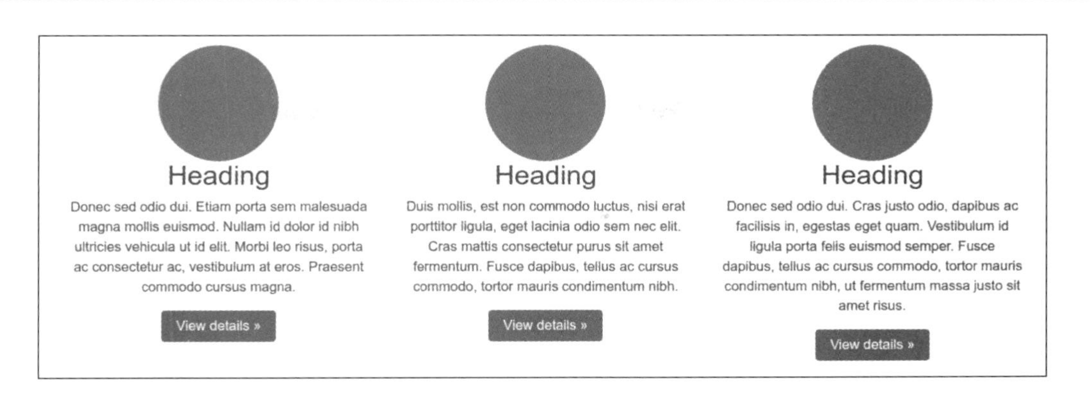

2

和之前一样，我们会创建两个文件：作为 HTML 模板的 html/includes/features.html 和作为 Sass 局部文件的 scss/includes/_features.scss。

HTML 模板文件 html/includes/features.html 中的 HTML 代码结构如下（注：有关产品特性的具体 HTML 代码已省略）。

```
<div class="container features">
  <div class="row">
    <div class="col-md-4">
      <!-- 第一个特性 -->
    </div><!-- /.col-md-4 -->
    <div class="col-md-4">
      <!-- 第二个特性 -->
    </div><!-- /.col-md-4 -->
    <div class="col-md-4">
      <!-- 第三个特性 -->
    </div><!-- /.col-md-4 -->
  </div><!-- /.row -->
</div>
```

可以看到，该代码同样使用了 Bootstrap 的网格来显示特性。除了已经介绍过的 container 和 row，以上代码中的 `col-md-4` 类会在中型及更大尺寸的 12 网格中令相关元素占据 4 个网格基本单元。而用于兼容小型设备的 `col-xs-12` 类则已被忽略。

每个特性内的 HTML 代码的写法如下。

```
<img class="img-circle"
src="data:image/gif;base64,R0lG...CRAEAOw==" alt="Generic placeholder
image" height="140" width="140">
<h2>Heading</h2>
<p>Donec sed odio dui. .....</p>
<p><a class="btn btn-primary" href="#" role="button">View details &raquo;</a></p>
```

其中 `img-circle` 类会自动将图片处理为以圆形显示。你可以用自己的图片文件替换代码中的图片源 `src="data:image/gif;base64,R0lG...CRAEAOw=="`。

可以访问 https://css-tricks.com/data-uris/，了解更多有关图片元素 data-URI 属性的信息。

至此，即可编写一些 CSS 代码来优化产品特性区域的观感。在 scss/includes/_features.scss 文件中编写以下 SCSS 代码。

```
.features {
  padding-top: $spacer-y;
  [class^="col-"] {
    text-align: center;
  }
}
```

除了新写 CSS 代码外，也可以考虑用 Bootstrap 中预定义的 CSS 类来实现相同的效果。

可以用预定义的工具类来设置产品特性上方的内边距，代码如下。

```
<div class="container features p-t-1">
```

同时借助 text-xs-center 类使所有视口中特性区域的内容居中排列。

```
<div class="col-md-4 text-xs-center">
```

至此，我们完成了产品特性的开发，是时候调整页脚的样式并完成整个项目了。

2.13　调整页脚的样式

最后，作为同样重要的一环，我们将调整页脚中链接的样式，并以此完成本章的示例项目。和之前一样，我们通过创建 HTML 模板和 Sass 局部文件来实现。

其中，html/includes/footer.html 这一 HTML 模板应当包含以下 HTML 代码。

```
<footer class="page-footer">
  <div class="container">
    <div class="pull-xs-right">
      <a href="https://twitter.com/bassjobsen"><i class="fa fa-twitter
fa-lg"></i></a>
      <a href="https://facebook.com/bassjobsen"><i class="fa fa-facebook
fa-lg"></i></a>
      <a href="http://google.com/+bassjobsen"><i class="fa fa-google-plus
fa-lg"></i></a>
      <a href="http://stackoverflow.com/users/1596547/bass-jobsen"><i class="fa
fa-stack-overflow fa-lg"></i></a>
      <a href="https://github.com/bassjobsen"><i class="fa fa-github fa-lg"></i></a>
    </div>
    <div>&copy; 2016 Bass Jobsen &middot; <a href="#">Privacy</a>&middot;
<a href="#">Terms</a></div>
  </div>
</footer>
```

该页脚简单又直观。它包含了版权信息及一系列社交网络链接。其中社交网络链接会用 pull-xs-right类浮动到页脚的右侧。这些链接的图标则来自 Font Awesome 图标库。fa-*等 CSS 类并不是 Bootstrap 所提供的。

第 4 章将介绍如何用 Sass 把 Font Awesome 的 CSS 代码编译到本地 CSS 中。此处我们只需简单地通过 CDN 来加载 Font Awesome 的 CSS 代码，在 HTML 模板文件 html/layouts/default.html中用以下方式链接 CSS。

```
<link rel="stylesheet"
href="https://maxcdn.bootstrapcdn.com/font-awesome/4.6.1/css/font-awesome.min.css">
```

做完这两步后，剩下的就只是设定背景、链接和图标的颜色及边距了。可以在 Sass 局部文件 scss/includes/_ page-footer.scss 中输入以下 SCSS 代码来进行调整。

```
.page-footer {
  background-color: $page-footer-background;
  color: $lightest-color;
  a{
    @include plain-hover-focus {
      color: $lightest-color;
    }
  }
  padding: $spacer-y 0;
  margin-top: $spacer-y;
}
```

该代码使用了 Bootstrap 的 plain-hover-focus()混入，一次性设定元素在普通状态、鼠标悬停状态和获取鼠标焦点状态时的样式。如前所述，该混入使用了媒体查询 Level 4标准的 hover 媒体特性。

同样，可以对该例子使用 Bootstrap 的工具类来设定内外边距。例如，可用 p-y-1 和 m-t-1来达到相同的效果。

```
<footer class="page-footer p-y-1 m-t-1">
```

这就是整个示例项目的所有内容。做得不错!

2.14 用 Bootstrap CLI 运行模板

在本章中，我们创建了构建流程，并通过运行 gulp 命令创建和编译单页面模板。接下来我们会使用 Bootstrap CLI 来配置项目。

在使用 Bootstrap CLI 时，可以选择自己偏好的启动模板。与本章内容类似，这些启动模板中也都自带了 Gulp 或 Grunt 的构建流程。以 Bootstrap material design 模板为例，可以访问 https://github.com/bassjobsen/bootstrap-material-design-styleguide 来获取其源代码。Bootstrap 会从

GitHub 下载模板，并通过调用 npm 来运行相关脚本。

如果需要在 Bootstrap CLI 中直接使用自己的构建流程和模板，只需在 package.json 文件中添加 npm 脚本即可，写法如下。

```
"scripts": {
  "build": "gulp deploy",
  "start": "gulp"
}
```

2.15　JavaScript 任务管理器不是必需品

本章介绍了如何用 Gulp 创建构建流程。Gulp 和 Grunt 都是运行于 Node.js 环境中的任务管理器。而在上一节中，Bootstrap CLI 会调用 `npm` 命令来运行脚本。受此思路影响，有些人认为可以直接创建构建流程，无须引入 Gulp 或 Grunt。

2.16　在 GitHub 上发布成果

在模板制作成功后，不妨考虑将其发布到 GitHub 上。在和别人分享工作成果的同时，也可以借助他人的力量来改进产品。

可以访问 https://guides.github.com/introduction/getting-your-project-on-github/，了解在 GitHub 上发布项目的更多相关信息。

由于安装 Bower 包和 Gulp 插件时使用了`--save-dev` 选项，因此 bower.json 和 package.json 文件中会包含最新的项目依赖信息。当发布项目时，这些依赖包本身无须发布。使用者会下载项目文件，并通过运行以下命令来安装依赖。

```
bower install
npm install
```

运行上述 `install` 命令后，使用者即可通过 `gulp` 命令运行项目。除了这种方式，也可以使用 Bootstrap CLI 中的 `bootstrap watch` 命令。

可以创建.gitignore 文件，确保仅上传项目本身的文件至 GitHub。该.gitignore 文件中应当包含以下几行。

```
.DS_Store
bower_components
node_modules
npm-debug.log
_site
.sass-cache
```

2.17 小结

本章介绍了如何使用 Gulp 创建 Bootstrap 项目的构建流程。你可以将这一流程复用于自己的新项目中。该构建流程会将 Sass 代码编译为 CSS 代码，处理 JavaScript 代码，并运行静态 Web 服务器来测试结果。最后，在由示例代码构成的单页面营销网站中，除了少量调整，网站内容大多由 Bootstrap 代码及组件组成。而之前所打造的构建流程则会编译代码并测试结果。

在本章所做的少量调整中，有些工作会涉及 Sass 知识。因此，下一章将深入探讨 Sass，我们用它来定制 Bootstrap，并创建自己的博客站点。

第3章

用 Bootstrap 和 Sass 定制博客站点

本章将详细介绍 Sass 这一 CSS 预处理器。根据 Sass 团队的表述:

> Sass 是世界上最成熟、最稳定、最强大的 CSS 扩展语言。

Bootstrap 中的 CSS 代码是用 Sass 来编写的。本章将主要使用 Bootstrap 组件来搭建一个简单的站点。本章首先介绍 Sass 在 CSS 基础上所添加的特性,以及如何借助 Sass 以 DRY 的风格编写更高效的代码,然后用 Sass 修改和继承 Bootstrap。

阅读本章后,你将:

- 了解 Sass 的威力;
- 学习如何修改 Bootstrap 的 CSS 代码;
- 学习如何继承 Bootstrap 的 CSS 代码;
- 学习如何复用 Bootstrap 的 Sass 混入。

3.1 预期结果及搭建顺序

根据本章的介绍,借助 Bootstrap,你将部署一个自己的博客站点。该站点由标准的 Bootstrap 组件搭建,辅之以少量微调。在简单介绍 Sass 后,我们即用它修改和继承 Bootstrap 中的 CSS 代码,从而满足博客站点的需求。

最终的结果将如下图所示。

该截图展示的是博客站点在宽度小于 768 像素的小型设备中的效果。也就是说，我们会设置一个页面断点：768 像素。在宽度大于 768 像素的屏幕中，导航将水平排列，网页上也会显示更多的新功能。最终效果如下图所示。

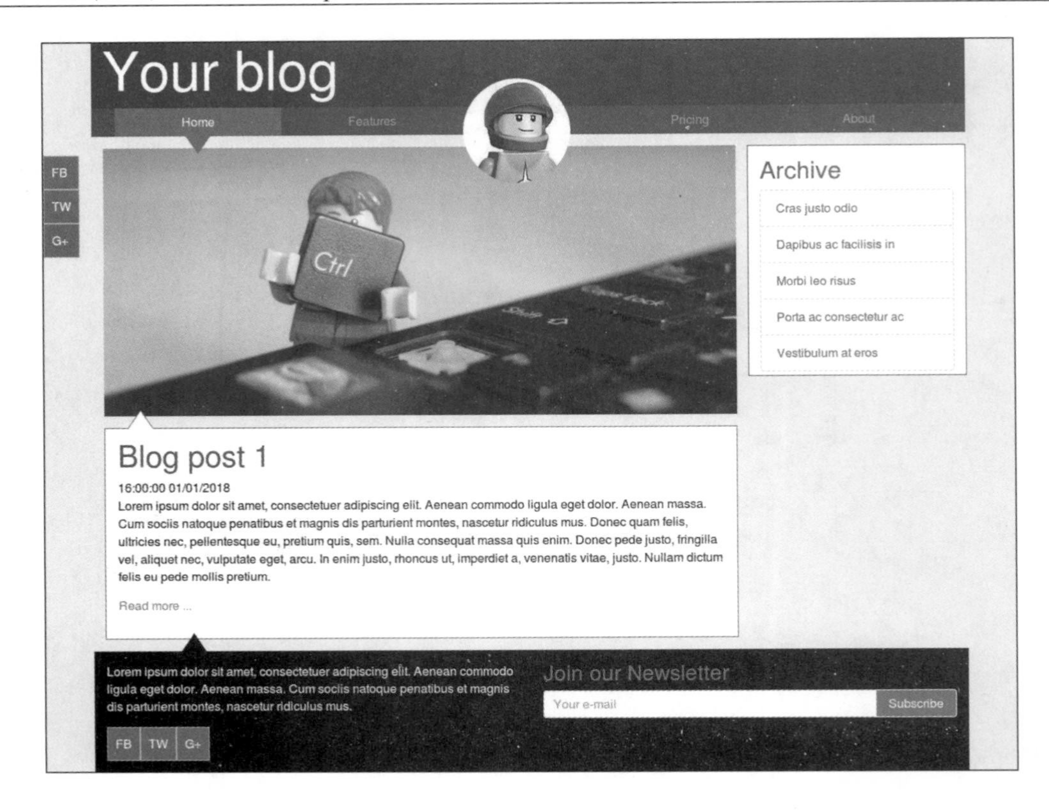

3.2　项目配置与要求

对于该示例项目，我们会再次使用 Bootstrap CLI，并借助它轻松地配置项目。而在使用 Bootstrap CLI 前，首先需要安装 Node.js 和 Gulp。

安装完成后，运行以下命令，创建新项目。

```
bootstrap new
```

在命令行提示中输入项目名，并选择“An empty new Bootstrap project. Powered by Panini, Sass and Gulp”作为模板，即可根据设计需求开发项目。但在开始前，本章首先介绍 Sass 和定制策略。

3.3　Sass 在项目开发中的威力

Sass 是一种 CSS 代码预处理器，同时也是 CSS3 的一个扩展，它加入了一系列特性：**规则嵌套**、**变量**、**混入**、函数、**选择符继承**，等等。下面介绍 Sass 对 CSS 语法的扩展，以及如何借助 Sass 来避免重复 CSS 代码的出现。

3.3.1 规则嵌套

使用规则嵌套可以极大地提升样式编写的效率。比如，在 CSS 中可能写出重复的选择符代码。

```
.navbar-nav { ... }
.navbar-nav > li { ... }
.navbar-nav > li > a { ... }
.navbar-nav > li > a:hover,
.navbar-nav > li > a:focus { ... }
```

而在 Sass 中，用如下简单的嵌套模式，即可非常轻松地写出相同的一套选择符及其样式定义。

```
.navbar-nav { ...
  > li { ...
    > a { ...
      &:hover,
      &:focus { ... }
    }
  }
}
```

编译后，上述规则就能转变成标准的 CSS 代码。虽然最终结果一样，但在某些情况下，这种嵌套模式可以让 Sass 代码的编写和维护比普通的 CSS 更简单。请注意，上述代码中使用了&这一**父选择符引用符**。在嵌套模式中，该符号指向所在处的父选择符。如以下 SCSS 代码。

```
.link {
  &:hover {
    color: black;
                    } }
```

编译成 CSS 代码后如下。

```
.link: hover {

  color: black;
}
```

如果不使用&父选择符引用符，则在编译后的 CSS 代码中:hover 选择符前会多一个空格。

在 Bootstrap 的 Sass 源代码中，很少出现子选择符和元素选择符。嵌套模式大多用于状态选择符的实现。以之前的 navbar 为例，Bootstrap 中 SCSS 代码大致如下。

```
.navbar-nav {
  .nav-link {
    color: $navbar-dark-color;
    @include hover-focus {
      color: $navbar-dark-hover-color;
    }
  }
}
```

元素状态（:hover 和:focus）由 hover-focus()这一混入所设定。当$enable-hover-media-query 变量设置为 true 时，该混入还能实现媒体查询 Level 4 标准中的 hover 媒体特性。

例如，以下 SCSS 代码：

```
$enable-hover-media-query: true;
a {
  @include hover-focus {
    color: green;
  }
}
```

编译成 CSS 代码后为：

```
a:focus {
  color: green;
}
@media (hover: hover) {
  a:hover {
    color: green;
  }
}
```

本章稍后将详细介绍混入。

请注意，hover-focus()混入的内部也使用了&这一父选择符引用符，用于设定:hover 和:focus 选择符。

3.3.2　变量

使用变量，即可在指定样式值后实现其在整个样式表中的自动引用，也可以实现修改样式值后引用处的自动更新。比如，可以通过以下方式使用颜色变量。

```
@off-white:  #e5e5e5;
@brand-primary:  #890000;
```

由于 Sass 文件中的所有样式规则均使用了这些变量，因此一旦修改这些变量值，整个网站中的颜色都将改变。

```
a{
  color: @brand-primary;
}
.navbar {
  background-color: @brand-primary;
  .nav-link {
    color: @off-white;
  }
}
```

在使用前，所有的变量都需先行声明。其中，可用`!default`声明来设置默认值，例如`@off-white: #e5e5e5 !default;`。

可以借助上述写法来编写 Sass 代码，通过更改默认变量的值来轻松地进行修改。例如以下 SCSS 代码：

```
$dark-color: darkblue;
$dark-color: darkgreen !default;

p {
  color: $dark-color;
}
```

编译成 CSS 代码后为：

```
p {
  color: darkblue;
}
```

Bootstrap 中所有的变量都定义在_variables.scss 这一文档齐全的局部文件中。由于变量声明时均使用了`!default`，因此可以在_variables.scss 文件最开头的`@import`语句之前添加新声明，轻松地覆写这些变量的值。

对于熟悉 Less 的读者来说，需要注意的是：Sass 中变量不支持**懒加载**，同时也没有采用**最后定义的变量优先级最高**的策略。另外，在 Sass 中变量在声明后方能使用。

3.3.3 混入

借助混入，可以以简洁且易于管理的形式生成一整套规则。比如，根据`<a>`标签或其他元素的不同状态设定不同的样式时，可以用它来简化任务。

以之前提到的 Bootstrap 中的`hover-focus()`混入为例。该混入的具体代码如下。

```
@mixin hover-focus {
  @if $enable-hover-media-query {
    &:focus { @content }
    @include hover { @content }
  }
  @else {
    &:focus,
    &:hover {
      @content
    }
  }
}
```

当需要时，可以使用该混入。

```
.page-link {
  @include hover-focus() {
    color: tomato;
  }
}
```

编译后，每个元素都会拥有其相应的 CSS 样式。当$enable-hover-media-query 变量的值设定为 false 时，上述示例将编译成以下 CSS 代码。

```
.page-link:focus, .page-link:hover {
  color: tomato; }
```

Bootstrap 在其早期版本中使用了很多混入操作，用于在编译的 CSS 代码中加入浏览器引擎前缀。对于需要编写多个引擎前缀，以获取跨浏览器支持的那些 CSS 属性来说，借助混入即可用单行代码声明来实现需求。根据混入写法的不同，开发者也可单独添加或移除某个特定 CSS 属性的引擎前缀。

如第 2 章所示，如今浏览器引擎前缀是通过 autoprefixer 自动添加的。

3.3.4 操作

可以使用 Sass 中的操作来进行包括变量运算在内的数学运算。例如，用以下写法对某个颜色进行变亮或变暗操作，从而创建颜色变体。

```
a:hover { darken(@link-color, 15%); }
```

在上述 SCSS 代码中，darken()是 Sass 自带的颜色函数。除了 darken()，Sass 还包含了很多可以直接使用的操作函数，涉及颜色、字符串、数值、列表、映射、选择符等。此外，还能添加自定义函数。

有关 Sass 中的自带函数，可以参考 http://sass-lang.com/documentation/Sass/Script/Functions.html。

还可以计算网格系统中的内边距值。以下代码取自 Bootstrap 中的 mixins/_grid.scss 源文件，该代码会将 container 类的内边距设置为$gutter 变量值的一半。

```
@mixin make-container($gutter: $grid-gutter-width) {
  margin-left: auto;
  margin-right: auto;
  padding-left: ($gutter / 2);
  padding-right: ($gutter / 2);
  @if not $enable-flex {
    @include clearfix();
  }
}
```

作为 Bootstrap 源代码的一部分，mixins/_grid.scss 文件会出现在 bower_components 文件夹中。

3.4　文件引入

借助 Sass 的编译机制，可以将多个文件引入并拼合为单个 CSS 文件。在这一过程中，可以指定文件引入的顺序，根据自己的级联需求来精确组织最终所需要的样式表。

Bootstrap 的引入文件 bootstrap.scss 首先会引入必需的变量和混入。然后，引入 Sass 版 normalize.css（取代 CSS 重置），以及用于打印机媒体的基本样式。之后，引入核心样式，内容包括：新的 reboot 模块（`_reboot.scss`）、排版基础样式（`_type.scss`）等。最终，bootstrap.scss 文件的最初几行代码如下。

```
// 核心变量与混入
@import "variables";
@import "mixins";

// 重置与依赖
@import "normalize";
@import "print";
```

编译结果为单个 CSS 文件，其样式级联顺序正如预期：通用样式定义先于特殊样式，组件样式定义先于工具样式。

模块化文件组织

由于不同的文件可以引入到同一处，我们可以轻松地对样式资源进行分组，在不同的文件中对其进行维护。因此，Bootstrap 源代码中有很多 Sass 文件：一个文件负责导航条的样式，另一个文件负责按钮，其他一些文件负责警告框、传送带样式等，不一而足。而所有这些样式文件最终都会引入到 bootstrap.scss 文件中。

正因如此，再加上其他的一些原因，Sass 和别的 CSS 预处理器俨然已成为 Web 开发最佳实践中的一环，而绝非流行一时。大多数开发者都认为 Sass 等预处理器是 CSS 技术的未来。

3.5　使用 SCSS 检查工具编写更简洁易读的代码

第 2 章介绍了如何在构建流程中整合 SCSS-lint 工具。除此之外，也可以在命令行中使用该工具来检查代码。

SCSS-lint 不仅会检查语法和代码样式，还有助于编写复用性更好的代码。当在配置文件中开启`ColorVariable`检查时，工具就会检查代码中的颜色值，并就硬编码色值的使用向开发者提出警告。大多数情况下，将颜色值赋给某个变量是更好的选择。这么做可以复用色值，并且能做到一处修改，多处生效。

请注意，为了写出易读性和复用性更好的代码，选择变量名称时需仔细斟酌。

可以访问 http://webdesign.tutsplus.com/tutorials/quick-tip-name-your-sass-variables-modularly-webdesign-13364，了解一些小诀窍。

如 Sacha Greif 所建议的，Bootstrap 本身也使用了融函数式变量与描述式变量于一体的双层系统。

3.6 Sass 定制策略

根据过往经历和想法的不同，可以采取多种策略来复用 Bootstrap 中的 Sass 代码，将其定制为自己的 CSS 代码。每种策略各有优劣，开发者可以根据自己的需要，综合使用多种策略来实现目标。

本书将展示各个策略的使用，并介绍适用的候选方案。

3.6.1 用变量进行定制

如之前所介绍的，可以用变量将经常使用的值定义在一处。而Bootstrap 的源文件 scss/_variables.scss 中就自带了大量组织良好、文档齐全的变量。

以变量 `$brand-primary`为例，这一变量也用于定义其他变量的值。Bootstrap 的源文件 scss/_variables.scss 中包含以下内容。

```
$link-color:                    $brand-primary !default;
$component-active-bg:           $brand-primary !default;
$btn-primary-bg:                $brand-primary !default;
$pagination-active-bg:          $brand-primary !default;
$pagination-active-border:      $brand-primary !default;
$label-primary-bg:              $brand-primary !default;
$progress-bar-bg:               $brand-primary !default;
```

而在其他的一些 Sass 文件中，也可以见到`$brand-primary` 变量的使用。

```
scss/_utilities-background.scss: @include bg-variant('.bg-primary', $brand-
primary);
scss/_card.scss:  @include card-variant($brand-primary, $brand-primary);
scss/_utilities.scss: @include text-emphasis-variant('.text-primary',
$brand-primary);
```

上述代码中所有的变量都会用于生成 Bootstrap 中预定义的 CSS 类。你可以使用这些变量来设置组件的颜色及样式。例如，通过 `btn-primary` 和 `progress-primary` 类来分别设置按钮与进度条的样式。同时，可以用 `bg-variant()`混入来生成`$brand-primary` 变量所对应的背景色。相关按钮的 HTML 代码如下。

```
<button class="btn btn-primary">Button</button>
```

如果网站是由包含`*-primary`类的组件组成的，那么开发者可以轻松地通过修改`$brand-primary`变量的值来更改网站的观感。

本章将声明一批新的变量，同时保持 Bootstrap 的默认值不变。而在项目中添加自定义的 Sass 代码时，可以使用 Bootstrap 中的变量。例如，可以用`$spacer(-*)`变量来设置外边距与内边距。以下 SCSS 代码展示了如何用 Bootstrap 变量设置`padding-top`属性。

```
main {
  article {
    padding-top: $spacer-y;
  }
}
```

请注意，上述 SCSS 代码中使用了`main`元素选择符。而 Bootstrap 的 Sass 源代码中避免使用元素选择符。除了使用`main`这一元素选择符，开发者也可以用`main`类甚至`main-article`类来代替。使用类选择符而非元素选择符有助于写出复用性更好的 CSS 代码，而代价则是必须在 HTML 中添加额外的 CSS。

3.6.2 扩展 Bootstrap 的预定义 CSS 类

Sass 支持`@extend`功能。该功能使得目标选择符可以继承别的选择符中的样式。下面的例子展示了`@extend`功能的使用。

```
$primary-color-dark:   #303F9F;

.selector1 {
  color: $primary-color-dark;
}

.selector2 {
  @extend .selector1;
}
```

由 SCSS 编译成的 CSS 代码如下。

```
.selector1, .selector2 {
  color: #303F9F;
}
```

这种做法非常高效，但在代码嵌套较多的情况下也会更加复杂。尤其是在 HTML 中只使用到新的`selector2`类的情况下，这种做法还会造成代码冗余。

与之相对，占位选择符可以在不造成 CSS 代码冗余的情况下，定义需要复用的选择符代码。除了以`%`符号开头外，占位选择符的写法与普通的选择符相同，但不会输出编译后的 CSS 代码。

```
$primary-color-dark:   #303F9F;

%selector1 {
  color: $primary-color-dark;
}

.selector2 {
  @extend %selector1;
}
```

上述 SCSS 代码中使用了`%selector1` 占位选择符，编译后的 CSS 代码如下。

```
.selector2 {
  color: #303F9F;
}
```

Bootstrap 的 Sass 源代码中避免使用@extend 功能，也不含占位选择符。

第 1 章介绍过默认情况下用扩展 `fluid-img` 类的方法制作响应式图片的内容。

3.6.3　使用/复用 Bootstrap 中的混入

在项目中编写定制 CSS 代码时，可以考虑复用 Bootstrap 中的混入。

比如，在创建定制的按钮时，除了可以修改 Bootstrap 中的变量值，也可以使用以下 SCSS 代码来实现。

```
.btn-accent-color {
  @include button-variant(#fff, $accent-color, #fff);
}
```

使用以上 SCSS 代码后，即可用下述 HTML 代码来创建颜色为`$accent-color` 的按钮。

```
<button class="btn btn-primary">Button</button>
```

而当用 `float` 属性在 HTML 中设置浮动元素后，某些情况下就有必要清除此浮动。使用 CSS 中的 clearfix 可以在不添加任何额外标记的情况下清除浮动元素。

可以访问 https://css-tricks.com/all-about-floats/，阅读浮动的更多相关内容。

Bootstrap 中自带了提供 clearfix 的混入，你可以在自己定制的 SCSS 代码中复用这些混入。

```
.selector {
  @include clearfix();
}
```

本章稍后将介绍如何使用 Bootstrap 中的 Sass 混入和变量来创建自己的语义化网格系统。

混入使得开发者在非 Bootstrap 项目中也能用上 Bootstrap 的 CSS。当然，如之后的章节所述，你也可以在 Bootstrap 项目中使用其他 Sass 代码。

3.6.4 Sass 函数

在之前的章节中，你已经接触了 Sass 中自带的函数。除此之外，也可以在 Sass 中自定义新的函数。这些函数不像混入那样会设定 CSS 的属性，而是会返回一个具体的值。以下 SCSS 代码展示了一个有关 Sass 函数的简单例子。

```
@function three-times($x) {
  @return 3 * $x;
}
p {
  margin: three-times(4)px;
}
```

在该代码中，`three-times()`函数会将输入值的 3 倍作为结果返回，因此编译后的 CSS 代码结果如下。

```
p {
  margin: 12 px;
}
```

3.6.5 复用他人的代码

除了 Bootstrap，很多别的项目也使用了 Sass。你可以轻松地将别的非 Bootstrap 项目中的文件引入自己的项目中。前面介绍了如何在项目里使用现成的混入。除非调用这些混入，否则其在最终编译生成的 CSS 中是不会产生输出的。

本章将介绍使用网络上的混入来生成 CSS 三角形。

Compass

Compass 是一个 CSS 写作框架，可以帮助编写 CSS 代码。该框架依赖 Ruby，因此如果需要在 Bootstrap 项目中使用 Compass，就必须在 Gulp 构建流程中用 gulp-ruby-sass 插件来替换 gulp-sass 插件。使用 gulp-ruby-sass 插件后，即可通过设置 compass 选项为 true 来启用 Compass 的功能。

可以访问 http://compass-style.org，了解 Compass 框架的更多相关内容。

3.7 编写自己的定制 SCSS 代码

在了解了 Sass 的基础知识后，就可以开始编写自己的定制 CSS 代码了。还记得本章开始时所展示的博客网站的布局吗？

正如第 2 章所介绍的，除了 CSS 代码，我们对 HTML 代码也进行模块化。HTML 模板由 Panini 编译，存储于项目的 html 文件夹中。

3.7.1　配色方案

编写项目的第一步是确定配色方案。打开包含 Bootstrap 变量信息的 scss/includes/_variables.scss 文件。因为我们将在项目中使用 Bootstrap 的默认变量值（特殊情况除外），所以可以将该文件中的变量全部删除。

修改完后，在 scss/includes/_variables.scss 文件中编辑以下 SCSS 代码。

```
$primary-color-dark:      #303f9f;
$primary-color:           #3f51b5;
$primary-color-light:     #c5cae9;
$accent-color:            #ff5722;
$accent-color-light:      #ffab91;
$dark-color:              #000;
$light-color:             #fff;
```

可以运行 `gulp` 或 `bootstrap watch` 命令，启动浏览器访问 http://localhost:8080，查看阶段性成果。

添加配色方案后，项目本身依旧是空白的。因此是时候进行调整了。在文件末尾添加以下 SCSS 代码。

```
$body-bg:    $gray-lighter;
$body-color: $dark-color;
$link-color: $accent-color;
```

上述代码中，`$gray-lighter` 是 Bootstrap 中的默认变量。由于_variables.scss 文件是在 Bootstrap 源文件之前引入的，因此需要将 Bootstrap 中默认的颜色变量复制到该文件的头部，才能使用`$gray-lighter` 的值。

上述代码对`<body>`元素的背景色和字体颜色的默认值进行了重写，同时更改了超链接的颜色。

修改后，scss/includes/_variables.scss 文件的内容如下。

```
// 颜色
//
// 整个 Bootstrap 项目中所使用的灰度梯度和主色调
$gray-dark:             #373a3c;
$gray:                  #55595c;
$gray-light:            #818a91;
$gray-lighter:          #eceeef;
```

```
$gray-lightest:         #f7f7f9;
$brand-primary:         #0275d8;
$brand-success:         #5cb85c;
$brand-info:            #5bc0de;
$brand-warning:         #f0ad4e;
$brand-danger:          #d9534f;

// 主题颜色
$primary-color-dark:    #303f9f;
$primary-color:         #3f51b5;
$primary-color-light:   #c5cae9;
$accent-color:          #ff5722;
$accent-color-light:    #ffab91 !default;
$dark-color:            #000 !default;
$light-color:           #fff !default;
$body-bg:    $gray-lighter !default;
$body-color: $dark-color !default;
$link-color: $accent-color !default;
```


3.7.2 准备 HTML 模板

首先，修改默认的布局以满足设计需求。编辑 html/layouts/default.html 文件并修改<body>区域，在其中使用 HTML 局部文件。修改后的<body>区域的 HTML 代码如下。

```
<body>
  {{> page-header}}
  {{> navbar}}
  <div class="main-content container bg-dark">
      <div class="row">
        <main class="col-md-9" role="content">
          {{> body}}
        </main>
        <aside class="col-md-3">
          {{> sidebar}}
        </aside>
      </div>
  </div>
  {{> footer}}
  {{> footerjavascripts}}
</body>
```

然后，根据上述 HTML 代码的结构，在 html/includes 目录中创建 page-header.html、navbar.html、sidebar.html 和 footer.html 等模板文件。由于项目中的 Sass 代码也是模块化的，因此可以在 scss/includes/目录中创建_page-header.scss、_navbar.scss、_sidebar.scss 和_footer.scss 等 Sass 局部文件。

上述模板中，{{> body}}片段最终会被 html/pages 目录里的文件内容替换。而在目前的例子中，这一替换的内容指的就是 html/pages 目录里唯一的文件 index.html。由于本章创建的是博客站点布局，因此我们还创建了 scss/includes/_blog.scss 这一 Sass 局部文件，用于调整博客内容的样式，其中包含博客目录。

最后，这些新的 Sass 局部文件必须引入 scss/app.scss 文件。

```
@import "includes/variables";
@import "includes/bootstrap";

// 页面元素
@import "includes/page-header";
@import "includes/navbar";
@import "includes/sidebar";
@import "includes/footer";

// 页面
@import "includes/blog";
```

至此，文件结构的设置即告完成，下面开始调整页眉的样式。

3.7.3　调整页眉样式

html/includes/page-header.html 文件中页眉的 HTML 代码如下。

```
<header class="container bg-primary-color-dark">
  <div class="row">
    <div class="col-xs-12">
      <h1 class="display-3">Your blog</h1>
    </div>
  </div>
</header>
```

除了 `bg-primary-color-dark` 类，上述 HTML 代码中所有的 CSS 类都是 Bootstrap 中预定义的。

而 scss/includes/_page-header.scss 文件中 `bg-primary-color-dark` 类的 SCSS 代码如下。

```
.bg-primary-color-dark {
  color: $light-color;
  background-color: $primary-color-dark;
}
```

除了定制 SCSS 代码，也可以使用 Bootstrap 中的 `bg-variant()` 混入来调整背景色。

```
@include bg-variant('.bg-primary-color-dark', $primary-color-dark);
```

请注意，`bg-variant()` 混入会将字体颜色设置为白色，并会在声明相关颜色时使用 `!important` 语句。

对于上述方案来说，由于需要将 CSS 类添加到 HTML 代码中，因此使用该方案时需同时修改 SCSS 和 HTML。你也可以修改 html/includes/page-header.html 文件，在不使用任何 CSS 类的情况下实现相同的效果。

```
<header>
  <div>
    <div>
      <h1>Your blog</h1>
    </div>
  </div>
</header>
```

可以通过 scss/includes/_page-header.scss 文件中的以下 SCSS 代码来修改之前 HTML 代码的样式。

```
body {
  header:first-of-type {
    @include make-container();
    @include make-container-max-widths();
    background-color: $primary-color-dark;
    color: $light-color;
    > div {
      @include make-row();
      > div {
        @include make-col-ready();
        @include make-col(12);
        h1 {
          @extend .display-3;
        }
      }
    }
  }
}
```


上述 SCSS 代码中有四层嵌套关系。这使得当改变 HTML 代码结构时，CSS 代码很容易出错。此外，这么做还降低了 CSS 代码的可复用性。

如果 SCSS 代码无法生成任何 CSS 类，那就意味着 HTML 代码无法复用这段内容。

另一方面，`@extend .display-3;`依旧会在编译后的 CSS 代码中生成`.display-3`这种永远都不会被用到的选择符。由于使用了 Bootstrap 中的 Sass 网格混入，我们不再需要编译好的网格系统 CSS 类。而使用`make-container()`、`make-container-max-widths()`、`make-row()`和`make-col-span()`这样的网格混入也降低了 HTML 标记的语义性。可以说，Bootstrap 中网格系统的 CSS 解决方案需要用到`container`类和`row`类，而这与纯粹的语义化 HTML 编码是格格不入的。即使切换到 Flexbox 模式，开发者也依旧需要使用这些封装容器。

如果在项目中使用了 Bootstrap 的网格 Sass 混入，那么开发者就能在不依赖预定义网格类的情况下轻松地编译 Bootstrap。而将`$enable-grid-classes`这一 Sass 变量设定为`false`，即可在编译后的 Bootstrap 代码中去除网格系统类。

对于上述两种方案来说，判定哪种方案更好并不容易。具体的选择取决于需求和个人偏好。总体来说，代码量最小的方案往往复用性有所缺失，而简洁性最佳的 HTML，往往可维护性最佳。

无论选择哪种方案，都需要保持一致，避免在同一个项目中使用不同的方案。

代码修改完成后，页眉会如下图所示。

下面介绍如何调整导航条样式。

3.7.4 调整导航条样式

下面调整导航条的样式。我们将使用第 1 章中响应式导航条的 HTML 代码，将其复制到 html/includes/navbar.html 文件中。相关代码应当封装在含有`bg-primary-color`类的container元素中。

```
<div class="container bg-primary-color">
    <button class="navbar-toggler hidden-md-up pull-xs-right" type="button"
data-toggle="collapse" data-target="#collapsiblecontent">
      ≡
    </button>
  <nav class="navbar navbar-dark navbar-full" role="navigation">
    <ul class="nav navbar-nav navbar-toggleable-sm collapse"
id="collapsiblecontent">
      <li class="nav-item">
        <a class="nav-link active" href="#">Home <span class="sr-only">(current)
</span></a>
      </li>
      <li class="nav-item">
        <a class="nav-link" href="#">Features</a>
      </li>
      <li class="nav-item">
        <a class="nav-link" href="#">Pricing</a>
      </li>
      <li class="nav-item">
        <a class="nav-link" href="#">About</a>
      </li>
    </ul>
  </nav>
</div>
```

正如代码所展示的，我们需要创建一个新的 `bg-primary-color` 类。在 scss/includes/_navbar.scss 文件中编辑以下 SCSS 代码。

```
.bg-primary-color {
  background-color: $primary-color;
  color: $light-color;
}
```

此时导航条会如下图所示。

而当在窗口宽度小于 768 像素的浏览器中观察结果时，导航条会发生折叠，如下图所示。

如第 1 章所提到的，响应式导航条的实现会依赖 JavaScript 折叠插件。接下来，我们将导航条中的链接两端对齐。在 scss/includes/_navbar.scss 文件中，修改以下 SCSS 代码，将链接调整为两端对齐。

```
.navbar {
  @include nav-justified;
}
```

nav-justified 这一混入并不是由 Bootstrap 提供的。你可以在 includes/mixins/_nav-justified.scss 文件中找到该混入。可以访问 http://bassjobsen.weblogs.fm/bootstrap- 4s-responsive-navbars/，了解更多相关信息，该混入是通过 includes/_mixins.scss 这一 Sass 局部文件引入的。之后，我们将通过相同的方式引入其他混入单元。

默认情况下，nav-justified混入所设置的响应式断点为 768 像素。上面的示例很好地展示了对其他混入的复用是一件轻而易举的事情。

在链接两端对齐后，就可以在 scss/includes/_navbar.scss 文件中设置 nav 链接于active和hover 状态下的颜色，代码如下。

```
.navbar {
  .nav-link {
    &.active,
    &:hover {
      background-color: $accent-color;
    }
  }
}
```

在浏览器中观察结果，可以看到页面如下图所示。

而当调整浏览器视口使其宽度小于 768 像素时，就会发现一些地方需要调整。

首先，导航链接会和**汉堡**按钮重叠。预期中点击**汉堡**按钮后会显示折叠的菜单，实际上却由于重叠而导致点击失效。可以通过将汉堡按钮的 HTML 代码移到页眉中来解决这一问题。html/includes/page-header-html 文件中 HTML 代码如下。

```
<header class="container bg-primary-color-dark">
  <div class="row">
    <div class="col-xs-12 bg-primary-color-dark">
      <button class="navbar-toggler hidden-md-up pull-xs-right" type="button"
data-toggle="collapse" data-target="#collapsiblecontent">
        ≡
      </button>
      <h1 class="display-3">Your blog</h1>
    </div>
  </div>
</header>
```

最后，添加以下 SCSS 代码，将按钮颜色设置为白色。

```
.navbar-toggler {
  color: $light-color;
}
```

除了第一个导航链接以外，其余的导航链接均拥有 `margin-left` 属性值，其结果如下图所示。

对于大屏幕来说，这一左外边距很有用，但对于小屏幕来说，就有必要去除这一设定了。可以使用第 1 章介绍过的 Bootstrap 媒体查询范围来解决该问题。编辑 scss/includes/_navbar.scss文件中的 SCSS 代码，移除外边距。

```
.navbar {
  @include media-breakpoint-down(sm) {
    .nav-item + .nav-item {
      margin-left: 0;
    }
  }
}
```

做完这些修改后，就可以重新调整浏览器视口大小进行测试。将窗口宽度调整至大于 768 像素，则导航条会以水平排列的方式显示。

第一步，添加以下 SCSS 代码，让导航链接的高度占满整个导航条。

```
.navbar {
  padding-top: 0;
  padding-bottom: 0;
}
```

接着，在当前选择的导航条链接下方添加一个用 CSS 写的小三角。Bootstrap 本身并不提供 CSS 三角形方面的混入，但是我们完全可以从网络上找到相关的Sass混入。而于本例，我们将使用链接（https://css-tricks.com/snippets/sass/css-triangle-mixin/）中提供的三角形混入工具。该工具依赖于opposite-direction()混入。可以在scss/includes/ mixins/_triangle.scss 文件中找到这两个混入。

于是，我们再一次复用了由他人编写和测试的混入工具。借助这些工具，向当前选择的导航条链接上添加小三角就变得非常简单，只要像以下 SCSS 代码中所展示的那样进行简单的编辑就可以了。

```
.nav-link {
  position: relative;
  @include media-breakpoint-up(md) {
    &.active {
      &::before {
        @include triangle(bottom,$accent-color);
        position: absolute;
        margin-left: -1em;
        left: 50%;
        top: 100%;
      }
    }
  }
}
```

请注意，在 `nav-link` 类中需要定义 `position: relative` 规则。但由于我们只需要在大型浏览器视口中添加三角形效果，因此上述代码是封装在`@include media-breakpoint-up(md) {}`这一混入操作中的。

最后，导航条会如下图所示。

至此，导航条看起来已经很不错了，但为了让效果更上一层楼，我们要把照片放置在导航条正中。

首先，在 html/includes/navbar.html 模板中添加必需的 HTML 代码。

```
...
<li class="nav-item">
  <a class="nav-link" href="#">Features</a>
</li>
<li class="nav-item">
  <img class="your-photo img-circle" src="{{root}}images/you.png" alt="Your photo"
height="140" width="140">
</li>
<li class="nav-item">
  <a class="nav-link" href="#">Pricing</a>
</li>
...
```

将照片复制到项目中的 assets/images 目录里，确保每次重新构建项目后该文件会被复制到 _site 临时目录中。

接下来唯一需要做的事情就是编写照片所需的 SCSS 代码了。我们把照片元素的 `display` 属性值默认设置为 `none`，从而确保在小视口中隐藏该照片，然后再次使用 Bootstrap 中的媒体查询范围混入，在大视口中将它显示出来。

```
.navbar {
  .your-photo {
    display: none;
    @include media-breakpoint-up(md) {
      display: block;
      position: absolute;
      top: -100%;
    }
  }
}
```

Bootstrap 中的 `img-circle` 类可以让照片显示为圆形。导航条完工后，会如下图所示。

接下来，我们将调整博客页面主体部分及侧边栏的样式。

不使用 Bootstrap 预定义 CSS 类的导航条

使用 Bootstrap 中预定义的 CSS 类，可以轻松地在项目中添加导航条。这种做法下，每个项目中的 HTML 标记结构都是一样的，开发者只需在 HTML 中使用 CSS 类即可调整导航条的样式。

与此同时，也可以在 HTML 中移除这些 CSS 类，只使用 Sass 调整导航条的样式。

除了使用 `navbar`、`navbar-dark` 这些类，也可以使用以下 SCSS 代码。

```
nav[role="navigation"] {
  @extend .navbar;
  @extend .navbar-dark;
  @include nav-justified;
  padding-top: 0;
  padding-bottom: 0;
}
```

此时，照片元素不再需要使用 `your-photo` 和 `img-circle` 类了。取而代之的是，在 SCSS 中扩展 `img-circle` 类。

```
nav[role="navigation"] {
  li > img {
    display: none;
    @extend .img-circle;
    @include media-breakpoint-up(md) {
      display: block;
      position: absolute;
      top: -100%;
      z-index: 1;
    }
  }
}
```

请注意，在 SCSS 代码中，对 `img-circle` 类的扩展发生在媒体查询范围以外。这是因为 Sass 不允许在@media 规则内扩展外部选择符。另外，代码中还设置了 `z-index`，以确保照片元素不被任何其他内容遮挡。

在 SCSS 代码中，可以进行很多的调整，比如将每个 `nav-item` 选择符替换为 `nav[role="navigation"] > ul > li`，同时调整每个 `nav-link` 选择符的代码，等等。而在此过程中需要注意的是，`justify-nav` 混入中的 `nav-item` 和 `nav-link` 选择符也应做相应的替换。

3.8 博客页面主体部分

在小尺寸视口中，侧边栏会放置于主内容的下方，而在大尺寸的视口中，则会浮动于主内容的右侧。

在大尺寸视口中，主内容会占据 3/4 的空间，而剩余的 1/4 空间会留给侧边栏。可以在 HTML 中通过 `col-md-9` 和 `col-md-3` 类来实现这一效果。

这种分栏布局是在 html/layouts/default.html 文件中的布局模板中设置的。

```
<div class="main-content container">
    <div class="row">
      <main class="col-md-9" role="content">
        {{> body}}
      </main>
      <aside class="col-md-3">
        {{> sidebar}}
      </aside>
    </div>
</div>
```

与之前的例子一样，也可以不使用 `col-md-*`类，转而通过编辑 scss/includes/_blog.scss 文件中的以下 SCSS 代码来达到相同的目的。

```
main[role="content"] {
  @include make-col();
  @include media-breakpoint-up(md) {
    @include make-col-span(9);
  }
  + aside {
    @include make-col();
    @include media-breakpoint-up(md) {
      @include make-col-span(3);
    }
  }
}
```

甚至移除 HTML 中的 `container` 和 `row` 类。

```
.main-content {
  @include make-container();
  @include make-container-max-widths();
  > div {
    @include make-row();
    main[role="content"] {
      @include make-col();
      @include media-breakpoint-up(md) {
        @include make-col-span(9);
      }
      + aside {
        @include make-col();
```

```
          @include media-breakpoint-up(md) {
            @include make-col-span(3);
          }
        }
      }
    }
  }
```

当在网格系统中使用 Sass 混入时，可以通过调整`$enable-grid-classes`变量的值来禁用预定义的网格类。这么做可以使编译后的 CSS 代码更小、加载更快。

Bootstrap 的源代码中还包含了一个名为 bootstrap-grid.scss 的特殊 Sass 局部文件。可以在引入时用此局部文件代替 bootstrap.scss 文件，从而编译生成网格系统的 CSS 代码。

借助上面的代码方案，可以在项目中只使用 Bootstrap 的网格系统，而不涉及任何别的组件。不过，Bootstrap 中的网格系统需要将`box-sizing`设置为`border-box`，而这在 bootstrap-grid.scss文件中是没有定义的，需要开发者自行添加。

3.9 调整博客文章的样式

本章的博客站点中包含了一系列文章，其中每一篇都以一张相关图片开头。本节示例会介绍一篇博客文章的页面。完成后，该页面会如下图所示。

保存在 html/pages/index.html 文件中的博客文章的 HTML 代码如下。

```
<article>
  <img src="{{root}}images/blog1.png" class="img-fluid">
  <div class="blog-post">
```

```
                <header><h1>Blog post 1</h1><time>16:00:00 01/01/2018</time></header>
                <p>Lorem ipsum dolor sit amet, consectetuer adipiscing elit. Aenean
commodo ligula eget dolor. Aenean massa. Cum sociis natoque penatibus et magnis dis
parturient montes, nascetur ridiculus mus. Donec quam felis, ultricies nec,
pellentesque eu, pretium quis, sem. Nulla consequat massa quis enim. Donec pede justo,
fringilla vel, aliquet nec, vulputate eget, arcu. In enim justo, rhoncus ut, imperdiet
a, venenatis vitae, justo. Nullam dictum felis eu pede mollis pretium.</p>
                <p><a href="">Read more ...</a>
                <footer></footer>
              </div>
            </article>
```

其中，图片元素拥有 img-fluid 类，用于实现响应式设计。完成后，博客文章会如下图所示。

编辑 scss/includes/_blog.scss 文件中的 SCSS 局部文件。首先，设置标题标签的颜色。

```
.main-content {
  h1, h2, h3 {
    color: $primary-color;
  }
}
```

除此之外，也可以在 scss/includes/_variables.scss 文件中通过将$heading-color 变量设置为$primary-color 来实现相同的效果。当这么做时，需要在 scss/includes/_page-header.scss 页眉文件中显式声明<h1>元素的颜色。

```
.bg-primary-color-dark {
  background-color: $primary-color-dark;
  color: $light-color;
  h1 {
    color: $page-header-heading-color;
  }
}
```

同时，还需要在 scss/includes/_variables.scss 文件中将`$page-header-heading-color`的值设置为`$light-color !default;`。

接下来，为每篇文章设置上边距。

```
main {
  article {
    padding-top: $spacer-y;
  }
}
```

除了这种写法，也可以在 HTML 代码中使用 `p-t-1` 类这一 Bootstrap 4 中新引入的工具类。开发者可以使用这些类设置元素的内、外边距。可以阅读 2.11.2 节，了解该工具类的更多相关内容。

最后，调整一下博客文章自身的样式。先在 scss/includes/_blog.scss 文件中编辑以下 SCSS 代码，设置博客文章的背景色和边框。

```
.blog-post {
    padding: $spacer-y $spacer-x;
    margin-top: $spacer-y;
    background-color: $light-color;
    border: 1px solid $gray;
}
```

同样，可以通过在 HTML 代码中添加 `m-t-1` 和 `p-a-1` 等 CSS 类来设置内、外边距。

在浏览器中查看，最终的结果将如下图所示。

最后，为了美观，添加指向博客顶部图片的 CSS 小三角。

由于该小三角需要边框，因此我们会用两个三角形来实现。其中第二个稍小的三角形会叠在第一个三角形上，使得第一个拥有黑色背景的三角形呈现出边框的效果。相关 SCSS 代码如下。

```
.blog-post {
  position: relative;
  &::before {
    @include triangle(top,$gray,1.1em);
    position: absolute;
    left: 29px;
    bottom: 100%;
  }
  &::after {
    @include triangle(top,$light-color);
    position: absolute;
    left: 30px;
    bottom: 100%;
  }
}
```

三角形效果如下图所示。

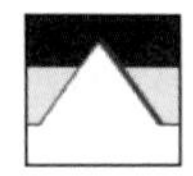

至此，就完成了对博客文章样式的调整。接下来调整页面侧边栏的样式。

3.10　调整侧边栏的样式

博客页面的侧边栏是由 Bootstrap 中的列表组开发的，其效果如下图所示。

可以借助 Bootstrap 及其预定义的 `list-group` 和 `list-group-item` 类，轻松地将`<ul>`列表转变为列表组，而这一过程也在实践层面展示了 Bootstrap 中 CSS 类的灵活性和可复用性。我

们可以将<ul>元素简单地替换成<div>元素以及一系列<a>标签。html/includes/sidebar.html 文件中侧边栏菜单的 HTML 代码如下。

```
<aside>
  <h2>Archive</h2>
  <!-- list -->
  <div class="list-group">
    <a href="#" class="list-group-item">Cras justo odio</a>
    <a href="#" class="list-group-item">Dapibus ac facilisis in</a>
    <a href="#" class="list-group-item">Morbi leo risus</a>
    <a href="#" class="list-group-item">Porta ac consectetur ac</a>
    <a href="#" class="list-group-item">Vestibulum at eros</a>
  </div>
</aside>
```


在 scss/includes/_sidebar.scss 文件中按以下方式编写 SCSS 代码，设置侧边栏的基本样式。

```
aside {
  margin-top: $spacer-y;
  padding: $spacer-y $spacer-x ($spacer-y / 3) $spacer-x;
  background-color: $light-color;
  border: 1px solid $gray-dark;
}
```

最后，在 scss/includes/_variables.scss 文件中用以下 SCSS 代码覆写 Bootstrap 的变量，设置鼠标悬浮到列表上时的色调。

```
$list-group-hover-bg: $accent-color;
$list-group-link-hover-color: $light-color;
```

至此，博客页面几近完成了。接下来唯一要做的就是编写页面的页脚了。

3.11 页脚

页脚应如下所示。

在大尺寸视口中，页脚由两个同等宽度的栏组成。而在视口宽度小于 768 像素时，这两栏就会上下堆叠在一起。

html/includes/footer.html 这一 HTML 模板中应当包含以下 HTML 代码。

```
<footer class="container page-footer bg-dark">
  <div class="row">
    <div class="col-md-6">
        <!-- left -->
    </div>
    <div class="col-md-6">
        <!-- right -->
    </div>
  </div>
</footer>
```

col-md-6类会将页脚分成大小相同的两栏。在中型网格和大型网格中，每栏各占据 50%的空间，也就是 12 个网格单元中的 6 个。如之前所提到的，你也可以选用 Bootstrap 中的 Sass 混入来搭建自己的网格系统。

背景色和字体颜色是用 bg-dark 类设置的。而该类的编译则源自 scss/includes/_footer.scss文件中的以下 SCSS 代码。

```
.bg-dark {
  color: $light-color;
  background-color: $dark-color;
}
```

除此之外，也可以用以下混入操作来生成 bg-dark 类。

```
@include bg-variant('.bg-dark', $dark-color);
```

为了方便之后创建社交媒体按钮，还需要定义 bg-accent-color 类。而为了提升 bg-* 等类的复用性，可以考虑将其抽提成新的 Sass 局部文件。在 scss/includes/_backgrounds.scss 中包含以下 SCSS 代码。

```
@include bg-variant('.bg-primary-color-dark', $primary-color-dark);
@include bg-variant('.bg-primary-color', $primary-color);
@include bg-variant('.bg-accent-color', $accent-color);
@include bg-variant('.bg-dark', $dark-color);
```

在设置好背景色和字体颜色后，就可以调整页脚自身的样式了，并在页脚中添加向上的 CSS 小三角。可以编辑 scss/includes/_footer.scss 文件中的以下 SCSS 代码，设置页脚的主体样式。

```
.page-footer {
  position: relative;
  padding: $spacer;
  margin-top: $spacer-y;
  &::after {
    @include triangle(top,$dark-color);
    position: absolute;
    bottom: 100%;
    left: 10%;
  }
}
```

当然，如之前所提到的，也可以通过 Bootstrap 中的 m-t-1 和 p-x-1 类来设置内、外边距。

3.11.1　页脚中的左侧栏

页脚中左侧一栏会包含一小段文字，以及一行社交媒体按钮。

```
                <p class="page-foooter-text">Lorem ipsum dolor sit amet, consectetuer
adipiscing elit. Aenean commodo ligula eget dolor. Aenean massa. Cum sociis natoque
penatibus et magnis dis parturient montes, nascetur ridiculus mus.</p>
```

```
<div class="social-buttons">
  <ul>
      <li>FB</li>
      <li>TW</li>
      <li>G+</li>
  </ul>
</div>
```

页脚中的文字不需要添加任何额外的样式。可以用 scss/includes/_footer.scss 文件中的 SCSS 代码修改社交媒体按钮的样式。

```
.social-buttons {
  ul {
    padding: 0;
    margin: 0;
    list-style: none;
    li {
      padding: 10px;
      border: 1px solid $accent-color-light;
    }
  }
  .page-footer & {
    li {
      float: left;
      @extend .bg-accent-color;
    }
  }
  @include clearfix();
}
```

请注意，在之前的代码中使用了&父级引用符。

```
.page-footer & {
  li {
    @extend .bg-accent-color;
    float: left;
  }
}
```

此处，&父级引用符用于逆转选择符的顺序。之前的 SCSS 代码会被编译为：

```
.page-footer .social-buttons li {
  float: left;
}
```

该结果意味着 `float: left` 规则仅当`.social-buttons li` 选择符是`.page-footer` 子元素时才生效。而在我们的项目中，社交媒体按钮仅在`.page-footer` 内部才呈现 `float: left` 的效果。在之后搭建社交媒体按钮的固定列表时，我们会使用该方法来复用这些按钮的 SCSS 代码。

由于之前的代码中列表元素使用了浮动，因此我们无法直接设置`<ul>`标签的背景色。该问题可以通过`@extend .bg-accent-color;`声明来解决。

3.11.2 页脚中的右侧栏

页脚中右侧一栏包含了用于订阅简报的表单。该表单是由 Bootstrap 中的输入框组组件开发的。表单的 HTML 代码如下。

```
<h3>Join our Newsletter</h3>
<div class="input-group">
  <input type="text" class="form-control" placeholder="Your e-mail">
  <span class="input-group-btn">
    <button class="btn btn-accent-color" type="button">Subscribe</button>
  </span>
</div>
```

可以用以下 SCSS 代码来编译 `btn-accent-color` 类。

```
.btn-accent-color {
  @include button-variant(#fff, $accent-color, #fff);
}
```

上述定义 `btn-accent-color` 类的代码保存在 scss/includes/_footer.scss 文件中。将按钮样式单独保存在_buttons.scss 局部文件中可以让代码更易复用。

当然，也完全可以不创建 `btn-accent-color` 这样的类。使用以下 SCSS 代码也可以达到同样的效果。

```
.page-footer {
  button {
    @extend .btn;
    @include button-variant(#fff, $accent-color, #fff);
  }
}
```

最后，用以下 SCSS 代码给`<h3>`元素配以合适的颜色。

```
.page-foter {
  h3 {
    color: $accent-color;
  }
}
```

3.12 复用社交媒体按钮的 SCSS 代码

为了进一步改进效果，我们将在页面左侧添加固定浮动的社交媒体按钮，其效果如下图所示。

首先，在 html/includes/footer.html 文件的末尾添加以下 HTML 片段。

```
<div class="social-buttons fixed-media bg-accent-color">
  <ul>
    <li>FB</li>
    <li>TW</li>
    <li>G+</li>
  </ul>
</div>
```

请注意，在外部的`<div>`元素中存在 `bg-accent-color` 这一 CSS 类。

然后，在 scss/includes/_footer.scss 中按以下方式编辑 SCSS 代码即可。

```
.social-buttons {
  &.fixed-media {
    display: none;
    @include media-breakpoint-up(md) {
      position: fixed;
      top: 150px;
      display: block;
    }
  }
}
```

正如这一例子所展示的，借助 Sass 可以最大程度地复用曾经编写过的 SCSS 代码，在页脚中调整社交媒体按钮的样式。除此之外，还可以考虑将这些社交媒体按钮的代码保存为单独的 HTML 模板和 Sass 局部文件，进一步提升其可复用性。

写作本书时，除了 Opera Mini 浏览器外，所有的现代浏览器都支持 `position:fixed;`语法，并会将相关元素显示在页面的固定位置，不管滚动位置如何。

可以访问 http://caniuse.com/#feat=css-fixed，了解更多相关内容。

3.13 本章源代码

可以访问 Packt 出版社网站中的下载板块（http://www.packtpub.com/support），下载本章源代码。然后运行以下命令，启动项目。

```
bower install
npm install
bootstrap watch
```

对于那些尚未安装 Bootstrap CLI 的读者来说，可以用 `gulp` 或 `npm start` 命令代替 `bootstrap watch`。

也可以通过以下 GitHub 网址来下载源代码：https://github.com/bassjobsen/bootstrap-weblog。

使用 CLI，运行 GitHub 中的代码

运行以下命令，安装 Bootstrap CLI。

```
[sudo] npm install -g gulp bower
npm install bootstrap-cli --global
```

然后使用以下命令新建由 Bootstrap 4 制作的博客项目。

```
bootstrap new --repo https://github.com/bassjobsen/bootstrap-weblog.git
```

3.14　小结

本章详细介绍了 Sass，带你学习了如何用 Sass 定制 Bootstrap 组件。我们搭建了博客页面，并借助 Sass 以多种策略调整了页面样式。而在接下来的章节中，你可以尝试实践新学的 Sass 知识，用 Bootstrap 和 Sass 搭建令人惊艳的 Web 站点。

下一章，我们将用 Bootstrap 4 创建 WordPress 主题。

第 4 章 WordPress 主题

WordPress 是一个非常流行的**内容管理系统**（CMS）。现如今，全球 25%的网站都是由这一免费开源的 PHP 系统搭建的。你可以访问 Packt 出版社网站的 WordPress 页面，学习WordPress 的更多相关内容：https://www.packtpub.com/tech/wordpress。

本章要把第 3 章的设计变成一个 WordPress 主题。基于 Bootstrap 的主题其实很多。而我们要把 Bootstrap 强大的 Sass 样式和 JavaScript 插件，以及 HTML5 Boilerplate 中的最佳实践结合在一起。因此选择一款符合上述要求的主题对我们是有利的。我们将使用 JBST 4 这一基于 Bootstrap 4 的空白 WordPress 主题。

作为快速上手型的主题，JBST 4 是理想的选择，它从一开始就将自己定位为 Bootstrap 驱动的、各方面都遵循最佳实践的一个主题。

本章主要内容如下。

- 安装 WordPress 和 JBST 4 主题。
- 在 JBST 主题中整合定制的 Sass 和 JavaScript 文件。
- 定制主题模板文件，使其标记结构符合我们的要求。
- 配置网格系统和导航条。
- 搭建页眉和页脚。
- 定制侧边栏并使用滑入式菜单模板。
- 调整按钮和评论的样式。
- 使用 Font Awesome 字体图标库创建社交媒体链接。
- 使用 Bootstrap 中的 Carousel 组件制作图片传送带效果。
- 制作砌体网格效果。

4.1 安装 WordPress 及相关依赖

为了运行 WordPress，你需要启动本地 Web 服务器，并在其中使用 PHP 和 MySQL。

AMPPS是一个易于安装的软件套件，其中包含了Apache、MySQL、PHP、Perl、Python和Softaculous，适用于桌面设备和内网服务器环境。作为免费软件，AMPPS可以在Linux、Mac OS X和Windows等多种环境中运行。访问http://ampps.com/downloads来下载AMPPS。

可以访问http://ampps.com/apps/blogs/WordPress，下载适用于WordPress的AMPPS版本。

Windows用户也可以使用WampServer这一Windows下的Web开发环境。可以用它来创建使用Apache2、PHP和MySQL数据库的Web应用程序。而搭配使用PhpMyAdmin后，在WampServer中可以轻松地管理数据库。可以访问http://www.wampserver.com/en/，了解更多有关WampServer的信息。

4.1.1 安装WordPress

在安装好Web服务器后，就可以安装WordPress了。这一过程非常简单，平均耗时仅5分钟。如果对类似的安装过程比较熟悉的话，不妨试试WordPress中著名的“5分钟安装”。可以访问https://codex.wordpress.org/Installing_WordPress，了解详细的安装步骤。

4.1.2 Node.js、Gulp和Bower

WordPress主题JBST 4是由Gulp构建的，其前端类库和相关依赖由Bower管理。运行Gulp前，需先在操作系统中安装Node.js这一基于Chrome V8引擎的JavaScript运行时环境。可以访问https://nodejs.org/en/，了解安装Node.js的更多相关信息。

安装Node.js后，其包管理器npm也会被自动安装到系统中。之后，可以运行以下命令，安装Gulp和Bower。

```
npm install --global gulp-cli
npm install --global bower
```

可以访问http://bower.io/，了解更多有关Bower的介绍。第2章详细介绍了Gulp及构建流程。

4.2 安装JBST 4主题

首先下载JBST 4主题。进入WordPress中的wordpress/wp-content/themes/目录，运行以下命令。

```
git clone https://github.com/bassjobsen/jbst-4-sass.git jbst-weblog-theme
```

然后进入刚创建的jbst-weblog-theme目录，运行以下命令并确认一切正常。

```
npm install
gulp
```

如果一切正常，则可执行以下步骤来创建定制主题。

(1) 找到 jbst-weblog-theme 文件夹中的 style.css 文件，然后在编辑器中打开它。打开这个文件后，你会发现里面其实只有 WordPress 所需的基础样式。站点的样式来自 assets 文件夹中的 css 目录，是由 Bootstrap 编译生成的。我们继续沿用 Bootstrap 的这种模式。而 style.css在这里主要用于命名主题、列出贡献者名单、声明许可，等等。

(2) 按照下面的样板修改主题名称。

```
/*
JBST Weblog Theme, Copyright 2016 Bass Jobsen
JBST Weblog Theme is distributed under the terms of the GPLv2
Theme Name: JBST Weblog Theme
Theme URI: https://github.com/bassjobsen/jbst-weblog-theme
Description: A custom Weblog theme based on the JBST 4 Theme
(https://github.com/bassjobsen/jbst4-sass).
Author: Bass Jobsen
Author URI: http://bassjobsen.weblogs.fm/
Version: 1.0.0
License: GNU General Public License & MIT
License URI: license.txt
Tags: one-column,two-columns,three-columns,left-sidebar,
right-sidebar,responsive-layout
Text Domain: jbst-4
*/
```

(3) 保存这个文件。

(4) 接下来替换 screenshot.png 文件，添加自定义的屏幕截图，以便在 WordPress 的控制板中更容易找到它。

(5) 截取第 3 章的一张反映主题设计的截图（PNG 格式），建议的图片尺寸为 1200 像素 × 9000 像素。

(6) 把 JBST 默认的屏幕截图替换成自定义的屏幕截图。

现在可以安装 JBST 主题了。

4.3　安装主题

前面的修改暂时切断了与 Bootstrap 样式、JavaScript 等的联系。接下来几步要恢复这些联系。为了让整个过程更有趣，我们可以先安装并运行主题，这样就可以随时测试了。

在 WordPress 的仪表盘页面中，访问 Appearance | Themes 子页面，激活主题。如果已经重命名了主题并提供了新的预览截图（抑或使用的是原主题的默认文件），就可以看到下图所显示的结果。

(1) 点击 Active 按钮。激活后会出现一个新的 Customize 按钮。
(2) 点击该 Customize 按钮。
(3) 跳转到一个新的页面，从中可以快速设置以下基本选项。

- Site Identity：更新标语。
- Colors：不设置。
- Background Image：不设置。
- Menus：下一节，我们将在此处添加一个新菜单。
- Widgets：已设置侧边栏。
- Static Front page：使用最新的博客文章。

(4) 在页面右侧方框内，可以看到默认的 Bootstrap 导航条、侧边栏和安装后自带的第一篇 Hello World 文章。

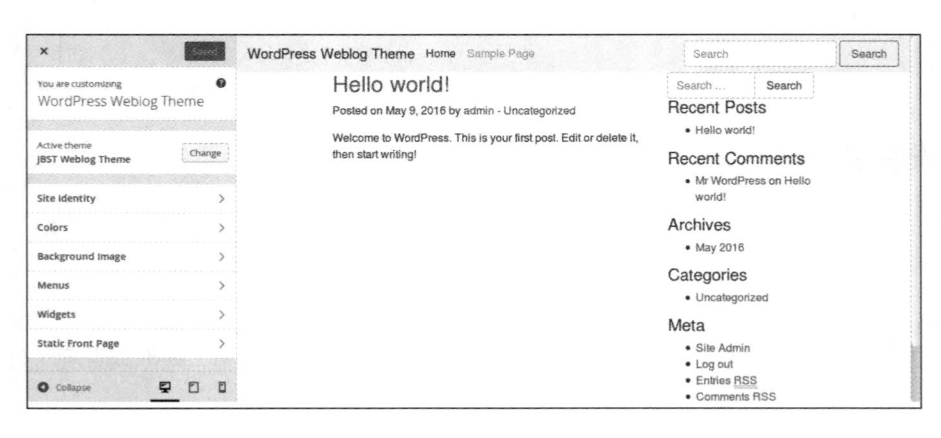

祝贺你！JBST 主题已经安装成功了。

如果导航条或页面文本并未使用 Bootstrap 的默认样式的话，多半是因为尚未运行 `gulp` 命令，不妨检查后重试一下。同时请注意，在运行 `gulp` 前，需要先运行 `npm install` 和 `bower install` 命令。

接下来设置页面组件。

4.4　复用 Sass 代码

第 3 章编写过博客主题的 Sass 代码。为了复用这些代码，可以将第 3 章中 scss/includes 目录里的 Sass 文件和目录复制到 jbst-weblog-theme 目录里的 assets/scss/includes 目录中。复制过程中，可以将_navbar.scss 局部文件覆盖掉，同时移除_bootstrap.scss 局部文件。完成后，可以得到一个文件和如下图所示的目录结构。

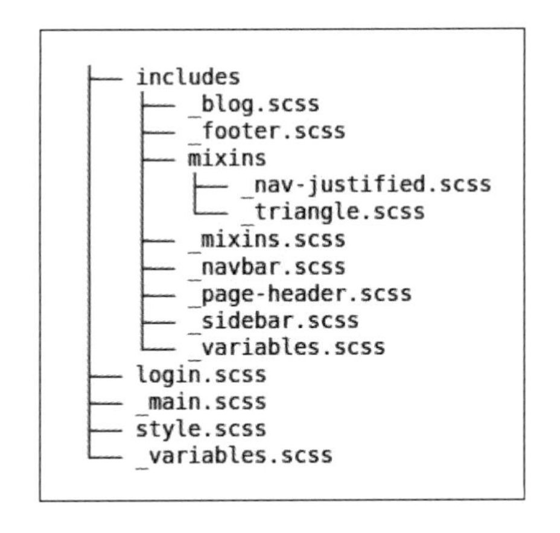

接着，编辑 assets/scss/styles.scss 文件。先引入 includes/variables.scss，然后再引入定制的变量文件，最终在`//Import Customizations comment`注释后引入其他 SCSS 局部文件。更改完成后，assets/scss/styles.scss 文件中的 SCSS 代码如下。

```
/*************************************************************************
样式表单：主样式表单

将所有 Sass 文件导入到这里，它们会编译成 CSS 文件

/*************************************************************************

样式表单：主样式表单

将所有 Sass 文件导入到这里，它们会编译成 CSS 文件

*************************************************************************/
```

```
@import "includes/variables";
@import "variables"; // 定制变量

// 核心变量与混入
@import "../../vendor/bootstrap/scss/custom";
@import "../../vendor/bootstrap/scss/variables";
@import "../../vendor/bootstrap/scss/mixins";

// 重置与依赖
@import "../../vendor/bootstrap/scss/normalize";
@import "../../vendor/bootstrap/scss/print";

// 核心 CSS
@import "../../vendor/bootstrap/scss/reboot";
@import "../../vendor/bootstrap/scss/type";
@import "../../vendor/bootstrap/scss/images";
@import "../../vendor/bootstrap/scss/code";
@import "../../vendor/bootstrap/scss/grid";
@import "../../vendor/bootstrap/scss/tables";
@import "../../vendor/bootstrap/scss/forms";
@import "../../vendor/bootstrap/scss/buttons";

// 组件
@import "../../vendor/bootstrap/scss/animation";
@import "../../vendor/bootstrap/scss/dropdown";
@import "../../vendor/bootstrap/scss/button-group";
@import "../../vendor/bootstrap/scss/input-group";
@import "../../vendor/bootstrap/scss/custom-forms";
@import "../../vendor/bootstrap/scss/nav";
@import "../../vendor/bootstrap/scss/navbar";
@import "../../vendor/bootstrap/scss/card";
@import "../../vendor/bootstrap/scss/breadcrumb";
@import "../../vendor/bootstrap/scss/pagination";
@import "../../vendor/bootstrap/scss/tags";
@import "../../vendor/bootstrap/scss/jumbotron";
@import "../../vendor/bootstrap/scss/alert";
@import "../../vendor/bootstrap/scss/progress";
@import "../../vendor/bootstrap/scss/media";
@import "../../vendor/bootstrap/scss/list-group";
@import "../../vendor/bootstrap/scss/responsive-embed";
@import "../../vendor/bootstrap/scss/close";

// 组件 w/ JavaScript
@import "../../vendor/bootstrap/scss/modal";
@import "../../vendor/bootstrap/scss/tooltip";
@import "../../vendor/bootstrap/scss/popover";
@import "../../vendor/bootstrap/scss/carousel";

// 工具类
@import "../../vendor/bootstrap/scss/utilities";

// 导入定制混入
@import "includes/mixins";
```

```
// 页面元素
@import "includes/page-header";
@import "includes/navbar";
@import "includes/sidebar";
@import "includes/footer";

// 页面
@import "includes/blog";

// 导入定制样式
@import "main";
```

运行 `gulp styles` 命令，编译 CSS 代码并测试效果。

4.5 WordPress 与 Bootstrap 之间的冲突——预定义 CSS 类

WordPress 中的 HTML 页面包含了很多用于设置默认样式的 CSS 类。而诸如 JBST 4 这样的主题可以覆写 WordPress 的默认 HTML 代码，改变 WordPress 站点中的 HTML 元素结构。

4

可以访问 https://developer.wordpress.org/themes/basics/template-hierarchy/，详细了解 WordPress 模板层级。以搜索表单为例。可以调用 WordPress 中的 `get_search_form()` 这一 PHP 函数，在网站上显示站点搜索表单。该函数会返回如下搜索表单的 HTML 代码。

```
<form role="search" method="get" id="searchform"
class="searchform" action="<?php echo esc_url( home_url( '/' ) ); ?>">
    <div>
        <label class="screen-reader-text" for="s"><?php _x( 'Search for:',
'label' ); ?></label>
        <input type="text" value="<?php echo get_search_query(); ?>" name="s" id="s" />
        <input type="submit" id="searchsubmit"
            value="<?php echo esc_attr_x( 'Search', 'submit button' ); ?>"/>
    </div>
</form>
```

毋庸置疑，可以直接编写 SCSS 代码，将其编译成 CSS 代码后来调整上述表单的样式。至于 Bootstrap，由于其表单相关的 CSS 代码所对应的 HTML 结构与 WordPress 中的并不一致，因此，可以在 WordPress 的主题目录下创建 searchform.php 文件，编写自定义的 HTML 代码并覆写WordPress默认的搜索表单。JBST 主题中 searchform.php 文件内的 HTML 代码如下。

```
<form role="search" method="get" class="search-form" action="<?php echo
home_url( '/' ); ?>">
    <div class="input-group">
        <input type="search" class="form-control" placeholder="<?php echo
esc_attr_x( 'Search...', 'search', 'jbst-4' ) ?>" value="<?php echo
get_search_query() ?>" name="s"  />
        <span class="input-group-btn">
            <button class="btn btn-secondary" type="button"><?php echo
esc_attr_x( 'Search', 'search', 'jbst-4' ) ?></button>
```

```
        </span>
    </div>
</form>
```

可以看到，这一表单的 HTML 结构及其对 CSS 类的使用与 Bootstrap 中的设计一致。

除此之外，还需要编辑 scss/includes_navbar.scss 文件中的 SCSS 代码。

```
.navbar {
  .search-form {
    @extend .pull-md-right;
    @include media-breakpoint-up(md) {
      .input-group {
        max-width: 300px;
      }
    }
  }
}
```

本章稍后将主导航创建 WordPress 菜单，并将其转换成 Bootstrap 中的导航条。

4.5.1　将导航菜单转换成 Bootstrap 导航条

Bootstrap 中，导航条内的项目和链接需要使用特殊的 CSS 类来定义样式。但由于菜单组件是由 PHP 函数 `wp_nav_menu()` 动态生成的，因此想要对其中的每个菜单项增添 CSS 类并非易事。`wp_nav_menu()` 函数接受一系列参数。其中，`walker` 参数可用于指定定制的 WordPress `walker` 类的实例，以遍历树型数据结构并将其渲染成 HTML 代码。借助菜单 `walker` 类，可以调用 `wp_nav_menu()` 函数来生成定制菜单。

除此之外，JBST 主题还在 parts/nav-topbar.php 文件中使用了定制的 PHP `walker` 类，生成的 HTML 代码如下所示。

```
<nav class="navbar navbar-light bg-faded navbar-full" role="navigation">
  <div class="navbar-toggleable-sm collapse"id="CollapsingNavbar">
    <a class="navbar-brand" href="http://wordpress">
      WordPress Weblog Theme
    </a>
    <ul class="nav navbar-nav">
      <li class="nav-item">
        <a href="http://wordpress" class="nav-link active">Home  <span
class="sr-only">(current)</span></a>
      </li>
      <li class="nav-item">
        <a href="http://wordpress/?page_id=2" class="nav-link">Sample Page</a>
      </li>
      <li class="nav-item"><a class="nav-link"><img class="your-photo img-circle"
src="/wp-content/themes/jbst-weblog-theme/assets/images/you.png" alt="Your photo"
height="140" width="140"></a></li>
      <li class="nav-item"><a href="http://wordpress/?page_id=6"
```

```
class="nav-link">Page 3</a></li>
      <li class="nav-item"><a href="http://wordpress/?page_id=9"
class="nav-link">Page 4</a></li>
    </ul>
    <form class="form-inline pull-md-right search-form" action="http://wordpress/">
      <input class="form-control" type="text" placeholder="Search">
      <button class="btn btn-primary-outline" type="button">Search</button>
    </form>
  </div>
</nav>
```

综上所述，JBST 主题会将 WordPress 的 HTML 代码结构转换为 Bootstrap 中标准的 HTML 代码，同时使用 Bootstrap 中定义的 CSS 类。而转换后的导航 HTML 结构也使得我们可以复用第 3 章中编写的 SCSS 代码。

若不使用 PHP 中的 `walker` 类，则主导航的 HTML 代码如下。

```
<div class="menu-main-navigation-container">
  <ul id="menu-main-navigation" class="menu">
    <li id="menu-item-4" class="menu-item menu-item-type-custom
menu-item-object-custom menu-item-home menu-item-4">
      <a href="http://wordpress">Home</a></li>
    <li id="menu-item-5" class="menu-item menu-item-type-post_type
menu-item-object-page menu-item-5">
      <a href="http://wordpress/?page_id=2">Sample Page</a></li>
    <li id="menu-item-12" class="menu-item menu-item-type-custom
menu-item-object-custom menu-item-12">
<a><img class="your-photo img-circle" src="/wp-content/themes/jbst-weblog-theme/
assets/images/you.png" alt="Your photo" height="140"
width="140"></a></li>
    <li id="menu-item-7" class="menu-item menu-item-type-post_type
menu-item-object-page menu-item-7">
      <a href="http://wordpress/?page_id=6">Page 3</a></li>
    <li id="menu-item-10" class="menu-item menu-item-type-post_type
menu-item-object-page menu-item-10">
      <a href="http://wordpress/?page_id=9">Page 4</a></li>
  </ul>
</div>
```


可以在 scss/includes/_navbar.scss 文件的末尾添加以下 SCSS 代码，调整上述 HTML 代码的样式。

```
.menu-main-navigation-container {
  @extend .navbar-toggleable-sm;
  @extend .collapse;
  ul {
    @extend .nav;
    @extend .navbar-nav;
    li {
      @extend .nav-item;
      a {
        @extend .nav-link;
```

```
            }
        }
    }
}
```

通过搜索表单和导航条这两个例子可以看到，在 WordPress 中使用 Bootstrap 可以采用多种策略：可以改变 WordPress的 HTML 输出以适应 Bootstrap 的编码标准；也可以编写 SCSS 代码，用 WordPress 里的 CSS 类扩展 Bootstrap 中的 CSS 类。这两种策略都很有用，但当不能简单地扩展 Bootstrap 的 CSS 类，而必须编写新的、复杂的 SCSS 代码以适配 WordPress 中默认的 HTML 时，改变输出的 HTML 代码会是更好的选择。

4.5.2　关于网格

WordPress 的默认页面中有一个主内容区域和一个侧边栏。在第 3 章中，侧边栏的宽度为 25%（col-md-3）。但 JBST 4 主题的侧边栏宽度却为 33.3%（col-md-4）。因此，主内容区域中设计需要占据其 75%（col-md-9）的宽度，但主题设置的宽度却为 66.6%（col-md-9）。可以通过更改主题目录中 index.php、page.php 和 sidebar.php 文件里的 CSS 网格类来解决这一问题。

如第 1 章所述，也可以使用 Bootstrap 中网格相关的混入和变量来实现相同的效果。例如，可以创建一个新的 Sass 局部文件（_grid.scss），然后在其中编写以下 SCSS 代码。

```
main[role="main"] {
  @include make-col();
  @include media-breakpoint-up(md) {
    @include make-col-span(9);
  }
  + .sidebar {
    @include make-col();
    @include media-breakpoint-up(md) {
      @include make-col-span(3);
    }
  }
}
```

由于 `main[role="main"]`选择符具有一定的通用性，在 JBST 4 主题的多个布局文件中均能得到匹配，因此上述代码将改变 template-full-width.php 文件中的页面宽度布局。

请注意，除了以上操作，还必须将 assets/scss/_variables.scss 文件中的 Sass 变量 `$enable-grid-classes` 设置为 `false`，从而在编译 Bootstrap 时移除网格类。

4.6　配置导航条

在本节中，我们将为网站页面设置导航条，同时继续为导航条添加标记。

再次单击 WordPress 主题页上的**定制**按钮。在**菜单栏**下创建一个名为 Main navigation 的新菜单，勾选 The main menu 和 Automatically add new top-level pages to this menu 选框。

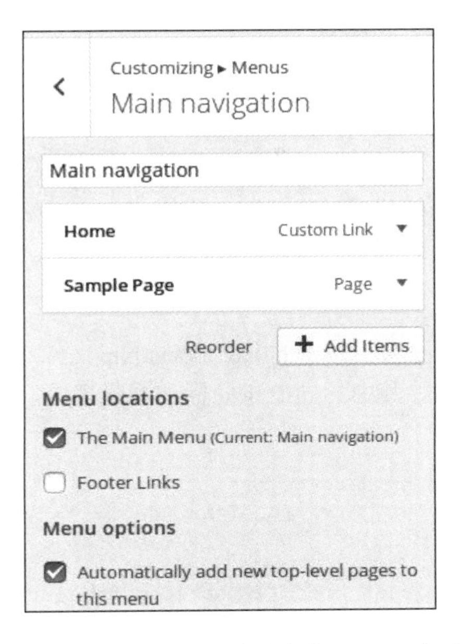

然后在菜单中添加一些项目。在 Pages 选项下选中 Home 和 Sample Page。

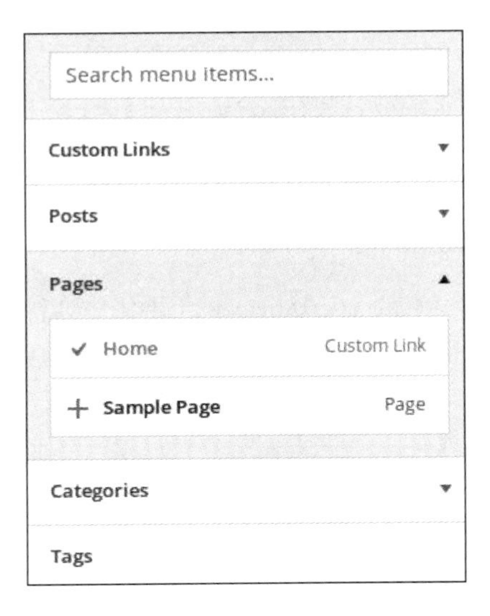

之后点击 Save & Publish 按钮，关闭定制面板。

之前示例模板的主导航中包括了四个菜单链接和正中间的照片，因此除了之后将添加的照片外，还需要增加两个页面。

在 WordPress 的仪表盘中，点击 Pages | Add new，然后添加两张新页面。

最后，导航条应如下图所示。

下一节，我们将复用第 3 章的 HTML 和 Sass 代码。

4.6.1　更新 HTML 代码

接下来，编辑主题目录下 parts 目录中的 nav-topbar.php 文件。可以将第 3 章中的 html/includes/navbar.html 文件作为样例，删除其中的导航条商标和搜索表单。修改后的 HTML 和 PHP 代码应如下所示。

```
<div class="container bg-primary-color">
  <nav class="navbar navbar-dark" role="navigation">
    <div class="nav navbar-nav navbar-toggleable-sm collapse"
id="CollapsingNavbar">
      <a class="navbar-brand" href="<?php echo home_url(); ?>">
<?php bloginfo('name'); ?></a>
      <?php jbst4_top_nav(); ?>
    </div>
  </nav>
</div>
```

请注意，在上述代码中，导航条被封装在`<div class="container bg-primary-color">`容器内，而`<nav>`标签上设置有 `navbar` 和 `navbar-dark` 类。

4.6.2　将照片置于导航条正中间

首先，将照片复制到主题目录下的 assets/images 目录中。然后打开定制面板，或访问 WordPress 仪表盘页面中的 Appearance | Menus 区域，在菜单中添加新的项目。

在 Navigation label 字段中输入以下 HTML 代码。

```
<img class="your-photo img-circle" src="/wp-content/themes/jbst-weblog-theme/
assets/images/you.png" alt="Your photo" height="140" width="140"> field should
contain the # sign, you will remove it in the next step to ensure <a> tag around
the image does not have a href attribute.
```

可以看到，照片仍封装在<a>标签中。该标签没有 `href` 属性，却依旧表现出鼠标悬停及图片位置变化的效果。可以使用以下 SCSS 代码，修改 assets/styles/scss/includes/_navbar.scss 文件中图片选择符相关的样式来修复这些问题。

在 URL 字段中，输入的值应包含#符号。下一步，我们将移除#符号，以确保图片元素外的<a>标签中不包含 `href` 属性。

如果 WordPress 安装在诸如/wordpress/这样的子目录中，则代码中的图片链接地址需做相应的变更。此外，链接地址中 `jbst-weblog-theme` 字样应与主题目录的名称保持一致。

点击 Add to menu 按钮，保存新的菜单项。将该菜单项拖曳到第三个即最中间的位置，然后单击项目右侧的箭头，对其进行配置。删除 URL 字段中的#符号。

结束后，点击 Save menu 按钮。访问网站，并检查以上改动的效果。

可以看到，照片仍封装在<a>标签中。该标签没有 `href` 属性，却依旧表现出鼠标悬停及图片位置变化的效果。可以通过以下 SCSS 代码，修改 assets/styles/scss/includes/_navbar.scss 文件中图片选择符的相关样式来修复这些问题。

```
.nav-item:nth-child(3) .nav-link {
  display: none;
  @include media-breakpoint-up(md) {
    position: absolute;
    top: -100%;
```

```
    z-index: 1;
    display: block;
    &.active,
    &:hover {
      background-color: transparent;
    }
  }
}
```

修改完成后，运行 gulp 命令。最后，导航条会如下图所示。

4.7 设置博客的页眉

打开主题目录下的 header.php 文件并进行编辑。在 topbar 模板部分的内容前添加下面这行 PHP 代码。

```
<?php get_template_part( 'parts/page', 'header' ); ?>
```

在存放局部模板的 parts 目录中创建名为 page-header.php 的文件,编辑并添加以下 HTML 和 PHP代码。

```
<header class="container bg-primary-color-dark">
  <div class="row">
      <div class="col-xs-12 bg-primary-color-dark">
        <button class="navbar-toggler hidden-md-up pull-xs-right" type="button"
data-toggle="collapse" data-target="#CollapsingNavbar">
        ≡
        </button>
        <h1 class="display-3"><?php bloginfo('name'); ?></h1>
      </div>
  </div>
</header>
```

上述 PHP 代码中的`<?php bloginfo('name'); ?>`会自动在页眉上显示博客的名称。请注意，作为页眉的一部分，汉堡菜单图标用于在小视口中切换显示菜单内容。

4.8 不要忘了页脚

添加页脚的工作和添加页眉一样简单，只要编辑主题目录中的 footer.php 文件即可。同样，可以将第 3 章的 html/includes/page-footer.html 文件作为样例。

修改后，footer.php 文件中的 HTML 和 PHP 代码如下所示。

```
<footer class="container page-footer bg-dark">
  <div class="row">
    <div class="col-md-6">
      <p class="page-foooter-text">Lorem ipsum dolor sit amet, consectetuer
adipiscing elit. Aenean commodo ligula eget dolor. Aenean massa. Cum sociis natoque
penatibus et magnis dis parturient montes, nascetur ridiculus mus.</p>
      <nav role="navigation">
        <?php jbst4_footer_links(); ?>
      </nav>
      <div class="social-buttons">
        <ul>
          <li>FB</li>
          <li>TW</li>
          <li>G+</li>
        </ul>
      </div>
    </div>
    <div class="col-md-6">
      <h3>Join our Newsletter</h3>
      <div class="input-group">
        <input type="text" class="form-control" placeholder="Your e-mail">
          <span class="input-group-btn">
            <button class="btn btn-accent-color" type="button">
Subscribe</button>
          </span>
        </div>
      </div>
    <div class="col-xs-12 text-xs-center">
      &copy; <?php echo date('Y'); ?> <?php bloginfo('name'); ?>.
    </div>
  </div>
</footer>
<?php wp_footer(); ?>
</body>
</html> <!-- end page -->
```

PHP 代码中包含`<?php jbst4_footer_links(); ?>`的`<nav>`元素可用于在页脚中显示链接菜单。配置菜单时可在 WordPress 面板中选择 Footer Links 菜单。

如需调整页脚中链接菜单的样式，可以自行在 assets/scss/includes/_footer.scss 文件中添加 SCSS 代码。类似的 SCSS 代码如下所示。

```
page-footer {
  nav[role="navigation"] {
    ul {
      list-style: none;
      margin: 0;
      padding: 0;
      li {
        float: left;
        padding: 10px;
      }
    }
    @include clearfix;
```

```
  }
}
```

另外值得注意的是，在页脚中我们增加了额外一行网格来放置版权信息。

```
<div class="col-xs-12 text-xs-center">
  &copy; <?php echo date('Y'); ?> <?php bloginfo('name'); ?>.
</div>
```

页脚左侧用于显示社交媒体链接的代码也要添加到 footer.php 文件中。

```
<div class="social-buttons fixed-media bg-accent-color">
  <ul>
    <li>FB</li>
    <li>TW</li>
    <li>G+</li>
  </ul>
</div>
```

4.9　调整博客文章的样式

首先，在 hello world 这篇博客中添加一张图片。在 WordPress 的仪表盘中编辑该博客文章，并添加特色图片（Featured Image），如下图所示。

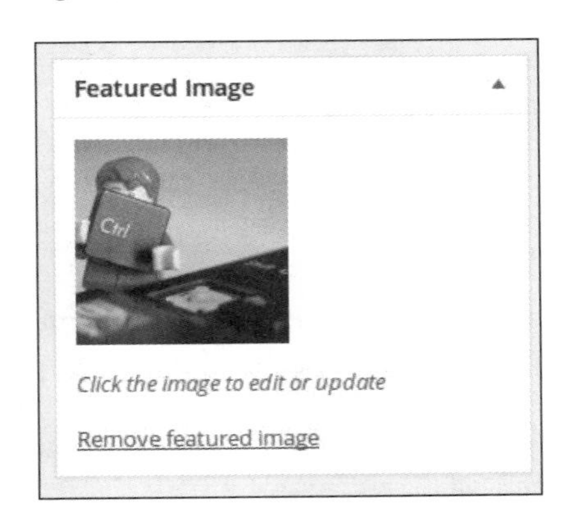

> 操作前，请确保 WordPress 安装路径下的 wp-content/uploads 目录开放了写入权限，从而在其中保存上传的媒体文件。有关文件权限的更多信息，可参阅 https://codex.wordpress.org/Changing_File_Permissions。

接着，编辑 loop-archive.php 文件，编写以下 HTML 和 PHP 代码。

```
<article id="post-<?php the_ID(); ?>" <?php post_class(''); ?> role="article">
<?php the_post_thumbnail('full'); ?>
<div class="blog-post">
    <header class="article-header">
        <h2><a href="<?php the_permalink() ?>" rel="bookmark" ><?php
```

```
the_title(); ?></a></h2>
        <?php get_template_part( 'parts/content', 'byline' ); ?>
    </header> <!-- end article header -->

    <section class="entry-content" itemprop="articleBody">

        <?php the_content('<button class="btn btn-accent-color">Read
more...</button>'); ?>
    </section> <!-- end article section -->

    <footer class="article-footer">
        <p class="tags"><?php the_tags('><small class="text-muted">' . __('Tags:',
'jbst-4') . '</small> ', ', ', ''); ?></p>
    </footer> <!-- end article footer -->
</div>
</article> <!-- end article -->
```

在上述代码中，用于显示特色图片的 PHP 函数调用 `the_post_thumbnail('full');`被移到了顶部。同时增加了封装容器 `<div class="blog-post"></div>`，用于设置 `blog-post` 这一 CSS 类，以使用 scss/includes/_blog.scss 文件中的 SCSS 代码。

4.10 博客中的侧边栏

侧边栏的 HTML 和 PHP 代码包含在主题目录内的 sidebar.php 文件中，用于加载 WordPress 的小工具组件。可以在 WordPress 的仪表盘中管理这些小工具，访问 Appearance | Widget 面板，配置这些小工具。

每个小工具都有其内置的 HTML 结构和 CSS 类。在注册侧边栏时，可以修改这些 HTML 和CSS 结构。而在 JBST 4 主题中，侧边栏代码注册在 assets/functions/sidebar.php 文件中，如下所示。

```
register_sidebar(array(
    'id' => 'sidebar1',
    'name' => __('Sidebar 1', 'jbst-4'),
    'description' => __('The first (primary) sidebar.', 'jbst-4'),
    'before_widget' => '<div id="%1$s" class="widget %2$s">',
    'after_widget' => '</div>',
    'before_title' => '<h4 class="widgettitle">',
    'after_title' => '</h4>',
));
```

可以访问 https://codex.wordpress.org/Function_Reference/register_sidebar 和 https://codex.wordpress.org/Function_Reference/the_widget，了解更多有关注册和配置侧边栏的信息。

当编写侧边栏及其小工具的 SCSS 代码时，可以采用两种策略：在某处统一设置侧边栏的样式，或针对每个小工具创建其特定的样式规则。

如果选择统一设置侧边栏样式，则可按以下方式编辑 assets/scss/includes/_sidebar.scss 文件中的 SCSS 代码。

```
.sidebar {
  padding: $spacer-y $spacer-x ($spacer-y / 3);
  margin-top: $spacer-y;
  background-color: $light-color;
  border: 1px solid $gray-dark;
}
```

请注意，样式规则是应用在侧边栏选择符上的。由于可能存在多处对该选择符的使用，因此上述代码可能影响主题中其他内容的显示。

运行 gulp 命令后，侧边栏会如下图所示。

接下来，我们将介绍如何针对小工具来设置侧边栏的样式。首先，用以下方式修改 assets/scss/includes/_sidebar.scss 文件中的 SCSS 代码。

```
.sidebar {
  .widget {
    padding: $spacer-y $spacer-x ($spacer-y / 3);
    margin-top: $spacer-y;
    background-color: $light-color;
    border: 1px solid $gray-dark;
  }
}
```

运行 gulp 命令后，小工具会如下图所示。

现在，该在 SCSS 代码中通过继承 Bootstrap 的列表组 CSS，将小工具内的列表转换成 Bootstrap 的列表组。示例 SCSS 代码如下。

```
sidebar {
  widget {
    ul {
      @extend .list-group;
      li {
        @extend .list-group-item;
      }
    }
  }
}
```

如果 gulp watch命令未运行，则再次运行 gulp命令。运行后可以发现，小工具中的列表样式已经调整为像 Bootstrap 列表组那样了。不过还有一处和设计预期不一致：当鼠标悬停到 Bootstrap 的列表组上时，背景色不会发生任何变化。可以通过扩展 SCSS 代码解决该问题。修改后的 SCSS 代码如下所示。

```
sidebar {
  widget {
    ul {
      @extend .list-group;
      li {
        @extend .list-group-item;
        padding: 0;
        a {
          display: block;
          padding: .75rem 1.25rem;
          text-decoration: none;
          @include hover-focus-active {
            color: $list-group-link-hover-color;
            background-color: $list-group-hover-bg;
          }
        }
      }
    }
  }
}
```

上述 SCSS 代码将 li 选择符中的内边距设置移到了 a 选择符中。同时，a 选择符还声明了display: block;规则，以确保链接和其他块级元素一样占据所有可用空间。

修改后的小工具会如下图所示。

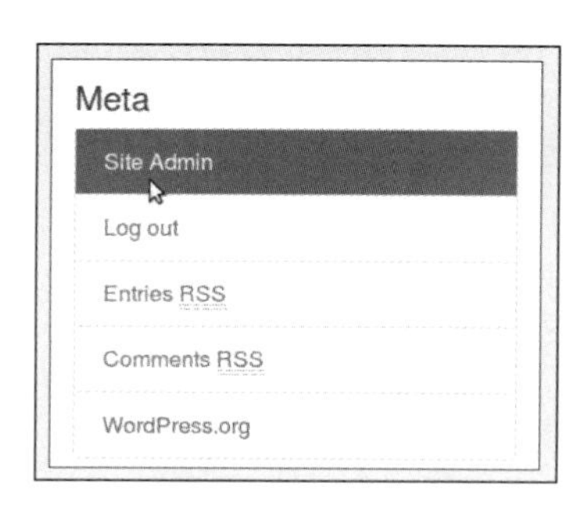

请注意，由于该代码中每个列表项都会包含两个链接（<a>标签），因此会破坏“近期评论”部分的内容的结构和样式。如果发现页面出现问题，则可以通过在 ul.recentcomments 选择符上创建特殊的样式规则来进行修复。

正如你所看到的，默认情况下列表组不会处理链接悬停效果。Bootstrap 中支持该效果的是 Nav 导航组件。就本章示例而言，Nav 组件中的堆叠式导航比较适合我们的需求。可以将 assets/scss/includes/_sidebar.scss 文件中的相关代码替换成以下 SCSS 代码，在小工具中使用堆叠式导航组件。

```
.widget {
  padding: $spacer-y $spacer-x ($spacer-y / 3);
  margin-top: $spacer-y;
  background-color: $light-color;
  border: 1px solid $gray-dark;
  ul {
    @extend .nav;
    @extend .nav-pills;
    @extend .nav-stacked;
    li {
      @extend .nav-item;
      // 给列表项添加边框并增加负外边距使样式更好
      margin-bottom: -$list-group-border-width;
      background-color: $list-group-bg;
      border: $list-group-border-width solid $list-group-border-color;
      a {
        @extend .nav-link;
        border-radius: 0;
        @include hover-focus-active {
          color: $list-group-link-hover-color;
          background-color: $list-group-hover-bg;
        }
      }
    }
  }
}
```

完成后，小工具会如下图所示。

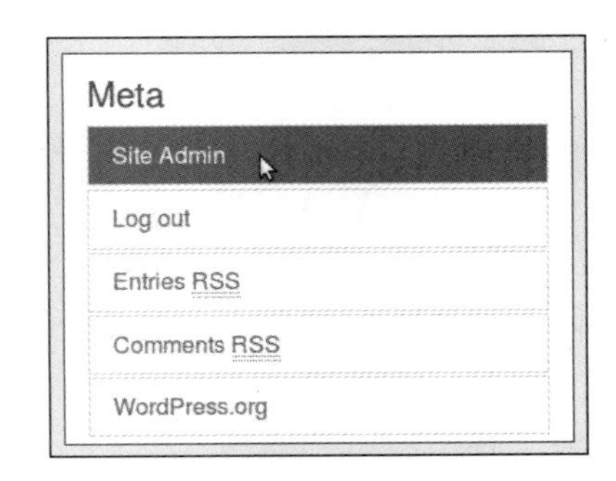

4.11　滑入式侧边栏

在 Bootstrap 的官方网站示例中（http://v4-alpha.getbootstrap.com/examples/），可以找到滑入式效果的例子。该例子会展示如何用 Bootstrap 搭建可切换的滑入式导航菜单。同样，也可以在自己的主题中使用这种滑入式侧边栏。在尺寸较小的视口中，含滑入式菜单的页面效果如下图所示。

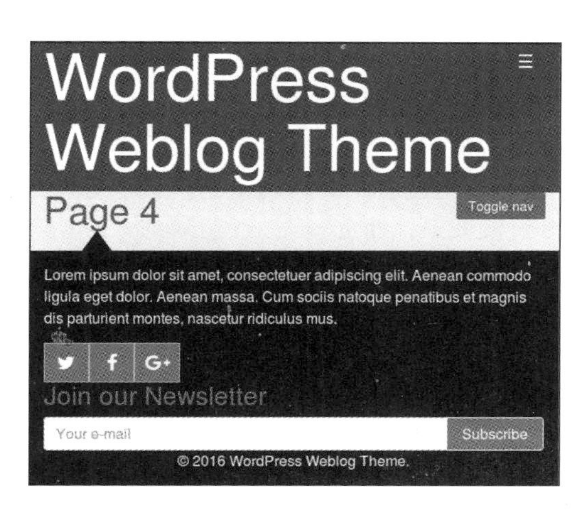

当在该页面中单击 Toggle nav 按钮时，页面内容会往左侧滑动，留出空间来显示侧边栏。

该滑入式菜单使用了主题目录中的 template-offcanvas.php 模板，其中包含以下 HTML 和 PHP 代码。

```
<?php
  /*
  模板名称：滑入式侧边栏
  */
  ?>

<?php get_header(); ?>
  <div class="container" id="content">

    <div id="inner-content" class="row row-offcanvas row-offcanvas-right">
      <main id="main" class="col-xs-12 col-md-8" role="main">

        <p class="pull-xs-right hidden-md-up">
          <button type="button" class="btn btn-primary btn-sm" data-toggle="offcanvas">
            <?php _e('Toggle nav', 'jbst-4') ?>
          </button>
        </p>

          <?php if (have_posts()) : while (have_posts()) : the_post(); ?>
```

```
            <?php get_template_part( 'parts/loop', 'page' ); ?>

          <?php endwhile; endif;
        </main> <!-- end #main -->

      <?php get_sidebar('offcanvas'); ?>
      <div class="clearfix hidden-xs-up"></div>
    </div> <!-- end #inner-content -->
  </div> <!-- end #content -->

<?php get_footer(); ?>
```

可以看到，template-offcanvas.php 文件与 page.php 和 index.php 文件很相似。文件开头保存了包括**模板名称**在内的模板注释。而`<div id="inner-content">`元素上则额外添加了两个新的 CSS 类：`row-offcanvas` 和 `row-offcanvas-right`。`row-offcanvas` 类会在相关的内容区域上设置滑入、滑出的 CSS 过渡效果，而 `row-offcanvas-right`类则会将该区域置于页面右侧。`main` 元素上声明了 `col-xs-12` 这一 CSS 类，同时也包含了切换按钮。

```
<div class="pull-xs-right hidden-md-up">
  <button type="button" class="btn btn-primary btn-sm" data-toggle="offcanvas">
  <?php _e('Toggle nav', 'jbst-4') ?></button>
</div>
```

该代码中使用的 `hidden-md-up` 类会确保切换按钮仅在小视口中显示。而最后一步侧边栏的渲染则由`<?php get_sidebar('offcanvas'); ?>`这一 PHP 函数调用来完成。由于传入参数为 `offcanvas`，最终加载的是 sidebar-offcanvas.php 模板，而非默认的 sidebar.php 模板。

与 sidebar.php 模板类似，sidebar-offcanvas.php 模板中会包含以下代码。

```
<div class="col-xs-6 col-md-4 sidebar sidebar-offcanvas" id="sidebar">
  <?php if ( is_active_sidebar( 'offcanvas' ) ) : ?>
    <?php dynamic_sidebar( 'offcanvas' ); ?>
  <?php else : ?>
  <!-- This content shows up if there are no widgets defined in the backend. -->
  <div class="alert help">
    <p><?php _e("Please activate some Widgets.", "jbst-4");  ?></p>
  </div>
  <?php endif; ?>
</div>
```

上述 HTML 和 PHP 代码中使用了 `col-xs-6` 这一 CSS 类，并加载了滑入式侧边栏。

至此，HTML 代码已全部完成。接下来，我们开始调试 SCSS 和 JavaScript 代码，完成对滑入式菜单的开发工作。

SCSS 代码保存在 assets/scss/includes 目录下的_offcanvas.scss 局部文件中。先确保用以下代码将该文件引入到 styles.scss 文件中。

```
// 模板
@import "includes/offcanvas";
```

_offcanvas.scss 这一局部文件包含的 SCSS 代码如下。

```
html, body {
  overflow-x: hidden; /* 避免在窄视口设备上的滚动 */
}

/*
 * 滑入式
 * ----------------------------------------------------
 */
@include media-breakpoint-down(sm) {
  .row-offcanvas {
    position: relative;
    transition: all .25s ease-out;
  }
  .row-offcanvas-right {
    right: 0;
  }
  .row-offcanvas-left {
    left: 0;
  }
  .row-offcanvas-right
  .sidebar-offcanvas {
    right: -100%; /* 12 columns */
  }
  .row-offcanvas-right.active
  .sidebar-offcanvas {
    right: -50%; /* 6 columns */
  }
  .row-offcanvas-left
  .sidebar-offcanvas {
    left: -100%; /* 12 columns */
  }
  .row-offcanvas-left.active
  .sidebar-offcanvas {
    left: -50%; /* 6 columns */
  }
  .row-offcanvas-right.active {
    right: 50%; /* 6 columns */
  }
  .row-offcanvas-left.active {
    left: 50%; /* 6 columns */
  }
  .sidebar-offcanvas {
    position: absolute;
    top: 0;
    width: 50%; /* 6 columns */
  }
}
```

最后，需要使用 JavaScript 代码来启用切换按钮。在 assets/scripts/wp-jbst.js 文件的 `jQuery(document).ready(function() {});`代码内部，可以看到以下 JavaScript 代码行。

```
// 滑入式菜单
jQuery('[data-toggle="offcanvas"]').click(function () {
  jQuery('.row-offcanvas').toggleClass('active');
});
```

在 WordPress 的仪表盘页面中，打开 Pages 面板进行编辑。如下图所示，在 template 选项中选择新的 offcanvas 模板。

保存页面并在浏览器中观察结果。当将浏览器视口宽度调整至小于 768 像素时，滑入式菜单即生效，效果如下图所示。

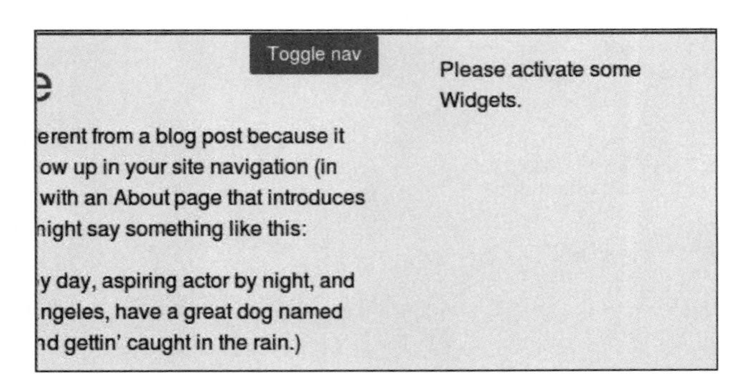

然后，在 WordPress 的仪表盘页面中打开 Appearance | Widgets 面板，在滑入式菜单中添加一些小工具。请注意，由于滑入式菜单中使用了 `position:absolute;`定位声明，因此当其高度高于外部容器时，菜单的内容就会与页脚重叠。可以通过设置菜单的 `z-index` 属性来修复此问题。

如果需要在首页中使用新的滑入式菜单，则必须将某张静态页面设置为首页。可以在 WordPress 的仪表盘页面中打开 Settings | Reading 面板，选择合适的静态页面。然后像之前所做的那样，对该页面设置模板。

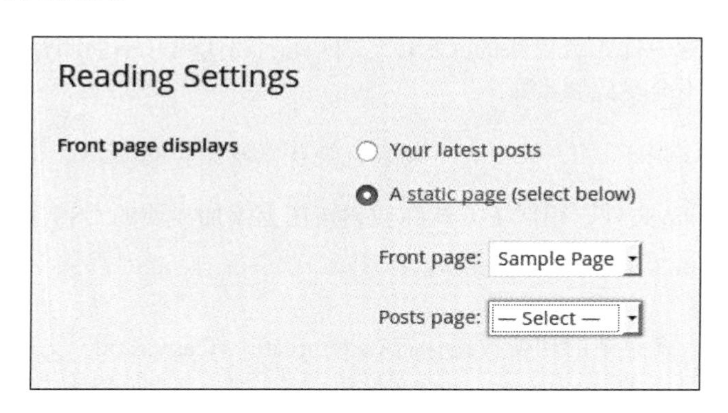

除了更改首页设置外，也可以通过将 template-offcanvas.php 文件复制为新的 home.php 或 front-page.php 来实现相同的效果。关于 WordPress 的模板系统，可以访问 https://developer.wordpress.org/themes/basics/template-hierarchy/，了解更多相关信息。

4.12　调整按钮的样式

到目前为止，我们的设计中已经包含了多种按钮：页脚中的按钮、搜索按钮、滑入式菜单的切换按钮，以及评论表单中的按钮。接下来，我们将探索用更好的方法来调整主题中的按钮样式。

还记得吗，Bootstrap 中的 `btn` 和 `btn-*`等 CSS 类可用于`<button>`标签，也可用于`<a>`标签和`<input>`标签。

首先，创建名为 assets/scss/includes/_buttons.scss 的 Sass 局部文件，并在其中定义 btn-accent-color 的样式。该文件中应包含以下 SCSS 代码。

```
.btn-accent-color {
  @include button-variant(#fff, $accent-color, #fff);
}
```

和之前一样，可以采用两种策略来调整主题中按钮的样式。我们可以使用 HTML 代码，确保所有的按钮都使用 `btn` 和 `btn-*`这些 CSS 类，也可以创建通用的 CSS 选择符，调整按钮样式。

如果采用通用的选择符，则 assets/scss/includes/_buttons.scss 文件中的 SCSS 代码如下。

```
button,
input[type="submit"],
.button {
```

```
  @extend .btn;
  @include button-variant(#fff, $accent-color, #fff);
}
```

虽然以上代码中的选择符通用，但由于搜索按钮和滑入式菜单的切换按钮使用了 HTML 代码中 `btn-primary` 这一优先级更高的 CSS 类，因此上述代码并不会调整这两种按钮的样式。而导航条的切换按钮不会受此因素影响。

因此，在本例中，编译 `btn-accent-color` 类并修改相应的 HTML 似乎是更好的策略。

编辑 searchform.php 文件，用以下方式在搜索按钮上添加需要的 CSS 类。

```
<button class="btn btn-accent-color " type="button"><?php echo esc_attr_x('Search',
'search', 'jbst-4' ) ?></button>
```

如之前所见，滑入式菜单的切换按钮保存在 template-offcanvas.php 文件中。而评论表单中的按钮则保存在主题目录下的 comments.php 文件里。请注意，应该使用如下 PHP 函数调用来设置 CSS 类。

```
<?php comment_form(array('class_submit'=>'btn btn-accent-color')); ?>
```

稍后详细介绍评论界面。如果想了解 WordPress 中 `comment_form()PHP` 函数的更多相关信息，可以访问 https://codex.wordpress.org/Function_ Reference/comment_form。

Sass 的其他改进

当不断地往 WordPress 项目中添加内容、页面和插件后，就需要调整更多元素的样式了。对此，本章介绍了相关的知识和操作策略。而下面有关分页和搜索表单按钮的提示将帮助你学习如何用正确的方式来完成样式调整工作。

1. 分页

你也许已经发现，导航条中当前选中状态的链接并未如预期那样设置了正确的背景色。而这一问题可以通过在 scss/includes/_variables.scss 文件中添加以下 SCSS 代码来解决。

```
// 分页
$pagination-active-color: $light-color;
$pagination-active-bg: $accent-color;
$pagination-active-border: #ddd; // $pagination-border-color;
```

2. 搜索表单中的按钮

你可能也已发现，侧边栏中搜索按钮的边框颜色在白色背景上并不好看。可以通过在 _main.scss 文件中添加以下 SCSS 代码来解决这一问题。

```
// 搜索表格按钮
.search-form {
```

```
  .input-group-btn {
    .btn {
      border: $input-btn-border-width solid $input-group-addon-border-color;
    }
  }
}
```

改进前，搜索按钮的显示结果如下图所示。

而改进后，就会变成以下这样。

4.13 在页面上调整评论的样式

使用 WordPress，可以让访客对博客文章发表评论。JBST 主题通过 Bootstrap 中的 Media对象显示评论。作为抽象元素，Media对象是搭建复杂组件和重复型组件的基石。也可以用它来调整 HTML 中列表的样式，从而更好地显示评论信息。

在 JBST4 主题中，评论相关的 HTML 和 PHP 代码保存在主题文件夹下的 comments.php 文件中。如前所述，该文件是 WordPress 模板系统的一部分，其中包含了以下 PHP 片段。

```
<ol class="commentlist">
    <?php wp_list_comments('type=comment&callback=jbst4_comments'); ?>
</ol>
```

用于显示评论列表的回调函数 `jbst4_comments` 保存在 assets/functions/comments.php 文件中，其中包含以下 HTML 和 PHP 代码。

```
<?php
  // 评论布局
  function jbst4_comments($comment, $args, $depth) {
    $GLOBALS['comment'] = $comment; ?>
      <li <?php comment_class('media'); ?>>
        <div class="media-left">
          <?php echo get_avatar( $comment, 75, '', sprint( esc_html__( 'Avatar of %s',
'jbst-4' ), get_comment_author() ),
              array('class' => 'media-object')); ?>
        </div>
        <div class="media-body">
          <article id="comment-<?php comment_ID(); ?>" class="clearfix col-lg-12">
            <header class="comment-author">
              <?php
                // 创建变量
```

```
            $bgauthemail = get_comment_author_email();
            ?>
          <?php printf(__('%s', 'jbst-4'), get_comment_author_link()) ?> on
          <time datetime="<?php echo comment_time('Y-m-j'); ?>">
          <a href="<?php echo htmlspecialchars
(  esc_url(get_comment_link( $comment->comment_ID )) )?>">
          <?php comment_time(__(' F jS, Y - g:ia', 'jbst-4')); ?></a></time>
          <?php edit_comment_link(__('(Edit)', 'jbst-4'),'  ','') ?>
        </header>
        <?php if ($comment->comment_approved == '0') : ?>
          <div class="alert alert-info">
            <p>
              <?php _e('Your comment is awaiting moderation.', 'jbst-4') ?>
            </p>
          </div>
        <?php endif; ?>
        <section class="comment_content clearfix">
          <?php comment_text() ?>
        </section>
        <?php comment_reply_link(array_merge( $args, array('depth' =>
$depth, 'max_depth' => $args['max_depth']))) ?>
      </article>
    </div>
    <!-- </li> is added by WordPress automatically -->
<?php
}
```

上述代码会用 Bootstrap 中的 Media 对象将评论信息封装到 HTML 列表中。

```
<ul class="media-list">
  <li class="media">
    <div class="media-left">
      <!-- avatar -->
    </div>
    <div class="media-body">
      <!-- comment -->
    </div>
  </li>
  ...
</ul>
```

可以访问 http://v4-alpha.getbootstrap.com/layout/media-object/，了解更多有关 Bootstrap 中 Media 对象的信息。

默认情况下，JBST4 主题中的评论信息会如下图所示。

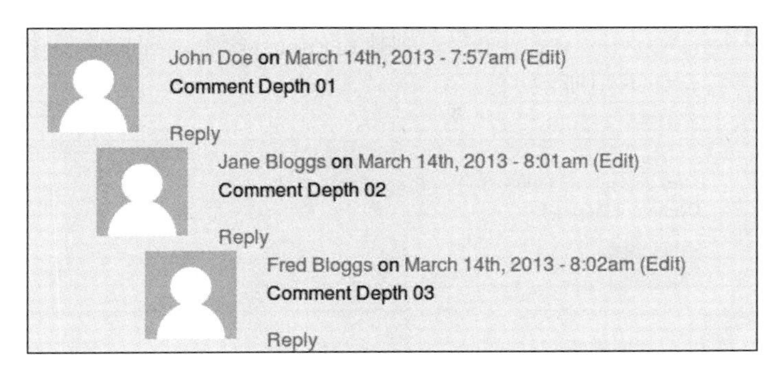

接下来调整这些评论信息的样式，使其符合预期设计。首先，根据配色方案，对评论区域添加背景色和边框。编辑 assets/scss/includes/_comments.scss 文件，添加以下 SCSS 代码。

```
.comments-area {
  .media-body {
    padding: $spacer-y $spacer-x;
    margin-top: $spacer-y;
    background-color: $light-color;
    border: 1px solid $gray;
  }
}
```

然后，用以下 SCSS 代码调整日期和作者名字的样式。

```
.comments-area {

  .comment-author {
    font-size: $font-size-sm
    @extend .text-muted;
  }
}
```

除了使用上述 SCSS 规则，也可以通过修改 HTML 代码来实现相同的效果。相关的 HTML 代码如下。

```
<small class="text-muted">
  <time datetime="<?php echo comment_time('Y-m-j'); ?>">
    <a href="<?php echo
htmlspecialchars(  esc_url(get_comment_link($comment->comment_ID )) ) ?>"><?php
comment_time(__(' F jS, Y - g:ia','jbst-4')); ?></a>
  </time>
</small>
```

之后处理回复按钮。可通过以下 SCSS 代码来调整按钮的样式。

```
.comments-area {
  .comment-reply-link {
    @extend .btn;
    @extend .btn-accent-color;
  }
}
```

最后，如果尚未运行 gulp watch 命令，则执行 gulp 命令，在浏览器中观察修改后的结果。修改后的评论信息会如下图所示。

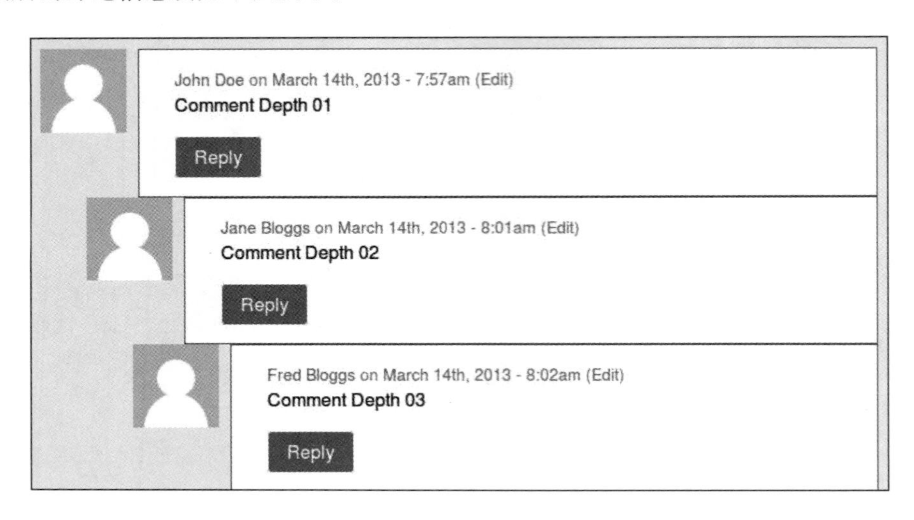

4.14 在页面中添加传送带效果

Bootstrap 中有一个传送带组件，可用来创建循环幻灯显示的图片或文字。毋庸置疑，我们也可以将这一传送带组件用于自己的 WordPress 主题中。

首先，需要将自己的图片上传到主题的 assets/images/slides 目录中。其中，所有图片的宽度和高度都必须一致。

比如，我们在 assets/images/slides 目录中添加了名为 slide1.jpg、slide2.jpg 和 slide3.jpg 的三张基于 CCO Public Domain 许可证发布的图片（可通过 http://pixabay.com 网站下载）。

下一节，我们将使用 PHP 来创建模板文件所需的 HTML 输出。如果你对 PHP 还不熟悉，可以访问官方网站（http://php.net/）来进行学习。也可访问 Packt 出版社网站上的 PHP 页面（https://www.packtpub.com/tech/php），学习 PHP 的基础知识。

接下来，就可以在 parts 目录中创建新的模板文件了。可以将其命名为 component-carousel.php。

在该 component-carousel.php 文件中，需要将 assets/images 目录下的图片地址关联到 HTML/PHP 代码里，如下所示。

```
<div class="carousel-inner" role="listbox">
<?php for ($i=1; $i<=3; $i++){?>
  <div class="carousel-item<?php echo ($i==1) ? ' active' : ''?>">
    <img src="<?php echo get_template_directory_uri();
?>/assets/images/slides/slide<?php echo $i ?>.jpg" alt="First slide">
```

```
    </div>
  <?php } ?>
  </div>
```

可以访问 Bootstrap 传送带组件的文档页面（https://getbootstrap.com/docs/4.3/components/carousel/），了解该组件的标记结构。

修改后完整的 HTML 和 PHP 代码应如下所示。

```
<div id="carousel-example-generic" class="carousel slide" data-
ride="carousel">
  <ol class="carousel-indicators">
    <li data-target="#carousel-example-generic" data-slide-to="0"
class="active"></li>
    <li data-target="#carousel-example-generic"data-slide-to="1"></li>
    <li data-target="#carousel-example-generic"data-slide-to="2"></li>
  </ol>
  <div class="carousel-inner" role="listbox">
    <?php for ($i=1; $i<=3; $i++){?>
      <div class="carousel-item <?php echo ($i==1) ? ' active' : ''?>">
      <img src="<?php echo get_template_directory_uri();
?>/assets/images/slides/slide
          <?php echo $i ?>.jpg" alt="First slide">
      </div>
  <?php } ?>
  </div>
  <a class="left carousel-control"
    href="#carousel-example-generic" role="button" data-slide="prev">
    <span class="icon-prev" aria-hidden="true"></span>
    <span class="sr-only">Previous</span>
  </a>
  <a class="right carousel-control"
    href="#carousel-example-generic"
    role="button" data-slide="next">
    <span class="icon-next" aria-hidden="true"></span>
    <span class="sr-only">Next</span>
  </a>
</div>
```

最后，需要在首页加载传送带组件。编辑主题目录下的 index.php 文件，添加以下 PHP 片段。

```
...
<?php if(is_home()){ get_template_part( 'parts/component', 'carousel' ); } ?>
<?php if (have_posts()) : while(have_posts()) : the_post(); ?>
...
```

其中，`if(is_home())`条件判断语句用于确保该传送带效果仅在首页显示。

第 5 章将详细介绍传送带组件的搭建。届时可以复用第 5 章中传送带组件的 SCSS代码，将_carousel.scss局部文件复制到assets/scss/includes目录下，并在styles.scss文件中对其进行引用，从而将效果复制到WordPress主题中。

可以在浏览器中看到，传送带组件的效果不错。如果想在幻灯显示中使用其他图片，则可将assets/images/slides目录下的图片文件替换掉。

如果你是网站项目的维护者，这么做完全没什么问题。但若需要将网站和主题分发给他人使用，则最好让这些用户能通过仪表盘页面来替换传送带图片。

在WordPress的插件目录中，有很多可用于扩展仪表盘的插件。其中就包含了用于Bootstrap幻灯效果的插件。WordPress插件目录的地址是https://wordpress.org/plugins/。而https://wordpress.org/plugins/twitter-bootstrap-slider/的插件可以用来为WordPress项目添加Bootstrap的传送带组件。

4.15　在主题中使用Font Awesome字体图标库

第5章将介绍如何用Sass把Font Awesome的CSS代码编译到本地样式表中。除此之外，也可以像第2章所讲的那样，通过CDN运行Font Awesome。

可以将Font Awesome CDN的URL加入到项目中，用CDN的方式在WordPress主题中运行该字体图标库。编辑并添加以下PHP代码行，激活Font Awesome。

```
// 加入外部字体Awesome样式表单
wp_enqueue_style('font-awesome', '//maxcdn.bootstrapcdn.com/font-awesome/
4.6.3/css/font-awesome.min.css');
```

用Font Awesome创建社交媒体链接

我们的主题在两块区域中用到了社交媒体链接：一个固定在页面的左侧，另一个则位于页脚。两块区域的HTML代码保存在footer.php文件中。为避免代码重复，可创建一个名为parts/components-social-links.php的新模板。然后在其中编辑以下HTML代码。

```
<ul>
  <li><a href="https://twitter.com/bassjobsen">
    <i class="fa fa-twitter fa-fs fa-lg"></i></a></li>
  <li><a href="https://facebook.com/bassjobsen">
    <i class="fa  fa-facebook fa-fs fa-lg"></i></a></li>
  <li><a href="http://google.com/+bassjobsen">
    <i class="fa fa-google-plus fa-fs fa-lg"></i></a></li>
</ul>
```

在该HTML代码中，CSS类`fa-fs`可确保每个图标的宽度和高度相同。接着，在footer.php文件中将`<ul>`列表代码替换成以下PHP代码。

```
<?php get_template_part( 'parts/component', 'social-links' ); ?>
```

最后，需要在 SCSS 代码中针对社交媒体区域做一些小的修改。先将_includes/_footer.scss 文件中社交媒体相关的 SCSS 代码抽提到一个名为_includes/_social-button.scss 的新文件中。注意不要忘了在 styles.scss 文件中添加 SCSS 代码片段来引入这一新文件。

```
// 组件
@import "includes/social-buttons";
```

_includes/_social-button.scss 文件中的 SCSS 代码如下。

```
.social-buttons {
  &.fixed-media {
    display: none;
    @include media-breakpoint-up(md) {
      position: fixed;
      top: 150px;
      display: block;
    }
  }
  ul {
    padding: 0;
    margin: 0;
    list-style: none;
    li {
      padding: 10px;
      border: 1px solid $accent-color-light;
      a {
        color: $light-color;
      }
    }
  }
  .page-footer & {
    li {
      float: left;
      @extend .bg-accent-color;
    }
  }
  @include clearfix();
}
```

最后，社交媒体按钮会如下图所示。

4.16 使用网格砌体模板

网格砌体布局会根据网页上垂直方向的可用空间大小，将元素放在最佳位置，就像泥瓦匠在墙壁上嵌石头一样。Bootstrap 中的 Cards 就是这样一个可以用 CSS 组织元素（卡片），实现网格砌体效果的模块。作为内容容器，该模块灵活而可扩展，因此取代了 Bootstrap 之前版本中的 panel、thumbnail 和 well 组件。

我们所使用的 JBST4 主题中已经包括了可将博客文章组织成栏砌体效果的模板。

可以将 template-masonry 文件复制成 front-page.php，或者选择某个使用了该模板的页面作为首页，来测试砌体模板的效果。

用于正确显示砌体项目的 CSS 代码是从 assets/scss/includes/_masonry.scss 文件中编译而来的，相关的 SCSS 代码示例如下。

```
.masonary {
  .card-columns {
    padding-top: $spacer-y;
  }
}
.mansory-blog-post {
  position: relative;
  padding: $spacer-y $spacer-x;
  background-color: $light-color;
  border: 1px solid $gray;
}
```

由于 IE9 及更早的浏览器不支持 CSS 属性 `column-*`，因此网格砌体布局在这些旧版本浏览器中无法正常工作。如果需要测试数据来测试自己的主题，则可使用本章附带下载资源中的 data.xml 文件。在仪表盘页面中，打开 Tool | Import，然后安装 WordPress 引入工具，以引入文章、页面、评论、定制栏目、分类目录和标签等之前导出的文件。我们会使用 `import` 功能来引入 data.xml 文件。你需要选中 Download and import file attachments 选项，但无须重新设置博客文章的作者。有关测试 WordPress 主题的更多信息，可以访问 https://codex.wordpress.org/Theme_Unit_Test。

最终的结果会如下图所示。

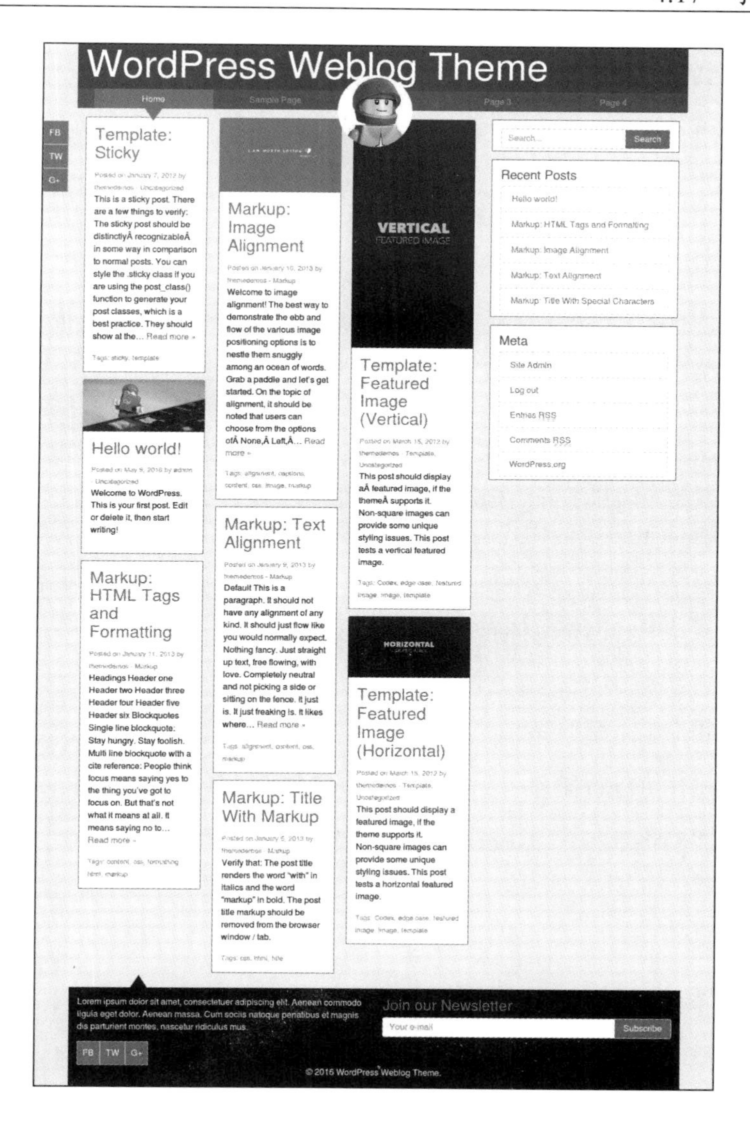

4.17 子主题

JBST 是一个适合快速上手的主题，而不是框架。WordPress 中则提供了用于创建子主题的结构，这种子主题设计可以有效简化父主题的升级操作。JBST4 主题旨在让用户快速上手，而不是用作父主题或框架。基本上，对 JBST4 主题的使用就像本章所讲的，修改定制后直接拿来用即可。

可以用 Bower 来进行管理，确保编写的 Bootstrap 代码及其依赖不过时。

4.18　从 GitHub 上下载

可以从 GitHub 上下载本章定制主题的最新版本。下载地址为：https://github.com/bassjobsen/jbst-weblog-theme。

4.19　小结

本章使用了 WordPress 的 Bootstrap 主题，将 WordPress 的 HTML 转换成标准的 Bootstrap 代码，我们可以轻松地复用第 3 章中的 SCSS 内容。这些 SCSS 内容和 JBST 主题都尽可能使用和复用 Bootstrap 中预定义的那些 CSS 类。这一策略让我们能够编写出清晰且易于复用的代码。

本章用 Bootstrap 创建了一个定制的 WordPress 主题。由于我们选择了基于 JBST4 这一优秀的主题进行开发，因此无须从零开始构造。通过定制和创建模板文件，我们实现了对标记结构的控制。之后，使用 Bootstrap 中的样式调整按钮和评论的样式。

最后，我们使用了 Bootstrap 中的传送带组件，在首页上增加了图片幻灯效果。同时，还在主题中加入了滑入式菜单和网格砌体布局。

祝贺你！这是相当了不起的成就。

本章所涉及的操作可以将任意一个基于 Bootstrap 的设计转换为 WordPress 主题。

所以，接下来我们将重新介绍 Bootstrap 网页设计的相关内容。下一章，我们将设计一个作品展示站点。

第 5 章

作品展示站点

假设我们已经想好了要给自己的作品做一个在线站点。一如既往，时间紧迫。我们需要高效，而且作品展示效果必须专业。当然，站点还得是响应式的，能够在各种设备上正常浏览，因为这是我们向目标客户推销时的卖点。这个项目可以利用 Bootstrap 的很多内置特性，同时也将根据需要定制 Bootstrap。

5.1 设计目标

我们已经草拟了两个主页的效果图。虽然对大屏幕中的展示效果已经胸有成竹，但我们还是应该从手持设备屏幕开始，迫使自己聚焦关键要素。

这个作品展示站点应该具有下列功能。

- 带 logo 的、可折叠的响应式导航条。
- 重点展示 4 张作品的图片传送带。
- 单栏布局中包含 3 块内容，每块内容中都包含标题、短段落和吸引人点击、阅读的大尺寸按钮。
- 包含社交媒体链接的页脚。

设计方案如下图所示。

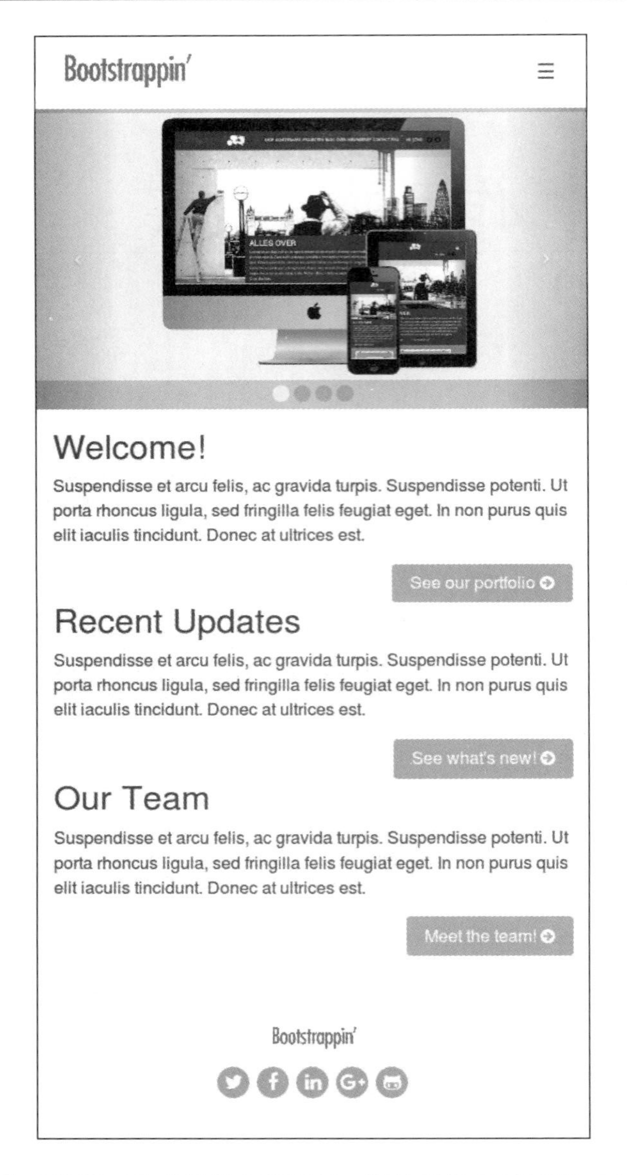

总的来看，这将是对我们工作成果的完美展示。图片传送带足够高，可以充分容纳我们的作品展示图片。当然，导航到底下的内容也不难，用户可以先浏览每一项的大致情况，然后决定深入阅读哪块内容。通过把重要的链接做成大尺寸按钮，我们从视觉层级上突出了重要的操作项，确保即使手指粗大的用户都可以轻易点触。

为了便于维护，我们决定只考虑两个主要的断点。在窄于 768 像素的小屏幕中使用单栏布局，否则就切换到一个三栏布局。

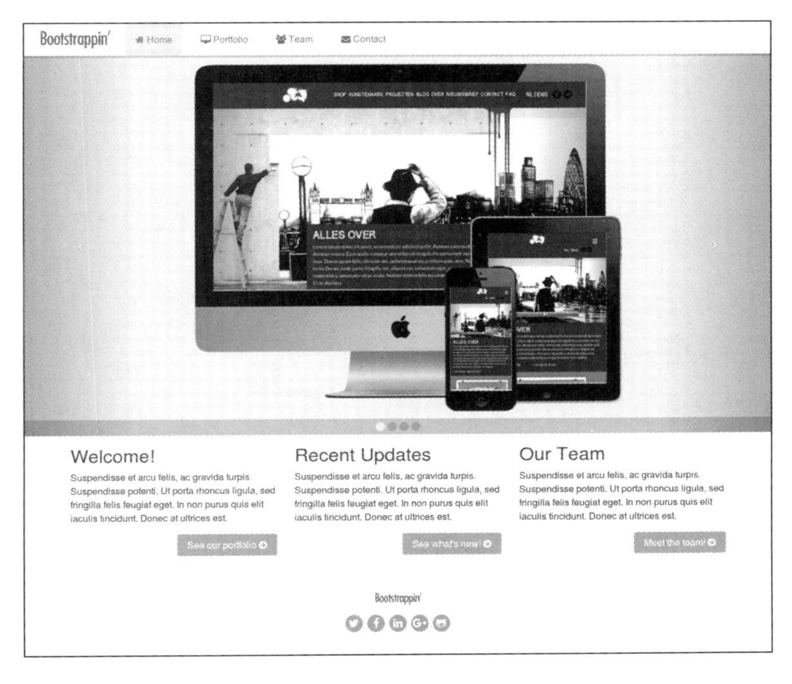

在这个针对平板电脑等大屏幕的设计效果图中，可以发现下列功能。

- 位于顶部的导航条，而且各导航项都附带图标。
- 宽屏版的主页图片传送带，其中的图片拉伸至与浏览器窗口同宽。
- 三栏布局分别容纳三块文本内容。
- 包含内容的页脚水平居中。

这个设计的配色很简单，只有灰阶以及用于链接和突出显示的金绿色。

明确了设计目标，接下来就可以布置内容了。

5.2 查看练习文件

首先看看这个练习用的文件。如第 1 章所介绍的，用 Bootstrap CLI 创建一个新项目。

可以运行以下命令，安装 Bootstrap CLI。

```
npm install -g bootstrap-cli
```

然后即可通过以下命令新建项目。

```
bootstrap new
```

与之前一样，选择创建新的、空白的 Bootstrap 项目，创建时选择 Panini、Sass 和 Gulp。

项目创建后，文件结构与第 1 章中的模板文件夹差不多。

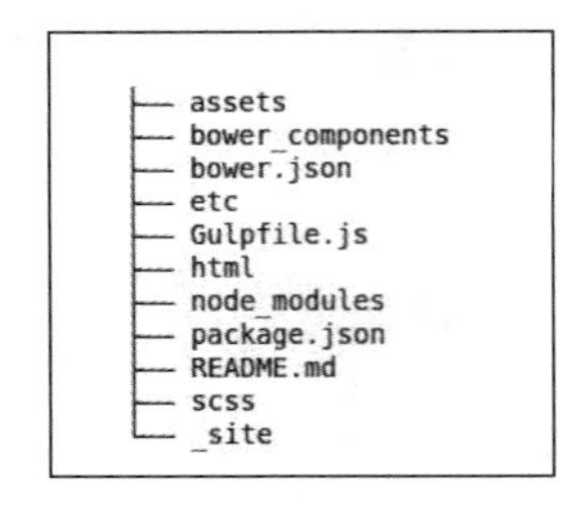

然后，执行以下操作。

- 创建 assets/images 文件夹。
- 将 img 文件夹中的文件复制到刚创建的 assets/images 目录中，具体包括 5 张图片。
  - 名为 logo.png 的 logo 图标。
  - 4 张作品展示图片。
- 在 Gulpfile.js 文件中添加以下新任务。

```
// 复制资源
gulp.task('copy', function() {

  gulp.src(['assets/**/*']).pipe(gulp.dest('_site'));
});
```

- 最后，将该新任务添加到 Gulp 的默认任务中。

```
gulp.task('build', ['clean','copy','compile-js','compile-sass','compile-html']);
```

包含 Panini 模板的 html 目录的文件结构如下。

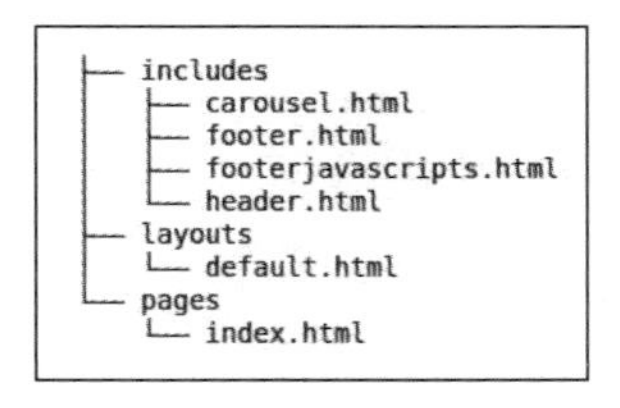

可以访问 https://github.com/zurb/panini，了解更多有关 Panini 的知识。

以下是以上截图所涉及文件的一些详细信息。

- `html/pages/index.html` 文件中包含了以下 HTML 和模板代码。
  - 包含传送带（includes/carousel.html）的 `{{> carousel}}`片段。
  - 内容块，如下所示。

```
<h2>Welcome!</h2>
<p>Suspendisse et a.....</p>
<p><a href="#">See our portfolio</a></p>
```

❑ 在 layouts/default.html 中所引入的 includes/header.html 文件会包含导航条组件，其特殊之处在于：

- 导航条中的项目已更新，以适配新的站点架构需求。

```
<header role="banner">
  <nav class="navbar navbar-light bg-faded" role="navigation">
  <a class="navbar-brand" href="index.html">Bootstrappin'</a>
  <button class="navbar-toggler hidden-md-up pull-xs-right"
type="button" data-toggle="collapse" data-target="#collapsiblecontent">
  ≡
  </button>
  <ul class="nav navbar-nav navbar-toggleable-sm collapse"
  id="collapsiblecontent">
    <li class="nav-item">
      <a class="nav-link active" href="#">Home <span class="sr-only">
 (current)</span></a>
    </li>
    <li class="nav-item">
      <a class="nav-link" href="#">Portfolio</a>
    </li>
    <li class="nav-item">
      <a class="nav-link" href="#">Team</a>
    </li>
    <li class="nav-item">
      <a class="nav-link" href="#">Contact</a>
    </li>
  </ul>
  </nav>
</header>
```

❑ 在 layouts/default.html 中所引入的 includes/footer.html 文件会包含以下内容。

- 页脚中的 logo 图标。
- 社交媒体链接。

```
<footer role="contentinfo">
    <p><a href="{{root}}index.html"><img
        src="{{root}}images/logo.png"
        width="80" alt="Bootstrappin'"></a></p>
    <ul class="social">
      <li><a href="#" >Twitter</a></li>
      <li><a href="#" >Facebook</a></li>
      <li><a href="#" >LinkedIn</a></li>
      <li><a href="#" >Google+</a></li>
      <li><a href="#" >GitHub</a></li>
    </ul>
</footer>
```

与第 1 章中的导航条不同，此时的传送带、分栏和图标都没有添加 Bootstrap 类。

本章稍后将会介绍如何用 Sass 来定制此项目。就目前而言，可以看到 app.scss 主文件会引入 includes/_navbar.scss 文件。如第 1 章所展示的那样，该文件中的 SCSS 代码会在小型屏幕中移除导航链接项目的浮动属性。

除了以上做法，也可以直接使用本书附带的 chapter5/start 文件夹中的文件。可以在该文件夹中运行 `npm install` 和 `bower install` 命令，然后运行 `bootstrap watch` 或者 `gulp` 命令后在浏览器中查看结果。

可以看到，页面中将显示导航条，并在其下方显示作品展示图片。

作品图片之后就是文本块和包含一组社交链接的页脚。

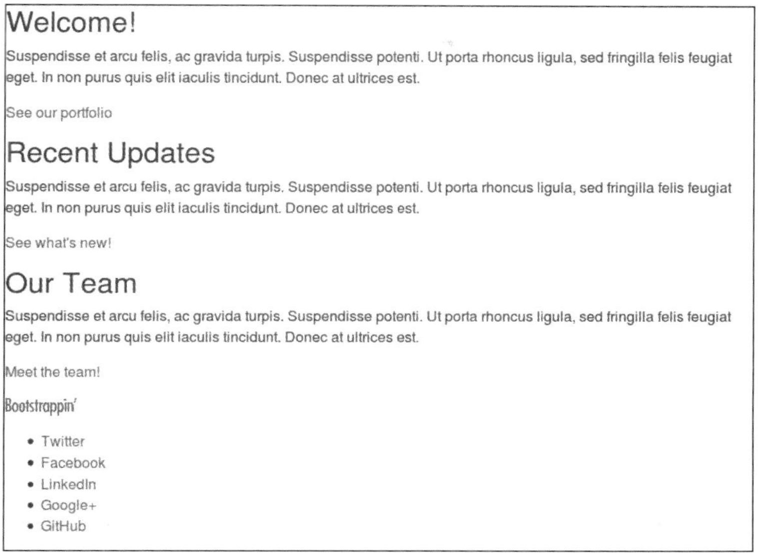

Welcome!

Suspendisse et arcu felis, ac gravida turpis. Suspendisse potenti. Ut porta rhoncus ligula, sed fringilla felis feugiat eget. In non purus quis elit iaculis tincidunt. Donec at ultrices est.

See our portfolio

Recent Updates

Suspendisse et arcu felis, ac gravida turpis. Suspendisse potenti. Ut porta rhoncus ligula, sed fringilla felis feugiat eget. In non purus quis elit iaculis tincidunt. Donec at ultrices est.

See what's new!

Our Team

Suspendisse et arcu felis, ac gravida turpis. Suspendisse potenti. Ut porta rhoncus ligula, sed fringilla felis feugiat eget. In non purus quis elit iaculis tincidunt. Donec at ultrices est.

Meet the team!

Bootstrappin'

- Twitter
- Facebook
- LinkedIn
- Google+
- GitHub

无须多言。还是让它开始变身吧！

我们从添加 Bootstrap 类着手，这样可以利用 Bootstrap 默认的 CSS 样式和 JavaScript 行为，迅速高效地搭建起基本的界面元素。

5.3 搭建传送带

首先搭建传送带，传送带会循环展示作品的 4 张特写图片。

Bootstrap 传送带的标记结构可以在其文档页面找到，URL为 https://getbootstrap.com/docs/4.3/components/carousel/。

可以按照示例中的结构设置基本的元素。以下代码包含传送带的所有部分，首先是进度指示器。

```
<div id="carousel-feature" class="carousel slide" data-ride="carousel">
  <ol class="carousel-indicators">
    <li data-target="#carousel-feature" data-slide-to="0" class="active"></li>
    <li data-target="#carousel-feature" data-slide-to="1"></li>
    <li data-target="#carousel-feature" data-slide-to="2"></li>
  </ol>
</div>
```

整个传送带是一个带 ID 属性（`id="carousel-feature"`）的 `div` 标签，其 `carousel` 类

用于把 Bootstrap 的传送带 CSS 应用到这个元素，为传送带指示器、传送带项、前一个及后一个控件添加样式。

进度指示器的 `data-target` 属性必须使用传送带的 ID `carousel-feature`。有了这个属性，JavaScript 插件才能为活动的传送带项添加 `active` 类。在此，我们预先为第一个指示器添加了 `active` 类。然后，类的切换就由 JavaScript 控制了。它会删除第一个指示器的这个类，再添加到后续指示器，如此循环。

此外，还要注意 `data-slide-to` 的值从 0 开始，与 JavaScript 和其他编程语言一样。记住：从 0 开始，不是从 1 开始。

指示器后面，是类为 `carousel-inner` 的元素。这个元素用以封装所有传送带项，在本例中也就是所有图片。

`carousel-inner` 元素内部是传送带项，是一组 `div` 标签，每个都带着 `class="item"`。把第一项修改成包含 `item` 和 `active` 两个类，使其一开始就可见。

此时的标记结构如下所示。

```
<!-- 封装幻灯片 -->

<div class="carousel-inner" role="listbox">
  <div class="carousel-item active">
    <img src="{{root}}images/project1.png" alt="Streetart.com Homepage">
  </div>
    <div class="carousel-item">
    <img src="{{root}}images/project2.png" alt="Your bussiness">
  </div>
  <div class="carousel-item">
    <img src="{{root}}images/project3.png" alt="Your blog">
  </div>
  <div class="carousel-item">
    <img src="{{root}}images/project4.png" alt="Menstrualcups.eu Homepage">
  </div>
</div><!-- /.carousel-inner -->
```

传送带项之后，还需要添加传送带控件，用于在传送带左右两侧显示前一个和后一个按钮。在控件后面，我们再用一个结束 `div` 标签关闭整个标记结构。

```
<!-- 控件 -->
  <a class="left carousel-control" href="#carousel-feature" role="button"
data-slide="prev">
    <span class="icon-prev" aria-hidden="true"></span>
    <span class="sr-only">Previous</span>
  </a>
  <a class="right carousel-control" href="#carousel-feature" role="button"
data-slide="next">
    <span class="icon-next" aria-hidden="true"></span>
```

```
    <span class="sr-only">Next</span>
  </a>
</div><!-- /#homepage-feature.carousel -->
```

每个传送带控件（carousel-controls）的 href 属性必须是最外围传送带元素的 ID 值（#carousel-feature）。代码示例如下：<a class="left carousel-control" href="#carousel-feature" role="button" data-slide="prev">。至此，你可以编写图片传送带相关的完整的代码。编写完成后，如果 bootstrap watch 命令尚未运行，则可以运行 gulp 命令，观察生效的 Bootstrap 样式与 JavaScript 行为。浏览器中应当能幻灯式地显示所设定的图片。

请注意，传送带组件依赖 jQuery 和相关的 JavaScript 插件。而在 Gulp 的构建流程中，jQuery 和所有的插件都会被合并打包到一个名为 app.js 的文件中。

默认情况下，传送带的幻灯片每 5 秒切换一次。为了让你充分欣赏我们的作品，可以将间隔改成 8 秒。

(1) 创建一个名为 js/main.js 的新文件。

(2) 添加以下代码。这里先用 jQuery 方法检测相应的页面元素是否存在，如果存在则将传送带的间隔时间初始化为 8000 毫秒。

```
$( document ).ready(function() {
  $('.carousel').carousel({
    interval: 8000
  });
});
```

(3) 请注意，需要在构建时自动将 js/main.js 文件从 assets 目录复制到目标文件夹，并在 HTML 中进行引用。或者，可将其添加到 Gulpfile.js 文件中的 compile-js 任务里。

```
gulp.task('compile-js', function() {
  return gulp.src([bowerpath+
 'jquery/dist/jquery.min.js', bowerpath+
 'tether/dist/js/tether.min.js', bowerpath+
 'bootstrap/dist/js/bootstrap.min.js','js/main.js'])
 .pipe(concat('app.js'))
 .pipe(gulp.dest('./_site/js/'));
});
```

除此之外，还应当考虑将 js/main.js 文件添加到 Gulp 的 watch 任务中。有关 Gulp 和 Gulp 任务的相关信息，可以回顾第 2 章的内容。

(4) 保存并刷新应用。你会看到间隔时间增加到了 8 秒。

除了通过 JavaScript 语句进行调整外，也可以用 data-*属性的方式来达到相同的效果。可用 data-interval 属性改变传送带的间隔时间。

```
<div id="carousel-feature" class="carousel slide" data-ride="carousel"
data-interval="8000">
```

相关的选项可以参考 Bootstrap 传送带的文档：http://getbootstrap.com/javascript/#carousel。

关于定制传送带及其指示器和图标的样式，本章稍后讨论。下面介绍如何利用JavaScript 和 CSS（SCSS）改变传送带的具体行为。

传送带工作机制

jQuery 插件会修改传送带项的 CSS 类。当页面加载完毕后，第一个项拥有 `active` 类。而当设定的间隔时间过去后，插件就会将 `active` 类移到第 2 个项上，依次类推。除了更改拥有 `active` 类的元素的位置，插件还会临时添加 `next` 和 `left` 类。这些动态添加的 CSS 类与 CSS3 动画效果一起，即可创建出幻灯效果。可以访问以下网址，了解 CSS3 动画的更多相关内容。

https://developer.mozilla.org/en-US/docs/Web/CSS/CSS_Animations/Using_CSS_animations

对于 `carousel-inner` 类，插件会设置以下 `transition` 属性。

```
transition: transform .6s ease-in-out;
```

在该样式声明中，`ease-in-out` 值会设置动画的变换时间函数（过渡效果）。可以访问 https://developer.mozilla.org/en/docs/Web/CSS/transition-timing-function，了解更多相关信息。基本上，该函数值会表示整个动画在执行期间所呈现出来的变换速度曲线。之后我们还会介绍用 keyframe 描述动画变换效果的方法。

上述 CSS 动画样式所涉及的变换操作是 translate3d。相关CSS 函数 `translate3d()`会在 3D空间内转换元素的位置。更多相关信息，可以访问https://developer.mozilla.org/en-US/docs/Web/CSS/transform-function/translate3d 进行了解。如以下代码所示，传送带会按 *X* 轴方向移动传送带项。

```
&.next,
&.active.right {
  left: 0;
  transform: translate3d(100%, 0, 0);
}
```

1. 添加新的动画效果以改变传送带

替换上一节所使用的 CSS 动画，即可创建出新的幻灯轮播效果。

可以在自己的项目中使用 Daniel Ede 编写的 Animate.css，引入各种 CSS 动画效果。我们之前创建的传送带项目也不例外。该类库的官方网址为 http://daneden.github.io/animate.css/。

由于构建流程中使用了 autoprefixer，因此在通过 SCSS 代码编写新的动画效果时，可以不考虑浏览器引擎前缀方面的因素。本例中，我们将使用 `Animate.css` 类库中的 `flipInX` 效果，

该效果会沿 *X* 轴翻转图片。

在 scss/includes/_carousel.scss 文件的末尾添加以下 SCSS 代码。

```
@keyframes flipInX {
  from {
    transform: perspective(400px) rotate3d(1, 0, 0, 90deg);
    animation-timing-function: ease-in;
    opacity: 0;
  }
  40% {
    transform: perspective(400px) rotate3d(1, 0, 0, -20deg);
    animation-timing-function: ease-in;
  }
  60% {
    transform: perspective(400px) rotate3d(1, 0, 0, 10deg);
    opacity: 1;
  }
  80% {
    transform: perspective(400px) rotate3d(1, 0, 0, -5deg);
  }
  to {
    transform: perspective(400px);
  }
}
.flipInX {
  backface-visibility: visible !important;
  animation-name: flipInX;
}
.carousel-inner {
  position: relative;
  width: 100%;
  overflow: hidden;

  > .carousel-item {
    position: relative;
    display: none;
    transition: none;
    backface-visibility: visible !important;
    animation-name: flipInX;
    animation-duration: 0.6s;

    // Account for jankitude on images
    > img,
    > a > img {
      @extend .img-fluid;
      line-height: 1;
    }
  }
  > .active,
  > .next,
  > .prev {
    display: block;
  }
  > .active {
    top: 0;
  }
```

```
  > .next,
  > .prev {
    position: absolute;
    left: 0;
    width: 100%;
  }
  > .next {
    top: 100%;
  }
  > .prev {
    top: -100%;
  }
  > .next.left,
  > .prev.right {
    top: 0;
  }
  > .active.left {
    top: -100%;
  }
  > .active.right {
    top: 100%;
  }
}
@keyframes flipInX {
  from {
    transform: perspective(400px) rotate3d(1, 0, 0, 90deg);
    animation-timing-function: ease-in;
    opacity: 0;
  }
  40% {
    transform: perspective(400px) rotate3d(1, 0, 0, -20deg);
    animation-timing-function: ease-in;
  }
  60% {
    transform: perspective(400px) rotate3d(1, 0, 0, 10deg);
    opacity: 1;
  }
  80% {
    transform: perspective(400px) rotate3d(1, 0, 0, -5deg);
  }
  to {
    transform: perspective(400px);
  }
}
.flipInX {
  backface-visibility: visible !important;
  animation-name: flipInX;
}
.carousel-inner {
  position: relative;
  width: 100%;
  overflow: hidden;

  > .carousel-item {
    position: relative;
    display: none;
    transition: none;
```

```
      backface-visibility: visible !important;
      animation-name: flipInX;
      animation-duration: 0.6s;
      // Account for jankitude on images
      > img,
      > a > img {
        @extend .img-fluid;
        line-height: 1;
      }
    }
    > .active,
    > .next,
    > .prev {
      display: block;
    }
    > .active {
      top: 0;
    }
    > .next,
    > .prev {
      position: absolute;
      left: 0;
      width: 100%;
    }
    > .next {
      top: 100%;
    }
    > .prev {
      top: -100%;
    }
    > .next.left,
    > .prev.right {
      top: 0;
    }
    > .active.left {
      top: -100%;
    }
    > .active.right {
      top: 100%;
    }
}
```

运行 `bootstrap watch` 或 `gulp` 命令后，即可在浏览器中看到图片沿 *X* 轴翻转的效果。

2. 传送带插件中的 JavaScript 事件

对于大多数插件中特有的交互行为，Bootstrap 都提供了相关的定制事件。传送带插件会在幻灯变换效果开始时触发 `slide.bs.carousel` 事件，并在变换效果结束时触发 `slid.bs.carousel` 事件。可以利用这些事件添加定制的 JavaScript 代码。比如，通过在 js/main.js 文件中添加以下 JavaScript 代码，当相关事件发生时更改整个页面的背景色。

```
$('.carousel').on('slide.bs.carousel', function () {
  $('body').css('background-color','#'+(Math.random()*0xFFFFFF<<0).toString(16));
});
```

请注意，由于之前的 gulp watch 任务中并未包含此 js/main.js 文件，因此你需要手动运行 gulp 或 bootstrap watch 命令来让此修改生效。

如需对插件行为做更复杂的更改，则可以用代码覆写插件中所涉及的方法，如：

```
!function($) {
  var number = 0;
    var tmp = $.fn.carousel.Constructor.prototype.cycle;
    $.fn.carousel.Constructor.prototype.cycle = function (relatedTarget) {
      // 在此处定制 JavaScript 代码
      number = (number % 4) + 1;
      $('body').css('transform','rotate('+ number * 90 +'deg)');
      tmp.call(this); // 调用原始函数
  };

}(jQuery);
```

值得注意的是，上述代码中所设置的 transform 属性不涉及浏览器引擎前缀。由于 autoprefixer 机制仅对静态的 CSS 代码有效，出于浏览器兼容性上的考虑，开发者需在 JavaScript 代码中自行添加浏览器引擎前缀。

Bootstrap 中大量使用了 CSS3 来实现动画效果，不过 IE9 不支持相关 CSS 属性。

接下来，我们将借助 Bootstrap 中的默认样式，在传送带下方创建响应式的内容网格。

5.4　创建响应式分栏

页面中有三块文本，每块都有标题、短段落和链接。在大于或等于平板电脑的屏幕上，我们希望内容分三栏，而在较窄的屏幕上，我们希望内容变成一栏全宽。

建议大家花点时间熟悉一下 Bootstrap 移动优先的响应式网格，文档地址是：http://getbootstrap.com/css/#grid。

简单地说，Bootstrap 内置 12 栏网格系统，其基本的类结构以 col-12 表示全宽，col-6表示半宽，col-4 表示三分之一宽，以此类推。

由于创造性地使用了媒体查询，网格系统对不同尺寸的屏幕具有极强的适应力。如前所述，我们希望欢迎消息在平板尺寸的屏幕中呈现为一栏布局，而在大约 768 像素时变成三栏布局。巧合的是，Bootstrap 内置的默认屏幕断点恰好是 768 像素，也就是 Sass 变量$grid-breakpoints 的默认值。而大于 768 像素的大屏幕断点是 992 像素，该值也被定义在 Sass 变量$grid-breakpoints 中。然后，大于 1200 像素断点的为超大屏幕。

中型断点有一个特殊的栏类命名法：col-md-。因为我们想在小型断点之后使用三栏，所以这里使用 class="col-md-4"。在中型断点之下，分块元素会保持全宽，而在这一断点之上，则会各占三分之一宽而并肩排列。请注意，在 768 像素宽度的窗口环境中，导航条也会收缩显示。完整的结构如下所示，简明起见，段落内容做了省略处理。

```
<div class="container">
  <div class="row">
    <div class="col-sm-4">
      <h2>Welcome!</h2>
      <p>Suspendisse et arcu felis ...</p>
      <p><a href="#">See our portfolio</a></p>
    </div>
    <div class="col-sm-4">
      <h2>Recent Updates</h2>
      <p>Suspendisse et arcu felis ...</p>
      <p><a href="#">See what's new!</a></p>
    </div>
    <div class="col-sm-4">
      <h2>Our Team</h2>
      <p>Suspendisse et arcu felis ...</p>
      <p><a href="#">Meet the team!</a></p>
    </div>
  </div><!-- /.row -->
</div><!-- /.container -->
```

可在 html/pages/index.html 文件中修改上述代码。

下面解释一下 container 和 row 类的作用。

- container 类用于约束内容的宽度，并使其在页面内居中。
- row 类用于封装三栏，并留出栏间的左右外边距。
- container 类和 row 类都设定了清除，因而它们可以包含浮动元素，同时清除之前的浮动元素。

现在，保存文件并运行 bootstrap watch 或 gulp 命令。在浏览器窗口宽度超过 768 像素时，应该看到下图所示的三栏布局。

Welcome!	Recent Updates	Our Team
Suspendisse et arcu felis, ac gravida turpis. Suspendisse potenti. Ut porta rhoncus ligula, sed fringilla felis feugiat eget. In non purus quis elit iaculis tincidunt. Donec at ultrices est.	Suspendisse et arcu felis, ac gravida turpis. Suspendisse potenti. Ut porta rhoncus ligula, sed fringilla felis feugiat eget. In non purus quis elit iaculis tincidunt. Donec at ultrices est.	Suspendisse et arcu felis, ac gravida turpis. Suspendisse potenti. Ut porta rhoncus ligula, sed fringilla felis feugiat eget. In non purus quis elit iaculis tincidunt. Donec at ultrices est.
See our portfolio	See what's new!	Meet the team!

把窗口缩小到 768 像素以下，又会看到三栏变成了一栏。

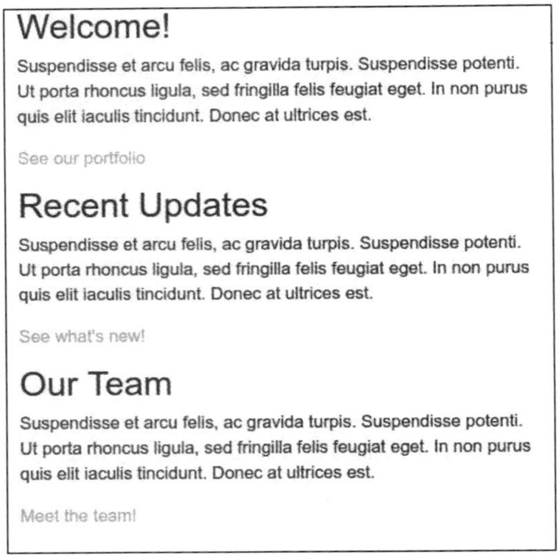

Welcome!

Suspendisse et arcu felis, ac gravida turpis. Suspendisse potenti. Ut porta rhoncus ligula, sed fringilla felis feugiat eget. In non purus quis elit iaculis tincidunt. Donec at ultrices est.

See our portfolio

Recent Updates

Suspendisse et arcu felis, ac gravida turpis. Suspendisse potenti. Ut porta rhoncus ligula, sed fringilla felis feugiat eget. In non purus quis elit iaculis tincidunt. Donec at ultrices est.

See what's new!

Our Team

Suspendisse et arcu felis, ac gravida turpis. Suspendisse potenti. Ut porta rhoncus ligula, sed fringilla felis feugiat eget. In non purus quis elit iaculis tincidunt. Donec at ultrices est.

Meet the team!

很好，这样就利用响应式网格系统完成了响应式分栏，接下来我们要利用 Bootstrap 的按钮样式，把内容分块中的链接做成突出的效果。

5.5　把链接变成按钮

把重要的内容链接转换成突出显示的按钮很简单。为此要用到如下几个关键的类。

- `btn` 类用于把链接变成按钮的样式。
- `btn-primary` 类用于把按钮变成主品牌颜色。
- `pull-xs-right` 类用于把链接浮动到右侧，使其在更大的空间内移动，从而更便于发现和点击。其中，`xs` 意味着该规则对所有宽度大于超小型断点（0 像素）的窗口，也就是所有宽度的视口均有效。相应地，`pull-md-right` 类则仅对宽度大于 768 像素视口环境中的元素设置浮动。

把上述这几个类添加到三个内容块末尾的链接中。

```
<p><a class="btn btn-primary pull-xs-right" href="#">See our portfolio</a></p>
```

保存文件，应该能够看到类似下图所示的结果。

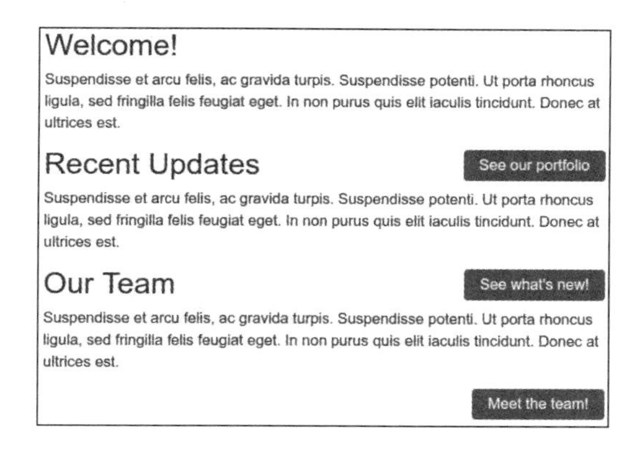

我们又前进了一大步。关键的内容元素已经基本成型了。

在基本的标记结构就位的前提下，接下来就可以进行微调了。为此需要用到定制的 CSS，而我们要借助威力强大的 Bootstrap 的 Sass 文件。不熟悉 Sass 也不必担心，下面会一步一步教你怎么做，你也可以回顾第 3 章的内容。

5.6 理解 Sass

接下来我们会学习组织、编辑、定制和创建一些 SCSS 文件，来为我们的设计生成期望的 CSS。

如果你不太了解 Sass，并希望深入学习，建议阅读本书作者的另一本书 *Sass and Compass Designer's Cookbook*，或者阅读官方文档 https://www.sass-lang.com。

简言之，使用 Sass 预处理器来生成 CSS 是一件既愉悦又轻松的事。下面我们具体讨论使用 Sass 的主要优势。

5.7 根据需要定制 Bootstrap 的 Sass 文件

在定制 Bootstrap 的 Sass 文件期间，我们会发挥很大的主观能动性，具体如下。

- 组织 scss 文件夹，以便灵活、自由地实现我们的需要，同时让将来的维护更方便。
- 定制 Bootstrap 提供的 Sass 变量。
- 创建几个定制的 Sass 文件。
- 为站点整合一套字体图标，并将图标运用于社交媒体链接。

换句话说，我们不光要学习应用 Bootstrap 的约定，还要发挥自己的创造力。

在本章的练习文件中，打开 scss 目录。打开后，可以看到下图所示的目录结构。

5

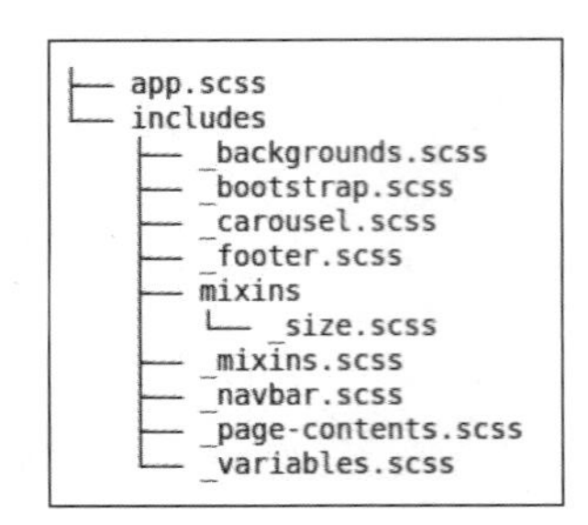

方便起见，先解释一下组织的新层级。我已经把 Bootstrap 的 Sass 文件提前集中保存到了 bower_components/bootstrap/scss/ 文件夹下面。你可以按接下来的章节将介绍的那样复用这些文件，但不应直接对其进行修改。保持原始的 Bootstrap 文件不变，可以让我们在保留自己的代码修改的情况下，方便升级 Bootstrap。

首先，app.scss 文件会引入两个局部文件。

```
@import "includes/variables";
@import "includes/bootstrap";
```

文件 include/_bootstrap.scss 是 bootstrap.scss 文件的修改版，它引入了其他所有的 Bootstrap 文件，将来就是通过编译所有引入的 Sass 文件来生成一个统一的样式表。而 include/_variables.scss 文件则是_variables.scss 文件的修改版，它包含 Bootstrap 中所有 Sass 变量的声明。由于 include/_variables.scss 文件先于_variables.scss 文件被引入，因此该文件中定义的变量会覆写 Bootstrap 中的默认值。

为什么要多此一举呢？因为我们很快就要修改 Bootstrap 中的默认值并创建自己的定制 Sass 文件了。这样一来，我们创建的文件就不会与 Bootstrap 内置的文件混淆，便于调整。

下面开始定制！首先定制 Bootstrap 变量及添加新变量。

定制变量

接下来，我们先复制一份 Bootstrap 的变量文件，然后按需要进行定制。

(1) 找到 scss 文件夹中的 includes/_variables.scss 文件，在编辑器中打开它。

(2) 浏览一下这个文件，会发现用以设置各种 CSS 值的变量，有定义基本颜色值的，有定义页面背景颜色的，有定义字体的，还有定义导航条高度和背景的，等等。看起来很好，但改动一下更妙。改动之前，我们先另存一个副本，保持 Bootstrap 默认变量完好，以便以后想恢复时使用。

然后，我们来调整配色。

(1) 在新的 includes/_variables.scss 文件的最开始，可以看到 Bootstrap 为灰色和品牌色定义的默认变量及值。

```
$gray-dark:         #373a3c;
$gray:              #55595c;
$gray-light:        #818a91;
$gray-lighter:      #eceeef;
$gray-lightest:     #f7f7f9;
```

(2) 我们知道自己想要的值，因此直接替换即可（你也可以尝试一下使用计算的值）。然后再增加两个变量，以涵盖我们需要的完整灰度范围。结果如下所示。

```
$gray-dark:       #454545;
$gray:            #777;
$gray-light:      #aeaeae;
$gray-lighter:    #ccc;
$gray-lightest:   #ededed;
```

(3) 接下来更新品牌颜色中的`$brand-primary`变量，将其改为金黄色。

```
// 品牌颜色
// -------------------------
$brand-primary:          #c1ba62;
```

(4) 如果已运行`bootstrap watch`（或`gulp watch`）命令，则保存includes/_variables.scss文件后浏览器会自动刷新，显示新的结果。

若一切顺利，链接的颜色和定义有`btn-primary`类的按钮的颜色将被设置为变量`$brand-primary`的值，这一变化最为引人注目。

定制导航条

下面，我们来编辑设定导航条高度、颜色和悬停效果的变量。

首先设定高度。默认情况下，导航条内边距的值为`$spacer/2`，而其整体高度则由字号和垂直方向的内边距决定。

在本地文件includes/_variables.scss中，搜索变量`$navbar-padding-vertical`并用以下方式修改，增加导航条的高度。

```
$navbar-padding-vertical: $spacer;
```

然后，设置导航条的背景色。html/includes/headers.html文件中导航条的HTML代码里会包含`bg-faded`类。我们的目的是将导航条的背景设置为白色，因此只需将此CSS类移除即可。body元素上已经定义好了背景色为白，因此我们无须对导航条背景属性做重复的工作。

除此之外，也可以用Sass和Bootstrap混入来创建新的`bg-white`类。创建新文件`scss/includes/_backgrounds.scss`并在其中编写以下SCSS代码。

```
@include bg-variant('.bg-white', #fff);
```

请注意，`bg-variant`混入的内部会使用`!important`语句来声明`background-color`和

color 属性。由于默认情况下 color 属性的值为#fff（白色），因此 bg-variant 混入这一方案并不灵活。相对而言，在 scss/includes/_navbar.scss 文件中直接设置导航条选择符的background-color 属性会更好。

```
.navbar {
  background-color: #fff;
}
```

导航条中的链接的颜色由 CSS 类.navbar-light 或.navbar-dark 来设置。对于背景色为暗色调的导航条来说，应当设置.navbar-dark 类；而对于背景色为亮色调的导航条来说，应当设置.navbar-light 类。html/includes/header.html 文件中导航条所设置的是.navbar-light 类，因此为了修改链接的颜色，需要修改 includes/variables.scss 文件中$navbar-light-*变量的值。

```
$navbar-light-color:              $gray;
$navbar-light-hover-color:        $link-hover-color;
$navbar-light-active-color:       $link-hover-color;
$navbar-light-disabled-color:     $gray-lighter;
```

请注意，我们之前修改过$gray 和$gray-lighter 变量的值，而$link-hover-color 变量的值则与$brand-primary 相同，均为#c1ba62。

若想在链接处于鼠标悬停或选中状态时改变其背景色，可用文本编辑器打开scss/includes/_navbar.scss 文件并执行以下步骤。

(1) 首先，用以下 SCSS 代码移除垂直方向的内边距。

```
.navbar {
  padding-top: 0;
  padding-bottom: 0;
}
```

(2) 然后，在.nav-link 选择符上设置内边距，并设置鼠标处于悬停或选中状态时的背景色。

```
.navbar {
  .nav-link
  {
    padding: $spacer;
    &:hover,
    &.active {
      background-color: $gray-lightest;
    }
  }
}
```

(3) 由于.navbar-brand 元素的字号较大，因此修正其内边距。

```
.navbar {
  .navbar-brand {
    padding: ($spacer - ((($font-size-lg - $font-size-base) * $line-height) / 2));
```

```
    }
}
```

若未运行 `bootstrap watch` 命令，现在运行它可在导航条中观察到以下新效果。

- 高度变为约 16 像素（2 × 1em）。
- 背景色变为白色。
- 导航条中的项在鼠标悬停或选中时，其背景色会发生变化。
- 在鼠标悬停或选中状态时，链接文本颜色会设置为网站的主色调，如下所示。

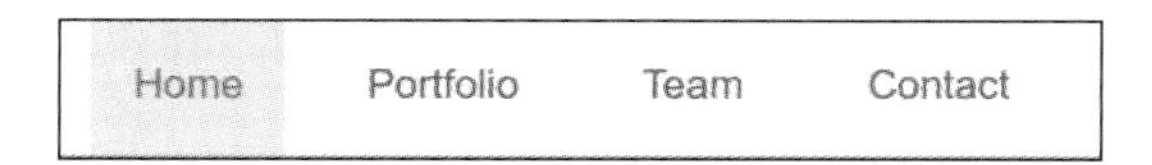

接下来，我们为网站添加 logo 图片。

5.8 添加 logo 图片

在 assets/images 文件夹里找到 logo.png 文件。你会发现这个图片非常大，有 900 像素宽。在我们最终的设计中，这个 logo 只有 120 像素宽。因为多出来的像素将被压缩到较小的空间内，所以这也是让图片在所有设备（包括视网膜屏设备）中保持清晰的一种简便方法。与此同时，这个图片的大小也针对 Web 进行了优化，只有 19 KB。

好，下面我们就把它放置到位并限制其宽度。

(1) 在文本编辑器中打开 html/includes/header.html。
(2) 搜索到导航条标记中这一行代码。

```
<a class="navbar-brand"href="index.html">Bootstrappin'</a>
```

(3) 把上述 HTML 替换成 `img` 标签，并添加 `alt` 和 `width` 属性。

```
<a class="navbar-brand" href="index.html"><img src="{{root}}/images/logo.png"
alt="Bootstrappin'" width="120"></a>
```

请确保使用 `width` 属性，并将宽度设置为 120 像素。否则页面上显示的图片将会异常巨大。

若未运行 `bootstrap watch` 命令，现在运行它即可看到 logo 图片效果。

Bootstrappin' Home Portfolio Team Contact

此时，导航条高度增加了，其底边也不再跟活动导航项的底边对齐了。这是因为 `navbar-brand` 类周围设定了内边距，我们需要再调整一下相应内边距的值。只需要以下简单几步。

(1) 再次用文本编辑器打开 scss/includes/_navbar.scss 文件。用以下方式修改 `bar-brand` 的内边距。

```
padding: ($spacer - ((2.16rem - ($font-size-base * $line-height)) / 2));
```

(2) 将图片宽度调整为 120 像素时，其高度会变成 34.51 像素左右，合 34.51/16=2.16rem。

Sass 的威力再次给我们留下深刻的印象。当然，我们也应当处理小型窗口中折叠的响应式导航条。将浏览器视口宽度调整至小于 768 像素。

此时，导航将如下图所示。

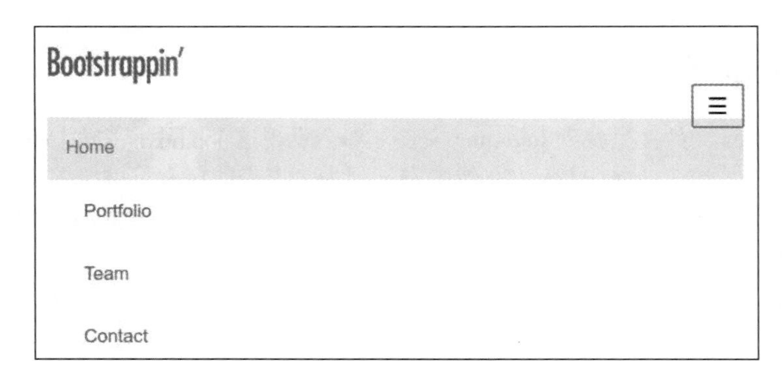

可以看到，logo 旁边的内边距过小，而切换按钮与 logo 之间也没有对齐。同样，我们将使用 Sass 来解决这些问题。打开 scss/includes/_navbar.scss 文件。还记得之前我们把导航条的垂直内边距设为 0 了吗？接下来，如以下代码所示，将相关的 CSS 声明封装到媒体查询规则中，使其仅对大视口有效。

```
@include media-breakpoint-up(md) {
  padding-top: 0;
  padding-bottom: 0;
}
```

如之前所解释的，作为 Bootstrap 中 Sass 混入的成员，`media-breakpoint-up` 混入会根据 Bootstrap 中的媒体查询范围来显示或隐藏相关元素。上述 SCSS 代码会编译成以下 CSS。

```
@media (min-width: 768px) {
  .navbar {
    padding-top: 0;
    padding-bottom: 0;
  }
}
```

至于 logo 和切换按钮之间的对齐问题，可将 logo 图片的 `display` 属性从 `block` 改为 `inline-block`。可以修改 scss/includes/_navbar.scss 文件中的以下 SCSS 代码。

```
.navbar {
  @include media-breakpoint-down(sm) {
    .navbar-brand,
    .nav-item {
      float: none;
      > img {
        display: inline-block;
      }
    }
  }
}
```

最后，在浏览器中查看 scss/includes/_navbar.scss 文件的最新版本，结果如下图所示。

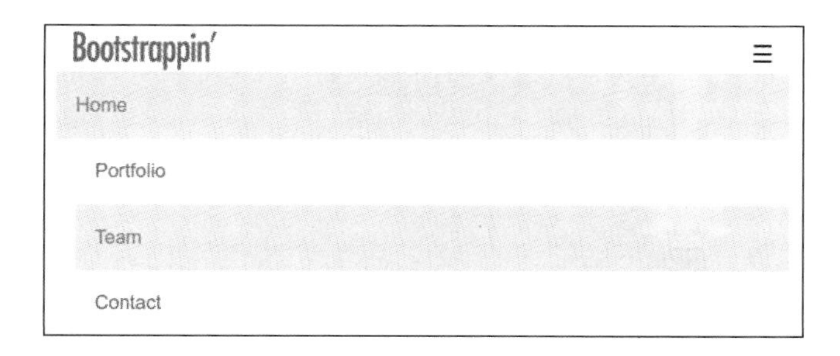

下面处理图标。

5.9 添加图标

现在轮到为导航添加图标了。Bootstrap 4 中不再包括 Bootstrap 3 附带的 Glyphicon。我们将使用由 Font Awesome 提供的大型图标库。你也可以在网络上找到别的字体图标库。

在写作本书时，Font Awesome 包含 628 个图标。Font Awesome 图标免费、开源，并且适于在 Bootstrap 中使用。

下面我们就来使用 Font Awesome 图标。

第 2 章介绍过用 CDN 来加载 Font Awesome 的方式。本章我们将把 Font Awesome的 CSS 代码编译进 app.css 主文件中。

(1) 首先，运行以下命令，在项目文件夹中安装 Font Awesome。

```
bower install font-awesome --save
```

(2) 然后，即可在 scss/app.scss 中引入 Font Awesome 的主 SCSS 文件。

```
@import "includes/variables";
@import "font-awesome/scss/font-awesome.scss";
@import "includes/bootstrap";
@import "includes/navbar";
```

(3) 最后，将字体文件复制到 assets 文件夹中。

```
cp bower_components/font-awesome/fonts/* assets/fonts/
```

(4) Font Awesome 的 scss 文件会用一个变量指定 Web 字体的路径。我们需要检查该变量，以确保变量值与项目的文件结构相符。在 scss/includes/_variables.scss文件中，检查确认变量 `$fa-font-path` 的值设置为 `../fonts`。

```
$fa-font-path:    "../fonts";
```

该路径是相对于编译后的 CSS 文件而言的，在本例中，它指向我们的 css 目录。至此，即可在 html/includes/header.html 文件中用 Font Awesome 图标 fa-group 来表示导航条中的“团队”项，需要一个单独的 `fa` 类：`<i class="fa fa-group"></i> Team`。

(5) 将更改保存至 html/includes/header.html 文件，然后刷新浏览器。

如果一切顺利，应该看到如下结果。

如果你看到的是一个奇怪的图标符号，或者什么也没看到，那说明 Web 字体并没有应用。这时候，要检查一下图标类是否正确(包括 `fa` 类)，确保 Font Awesome 字体都在 fonts 目录中，而且要确保 scss/includes/_variables.scss 中的路径也没有问题。

在 html/includes/header.html 文件中调整所使用的图标标记，使用需要的 Font Awesome 图标。

可以访问 Font Awesome 的图标集页面 http://fortawesome.github.io/Font-Awesome/icons/，选择自己所需的图标。在本例中，导航条所使用的图标如下。

```
<i class="fa fa-home"></i> Home
<i class="fa fa-desktop"></i> Portfolio
<i class="fa fa-group"></i> Team
<i class="fa fa-envelope"></i> Contact
```

效果如下图所示。

导航条就这样设计完成了，或者说基本完成了。因为我们在不经意间又制造了一个不得不解决的小麻烦。在继续之前，必须先把它及时处理掉。

接下来该调整传送带了。

5.10　调整传送带样式

关于传送带，我们主要还是使用 Bootstrap 默认的样式，同时对几个比较重要的地方进行定制。为此，我们将创建一个名为_scss/includes/carousel.scss 的新文件，并将其引入到 scss/app.scss 文件里。

下面，我们来定制和美化传送带。

5.10.1　添加上、下内边距

先为`.carousel`元素添加一点上、下内边距，并将背景色设置为`@gray-lighter`。

```
.carousel {
  padding-top: 4px; // added
  padding-bottom: 28px; // added
  background-color: @gray-lighter; // added
}
```

保存并刷新后（运行`bootstrap watch`或`gulp`命令），透过新添加的内边距，可以看到传送带中图片上、下方的浅灰色背景。这样就似乎有了一个框，将图片与其上、下的元素隔离开来。此外，我们还要利用多出来的下内边距重新定位传送带指示器，让它更显眼一些。

下面该调整传送带指示器了。

5.10.2　重定位传送带指示器

传送带指示器的作用是向用户显示幻灯片的数量，当前幻灯片是第几张。现在，指示器很难看清楚，仔细看才会发现它位于作品展示图片底部中间。

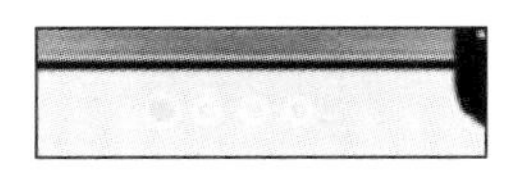

请注意，以上图片边框颜色被临时设置为白色。

```
.carousel-indicators li {
  border: 1px solid white;
}
```

下面我们把指示器放到它应该在的位置：图片下方。

(1) 我们打算把它们挪到几乎靠近底边的位置，进入前面添加内边距制造出来的浅灰色区。调整底部定位的值可以实现。此外，还需要同时把下外边距重置为 0。在文件_scss/includes/carousel.scss 中编写以下 SCSS 代码。

```
.carousel-indicators {
  position: absolute;
  bottom: 0;
  margin-bottom: 0;
}
```

(2) 保存文件，如果 `bootstrap watch` 命令已运行，则浏览器会自动刷新

这样就达到了我们的目的。现在，指示器在各种屏幕上都处于所期望的位置。

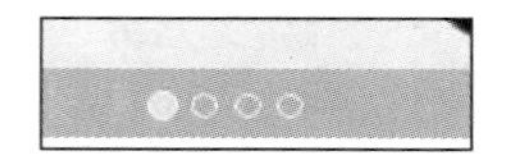

接下来调整指示器的外观，让它们更大、更显眼一些！

5.10.3　调整指示器样式

我们要使用灰色相关的变量，把传送带指示器调整得更显眼一些。除了调整颜色，也要增加尺寸。就从 scss/includes/_variables.scss 文件开始吧。

(1) 在 scss/includes/_variables.scss 中，位于`$carousel-control` 相关变量后面，可以看到两个以`$carousel-indicator` 开头的变量，这两个颜色用于默认状态下指示器的边框，还有选中状态下指示器的背景填充。

```
$carousel-indicator-active-bg:          #fff;
$carousel-indicator-border-color:       #fff;
```

(2) 我们在这里添加一个默认的背景颜色变量，并使用`$gray-light` 值作为默认状态下指示器的填充色。

```
$carousel-indicator-bg:           $gray-light;
```

(3) 然后，修改选中状态下的背景色。

```
$carousel-indicator-active-bg:     $gray-lightest;
```

(4) 最后，把边框色颜色设置为透明。

```
@carousel-indicator-border-color: transparent;
```

(5) 保存，编译并刷新。

至此，除了让活动状态下的指示器不可见，其他样式都就绪了。

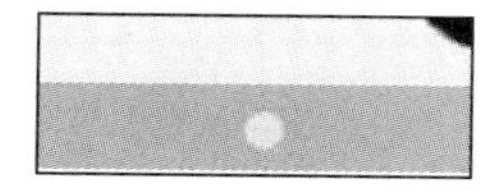

下面，再打开_scss/includes/_carousel.scss 文件。

(1) 在_scss/includes/_carousel.scss 文件中，找到`.carousel-indicators`下面的第一组规则。

```
.carousel-indicators {
  position: absolute;
}
```

(2) 找到嵌套其中的`li`选择符。在这里需要修改几个值。执行以下操作。

- 把`width`和`height`增大到 16 像素。
- 删除外边距。
- 添加`background-color`声明，值设置为新变量`$carousel-indicator-bg`。
- 删除边框线（前面把边框变量设置为透明，就是为了这里安全）。
- 通过以下代码片段实现修改。

```
.carousel-indicators {
  position: absolute;
  bottom: 0;
  margin-bottom: 0;
  li {
  background-color: $carousel-indicator-bg;
  &,
    &.active {
      border: 0;
      height: 16px;
      width: 16px;
      margin: 0;
    }
  }
}
```

(3) 在 Bootstrap 默认的 CSS 中，与普通的指示器相比（10 像素），当前选中的指示器会更大一些（12 像素）。由于这一设定，我们需要将所有的指示器大小都设置为新的值（16 像素）。可以用像之前代码片段中的 Sass 和父引用实现这一点。SCSS 代码片段示例如下。

```
.selector {
  &,
  &.active,
  &.otherstate {
    property: equal-for-all-states;
  }
}
```

(4) 该 SCSS 代码会编译成以下 CSS。

```
.selector, .selector.active, .selector.otherstate {
  property: equal-for-all-states;
}
```

保存，看看结果吧！

传送带的调整工作完成啦！一路下来，我们也学到不少东西：很多关于 Bootstrap 的约定，还有一些关于 Sass的用法。

接下来，事情就越来越简单了。

5.11　调整分栏及其内容

下面我们来调整一下位于标题 Welcome!、Recent Updates 和 Our Team 下面的三个内容块。

(1) 首先，为每个块中的按钮添加圆圈箭头图标。还记得我们可以使用 Font Awesome 挑选图标吧！

(2) 查看 Font Awesome 文档（http://fortawesome.github.io/Font-Awesome/icons/），可以找到我们想使用的图标。

arrow-circle-right

(3) 在 html/pages/index.html 文件中，为每个链接添加带有适当类的 i标签。下面是为第一个链接添加代码后的结果，清晰起见，元素间加了回车换行。

```
<p>
  <a class="btn btn-primary pull-right" href="#">
    See our portfolio  <i class="fa fa-arrow-circle-right"></i>
  </a>
</p>
```

(4) 对每个链接都如此操作。

这样，三个按钮上就有相同的图标了。

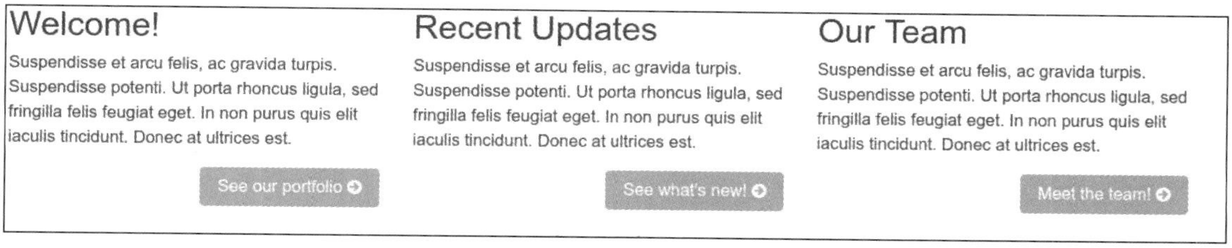

Welcome!

Suspendisse et arcu felis, ac gravida turpis. Suspendisse potenti. Ut porta rhoncus ligula, sed fringilla felis feugiat eget. In non purus quis elit iaculis tincidunt. Donec at ultrices est.

See our portfolio

Recent Updates

Suspendisse et arcu felis, ac gravida turpis. Suspendisse potenti. Ut porta rhoncus ligula, sed fringilla felis feugiat eget. In non purus quis elit iaculis tincidunt. Donec at ultrices est.

See what's new!

Our Team

Suspendisse et arcu felis, ac gravida turpis. Suspendisse potenti. Ut porta rhoncus ligula, sed fringilla felis feugiat eget. In non purus quis elit iaculis tincidunt. Donec at ultrices est.

Meet the team!

再为文本块与传送带之间增加一些垂直内边距，现在太挤了。

当前的问题是，相关的样式放在哪里最合适？为页面中的内容部分添加额外的内边距在目前和以后都是经常可能发生的，所以我们最好创建一个 Sass 文件，用于保存这些及其他改动。（巧的是，我们也正需要一个这样的文件，用以添加额外的、更重要的响应式调整，看来真有必要创建一个新文件了。）

(1) 创建一个新文件，命名为 scss/includes/_page-contents.scss。

(2) 把它保存到 scss 文件夹中，与其他定制 Sass 文件放在一起。

<image of the directory scss>

(3) 在文件中添加以下注释。

```
//
// 页面内容
// ------------------------
```

(4) 然后，写一个让人一目了然的类名，再加上适当的内边距——包括下内边距。

```
.page-contents {
  padding-top: 20px;
  padding-bottom: 40px;
}
```

(5) 保存文件。

(6) 把 scss/includes/_page-contents.scss 文件引入到 scss/main.scss 文件中。这里把引入代码放到文件最下面，同时加上注释。

```
// 其他定制文件
@import "includes/page-contents";
```

(7) 下面在标记中添加必要的类。打开 html/pages/index.html，为带有 `container` 类的 `div` 元素添加 `page-contents` 类，就在传送带之后。

```
{{> carousel}}<!-- /#homepage-feature.carousel -->
<div class="page-contents container">
  <div class="row">
```

保存并刷新浏览器，应该看到内边距已经加上了。

接下来调整窄屏幕下这些块的效果。如下图所示，在一栏布局时，标题并没有清除浮动的按钮。

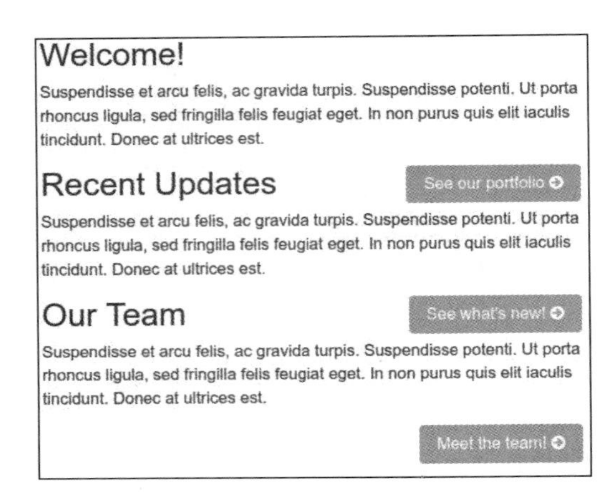

这个问题有点棘手。我们本想为每个包含块 div 添加一个 clearfix 类，但不能这么做，因为当视口在 768 像素及以上宽度时，需要让这些块都浮动起来，谁也不能清除谁。

这时候就要用到媒体查询了。因为三栏布局是从中型断点，也就是768像素开始的。我们可以用媒体查询来进行设置，当视口比这个断点小1像素时，就对文本块应用清除规则。如之前所讲的，可以用 Bootstrap 中媒体查询相关的 Sass 混入来实现这一效果。

除此之外，最好再为这几栏添加一些下内边距，让它们垂直堆叠时，相互之间有点空隙。

在我们的媒体查询混入中，将使用 CSS2 的属性选择符来选择类中包含 col-的所有元素，从而让同一组规则能够应用至任何尺寸的分栏。

```
.page-contents {
  padding-top: 20px;
  padding-bottom: 40px;
  @include media-breakpoint-down(sm) {
    [class*="col-"] {
      clear: both;
      padding-bottom: 40px;
    }
  }
}
```

保存并刷新。结果大为改善！

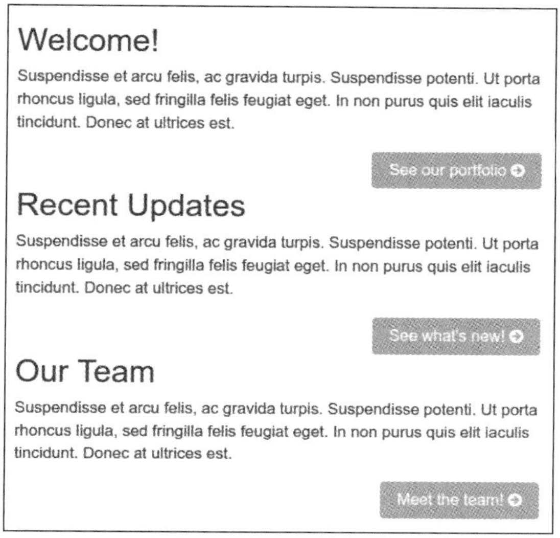

效果好多了！下面修饰页脚。

5.12 调整页脚样式

页脚最主要的功能就是罗列社交图标。就用 Font Awesome！

查询 Font Awesome 文档，可以在 Brand Icons 部分找到我们想到的图标：http://fortawesome.github.io/Font-Awesome/icons/#brand。

只要把页脚文件 html/includes/footer.html 中的社交链接替换成带有相应类的 i 元素即可。

```
<ul class="social">
  <li><a href="#" ><i class="fa fa-twitter"></i></a></li>
  <li><a href="#" ><i class="fa fa-facebook"></i></a></li>
  <li><a href="#" ><i class="fa fa-linkedin"></i></a></li>
  <li><a href="#" ><i class="fa fa-google-plus"></i></a></li>
  <li><a href="#" ><i class="fa fa-github-alt"></i></a></li>
</ul>
```

替换之后的标记让原来的社交链接变成了图标链接。

为了让这些图标水平排列并居中，执行下列操作。

(1) 创建一个新文件 scss/includes/_footer.scss 来管理相关样式。
(2) 把这个文件保存到 scss 目录中。
(3) 在_main.less 中添加引入这个文件的变量。

```
// 其他定制文件
@import "includes/navbar";
@import "includes/carousel";
@import "includes/page-contents";
@import "includes/footer";
```

接下来就可以写样式了。我们先列出样式，然后解释。

```
//
// 页脚
// --------------------------

ul.social {
  margin: 0;
  padding: 0;
  width: 100%;
  text-align: center;
  > li {
    display: inline-block;
    > a {
      display: inline-block;
      font-size: 18px;
      line-height: 30px;
      @include square(30px); // 见 includes/mixins/_size.scss
      border-radius: 36px;
      background-color: $gray-light;
      color: #fff;
      margin: 0 3px 3px 0;
      &:hover,
      &:focus    {
        text-decoration: none;
        background-color: $link-hover-color;
      }
    }
  }
}
```

由于 Bootstrap 会在 Sass 中尽量避免使用元素选择符和子元素选择符，上述 SCSS 代码可以重写为：

```
.social {
  margin: 0;
  padding: 0;
  width: 100%;
  text-align: center;
}
```

```
.social-item {
  display: inline-block;
}

.social-link {
  display: inline-block;
  font-size: 18px;
  line-height: 30px;
  @include square(30px);
  // 见 includes/mixins/_size.scss
  border-radius: 36px;
  background-color: $gray-light;
  color: #fff;
  margin: 0 3px 3px 0;
  @include hover-focus {
    // bootstrap/scss/mixins/_hover.scss
    text-decoration: none;
    background-color: $link-hover-color;
    color: #fff;
  }
}
```

当把新的 SCSS 代码编译成 CSS 代码后，需要修改相应的 HTML 代码。按以下方式，编辑 html/includes/footer.html 文件中页脚的 HTML，代码片段如下所示。

```
<ul class="social">
  <li class="social-item"><a href="#" class="social-link" ><i
class="fa fa-twitter"></i></a></li>
  <li class="social-item"><a href="#" class="social-link" ><i
class="fa fa-facebook"></i></a></li>
  <li class="social-item"><a href="#" class="social-link" ><i
class="fa fa-linkedin"></i></a></li>
  <li class="social-item"><a href="#" class="social-link" ><i
class="fa fa-google-plus"></i></a></li>
  <li class="social-item"><a href="#" class="social-link" ><i
class="fa fa-github-alt"></i></a></li>
</ul>
```

下面对 SCSS 进行逐行解释。

- 去掉 `ul` 中默认的内、外边距。
- 将容器宽度拉伸到100%。
- 内容居中排列。
- 列表项显示为行内块，因此可以像文本一样居中。
- 链接也显示为行内块，从而可以填满有效空间。
- 增大字号和行高。
- 使用 Boostrap 3 中复制过来的混入，将宽度和高度设计为 30 像素见方。
- 要查看这个混入，打开 includes/mixins/_size.scss，可以看到下列代码。

```
// 调整快捷键大小

@mixin size($width, $height) {
  width: $width;
  height: $height;
}
@mixin square($size) {
  @include size($size, $size);
}
```

- border-radius 属性的值设置得足够大，以便图标及其背景呈现为圆形。
- 设置背景色、前景色和外边距属性。
- 去掉悬停和焦点状态默认的下划线，同时把背景色改为浅灰色。

设置以上样式后，我们再为页脚添加一些上、下内边距，然后将内容居中排列，以便 logo 在社交图标上面居中显示。

```
footer[role="contentinfo"] {
  padding-top: 24px;
  padding-bottom: 36px;
  text-align: center;
}
```

结果如下所示。

Bootstrappin'

5.13　接下来做什么

在实际做一个类似的项目之前，我强烈建议大家至少再做一件事，那就是花点时间优化你的图片、CSS 和 JavaScript。这些步骤并不难。

- 压缩图片花不了多少时间，却能最大程度地避免图片臃肿的问题。本章中的图片都使用了 Photoshop 中的“保存为 Web 格式”，但或许你还是能够再把它们压缩一些。第 2章已经介绍过如何在 gulp 构建流程里添加图片压缩任务。
- 此外，应该马上从 scss/includes/_bootstrap.scss 中删除那些不需要的 Bootstrap 的 Sass 文件，然后压缩 main.css 文件。
- 最后，还要对 plugins.js 文件进行“瘦身”，把 Bootstrap 原来大而全的 bootstrap.min.js 文件替换成只包含我们用到的 carousel.js、collapse.js 和 transitions.js 的压缩版。然后再压缩最终的 plugins.js 文件。

完成以上三项优化，整个网站的体量将大致缩小一半。在“速度就是生命”的年代，既要考虑用户留存，又要考虑 SEO 排名，实现如此大幅度的优化确实不得了。如需了解处理代码以适配生产环境的相关知识，可参考第 2 章的内容。

此外，还有一个非常实际的措施，或许你也应该考虑：众所周知，触摸屏设备的用户喜欢用手指来回扫屏来切换传送带图片。

不过现在，我们可以先停一下，庆祝一番。

5.14　小结

下面我们梳理一下本章的成就。我们使用 Bootstrap CLI，借助 Panini、Sass 和 Gulp 创建了一个新的 Bootstrap 项目。之后，我们利用了 Bootstrap 的响应式导航条、传送带和网格系统，定制了一些 Bootstrap 的 Sass 代码和混入文件。此外，我们还创建了自己的 Sass 文件，并将它们无缝集成到了项目中。最后，还在工作流程加入了 Font Awesome 字体图标。做完这一切后，就实现了一个未来容易维护的网站。网站的文件组织非常稳健，并且没有出现代码臃肿的现象。

有了这些经验，你就真的可以让 Bootstrap 为你所用了：利用它可以加速网站开发，然后定制核心内容。在本书后面几章里，我们还将继续丰富你的经验。接下来，我们先考虑把本章的设计转换成一个复杂的企业网站主页。

第 6 章

企业网站

上一章制作了个人作品展示站点。本章，我们要充实这个作品展示站点，补充一些项目，以展示我们的能力。换句话说，我们要构建一个复杂的企业主页。

建议大家花点时间看一看下面几家成功企业的网站主页。

- Zappos（http://zappos.com）
- Amazon（http://amazon.com）
- Adobe（http://adobe.com）
- HP（http://hp.com）

尽管这些网站各有特色，但共同的一点就是它们都很复杂。

如果按照页面区域划分，可以将这些网站的主页分成三部分。

- **页头区**：这一部分包含 logo、带下拉菜单的主导航、二级或实用链接导航，以及登录或注册选项。
- **主内容区**：这一部分布局复杂，至少三栏。
- **页脚区**：包含多栏链接和信息。

我们必须能够掌控这些复杂性。为此，需要充分利用 Bootstrap 的 12 栏响应式网格系统。

以下是我们打算要构造的设计在中、宽视口中的效果。

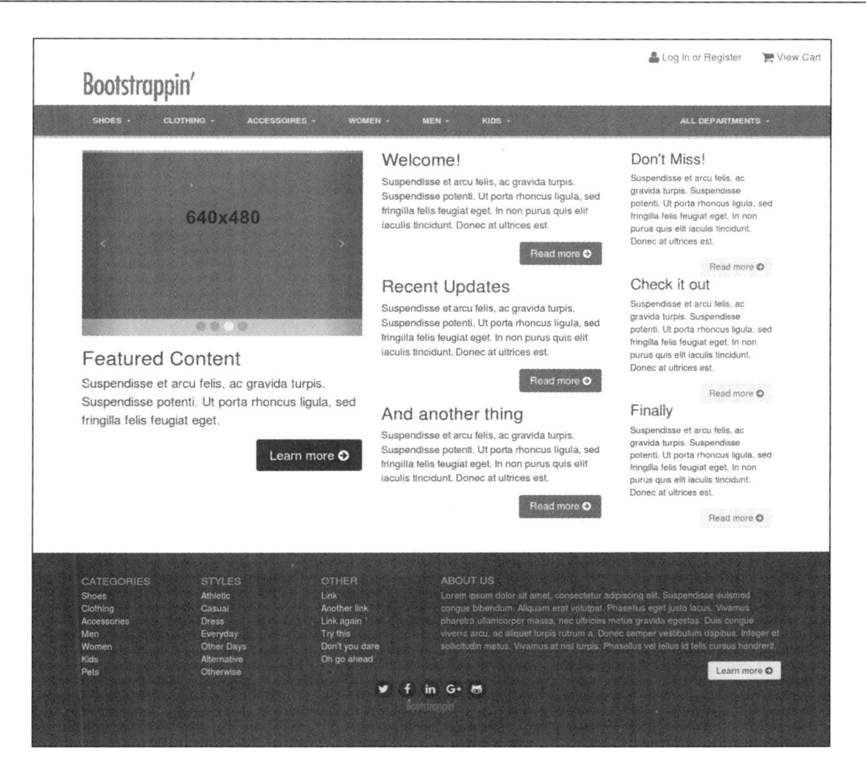

在窄视口中，页面会发生相应变化，如下图所示。

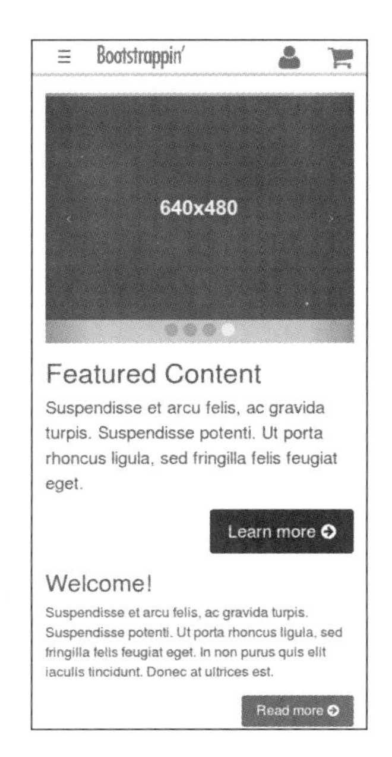

接下来，我们需要做以下这些事。

(1) 以第 5 章的设计为起点。
(2) 创建复杂的页头区，包括 logo、导航以及右上角的实用导航（桌面视口中）。
(3) 在较窄的视口中，实用导航只显示为图标，与折叠后的响应式导航条并列。
(4) 实现企业风格的配色方案。
(5) 调整响应式及桌面版导航条。
(6) 为主内容区和页脚区设置复杂的多栏布局。

先做最核心的工作吧——准备项目的启动文件。

6.1 准备启动文件

与本书中的其他项目一样，本章的启动文件也可以从 Packt Publishing 网站下载：http://www.packtpub.com/support。下载后解压缩，找到文件夹 chapter6/start 。

这些文件源自第 5 章，因此已经具备了以下重要组件。

- 包括 Sass 编译器和 Panini 模板引擎在内的完整构建流程。
- Bootstrap 的 SCSS 和 JavaScript 文件。
- Panini HTML 模板。

除了以上重要的资源之外，我们还在构造第 5 章时添加过一些定制的 Sass 文件，可以在 scss 和 scss/includes 目录中找到它们。

- _main.scss：引入了位于 bower_components/bootstrap/scss 目录中的 Bootstrap 的 Sass 文件、Font Awesome 字体图标和我们定制的 Sass 文件。
- _carousel.scss：定制了传送带的内边距、背景和指示图标。
- _footer.scss：包含 logo 及社交媒体图标的布局和设计样式。
- _navbar.scss：在 `.navbar-brand` 类中调整了内边距，以使导航条中的 logo 位置合适。
- _page-contents.scss：其中的样式确保了每一栏中的浮动按钮在窄单栏布局的情况下相互清除。
- _variables.scss：基于 Bootstrap 和 variables.less，针对导航条和传送带定制了灰色，调整了变量。

使用的 Font Awesome 字体图标资源如下。

- fonts 文件夹中的图标字体。
- bower_components/font-awesome 文件夹中的 Sass 文件。

可以运行以下命令，使用这些文件。

```
bower installing
npm install
```

之后，可以运行 `npm start` 或 `bootstrap watch` 命令，编译项目并在浏览器中观察改变。

6.2 搭建基础设计

我们从修改第 5 章的成果开始，预期达到下图所示的效果。

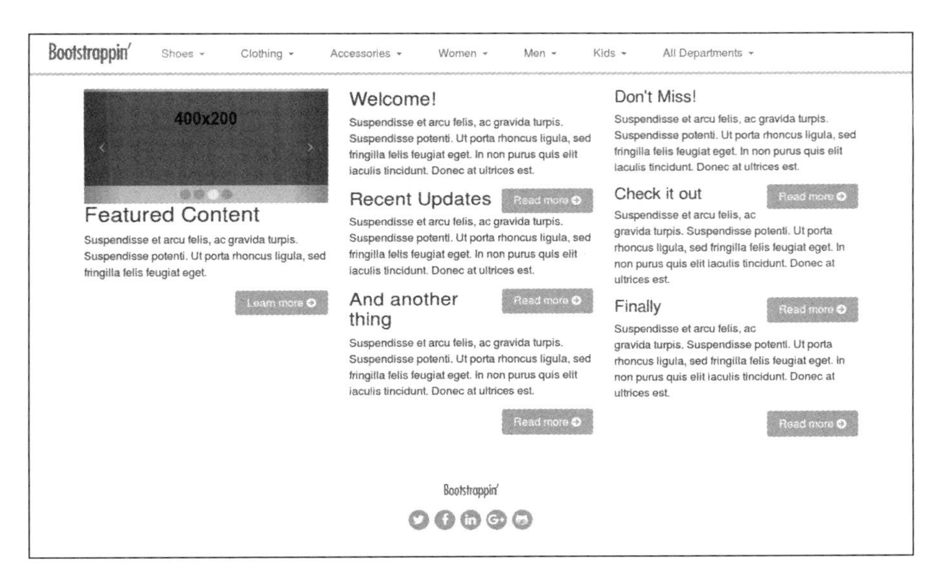

下面说明一下相关特性。

- 导航条很复杂，有 7 个主导航项，每一项都有下拉菜单。
- 三栏中的第一栏开头是一个传送带，后面是一个标题、一个段落和一个按钮。
- 第二和第三栏都包含标题和段落，以及“Read more →”按钮。
- 页脚包含 logo 和社交媒体图标。

我们必须重新组织第 5 章项目文件中的元素。传送带已经变小了，宽度被包含它的栏所限制。除此之外，标记没有本质上的变化。

6.2.1 在导航条中添加下拉菜单

Bootstrap 中的 JavaScript 下拉插件可以让我们轻松地创建下拉菜单。还可以把该下拉菜单添加到导航条中。

在文本编辑器中打开 html/includes/header.html 文件。请注意，我们的 Gulp 构建流程会使用

Panini这一基于Handlebars模板语言的HTML编译器，将HTML模板转换成HTML网页。在Panini模板文件中，可以使用帮助类、迭代器和定制的数据。本例中，我们将借助Panini创建拥有下拉菜单的导航条项目。

首先，创建名为html/data/productgroups.yml的文件，并在其中保存导航条的栏目名称。

```
- Shoes
- Clothing
- Accessories
- Women
- Men
- Kids
- All Departments
```

上述代码的格式为YAML。YAML是一种易读的、受编程语言和XML启发的序列化语言。可以访问http://yaml.org/，了解更多相关信息。

基于上述数据，可以编写HTML模板代码来创建导航条栏目。

```
<ul class="nav navbar-nav navbar-toggleable-sm collapse"id="collapsiblecontent">
  {{#each productgroups}}
  <li class="nav-item dropdown {{#ifCond this'Shoes'}}active{{/ifCond}}">
    <a class="nav-link dropdown-toggle" data-toggle="dropdown" href="#"
      role="button" aria-haspopup="true" aria-expanded="false">
      {{ this }}
    </a>
    <div class="dropdown-menu">
      <a class="dropdown-item" href="#">Action</a>
      <a class="dropdown-item" href="#">Another action</a>
      <a class="dropdown-item" href="#">Something else here</a>
      <div class="dropdown-divider"></div>
      <a class="dropdown-item" href="#">Separated link</a>
    </div>
  </li>
  {{/each}}
</ul>
```

上述代码使用了`each`循环语句来创建7个导航条栏目，并为它们各自都添加了下拉菜单。其中，Shoes菜单被设置为当前活动状态。默认情况下，Handlebars和Panini都不支持比较判断语句。模板中的`if`语句只接受一个值作为参数，但你也可通过增加定制帮助类来实现比较判断语句的效果。可以查看html/helpers/ifCond.js文件，了解定义了`ifCond`语句的定制帮助类。可以访问http://bassjobsen.weblogs.fm/set-panini-different-environments/，阅读拙文“How to set up Panini for different environments”，学习更多有关Panini和定制帮助类的知识。

至于下拉菜单所需的HTML代码，则基本与下拉插件文档中所描述的一致：https://getbootstrap.com/docs/4.3/components/dropdowns/。

在小尺寸屏幕下，导航条会发生折叠。而下拉菜单的样子则保持不变。

设置页眉的下边框

可以创建一个新的 Sass 局部文件，并在其中编写以下 SCSS 代码，为页眉设置一条明显的边界线。

```
header[role="banner"] {
  border-bottom: 4px solid $gray-lighter;
}
```

6.2.2 用 holder.js 添加图片

相对难一点的地方是这里使用了一个 JavaScript 插件 holder.js，目的是为传送带动态生成占位图片。

可以运行以下命令，用 Bower 安装 holder.js 插件。

```
bower install holderjs --save-dev
```

安装成功后，可以使用 Gulpfile.js 文件中的 `compile-js` 任务，将该插件跟其他 JavaScript 代码一起链接到 app.js 文件中。

```
gulp.task('compile-js', function() {
  return gulp.src([
        bowerpath+ 'jquery/dist/jquery.min.js',
        bowerpath+ 'tether/dist/js/tether.min.js',
        bowerpath+ 'bootstrap/dist/js/bootstrap.min.js',
        bowerpath+ 'holderjs/holder.min.js', // Holder.js for project
        development only
        'js/main.js'])
    .pipe(concat('app.js'))
    .pipe(gulp.dest('./_site/js/'));
});
```

如果查看标记，就会发现在页面底部 plugins.js 插件之前，我们包含了这个 holder.js 脚本。

```
<!-- Holder.js for project development only -->
<script src="js/vendor/holder.js"></script>
```

最终的产品站点中是不使用占位图片的，因此单独给它注释出来很有必要。

加载了 holder.js 之后，就可以方便地把 holder.js 作为任意图片的来源。然后使用伪 URL 指定大小、颜色和填充文本，如下所示。

```
<img src="holder.js/600x480/auto/vine/textmode:literal" alt="Holder Image">
```

更多信息可参考 holder.js 的文档：https://github.com/imsky/holder。

有了这些元素，尤其是 Bootstrap 内置的样式和行为，我们的起点就非常高了。下面来处理细节。

首先，我们重新定位导航条，复杂化页头的设计。

6.3 创建复杂的页头区

下面我们从上到下，先创建复杂的页头区，其包括如下特性。

- 在桌面及较大视口中，让站点 logo 显示在导航条之上。
- 包含菜单项的导航条，每个菜单项又都包含下拉菜单。
- 实用导航区。
- 带用户名和密码的登录表单。
- 注册选项。

以下是桌面视口中的目标结果。

窄视口中的目标结果如下。

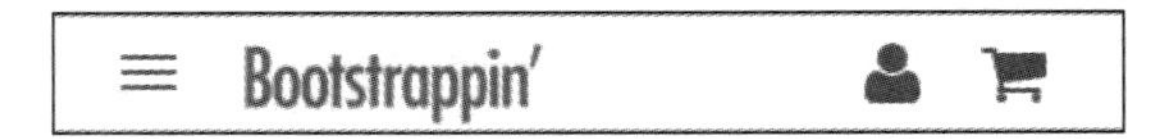

我们从放置站点 logo 开始。

6.3.1 把 logo 放到导航条上方

在这个设计方案里，logo 可能出现在两个地方，视情况而定。

- 在桌面和宽屏视口中，显示在导航条上方。
- 在平板和手机视口中，显示在响应式导航条内部。

利用 Bootstrap 的响应式工具类，这两点我们都可以做到！方法如下。

(1) 在编辑器中打开 html/includes/header.html 文件。

(2) 将 logo 和切换按钮移到 nav 元素外面，并用<div class="container">...</div>封装起来，使其被限制在 Bootstrap 居中的网格内部。

(3) 删除用于显示 logo 的 img 元素的 width 属性。

(4) 对于<ul class="nav navbar-nav"></ul>元素，也用<div class="container">...</div>封装起来。

(5) 在第 2 个<div class="container">...</div>元素上添加 navbar-toggleable-sm 和 collapse 类。

(6) 最后，html/includes/header.html 文件中的 HTML 代码如下所示。

```
<header role="banner">
<div class="container">
  <button class="navbar-toggler hidden-md-up" type="button"
data-toggle="collapse" data-target="#collapsiblecontent">
  ≡
  </button>
  <a class="navbar-brand" href="/"><img src="{{root}}/images/logo.png"
alt="Bootstrappin'"></a>
</div>
<nav class="navbar navbar-full" role="navigation">
  <div class= "container navbar-toggleable-sm collapse"
  id="collapsiblecontent">
    <ul class="nav navbar-nav">
      ...
    </ul>
  </div>
</nav>
</header>
```

(7) 完成对 HTML 的修改后，即可再次借助 Sass，根据视口的大小来调整 logo 的样式。编辑 scss/includes/_header.scss 文件中的以下 SCSS 代码。

```
header[role="banner"] {
  .navbar-brand {
  > img {
      width: 120px;
      padding-left: $spacer-x;
      @include media-breakpoint-up(md) {
```

```
          padding-left: 0;
          width: 180px;
        }
      }
    }
  }
```

在上述步骤中，我们使用了一些 Bootstrap 中预定义好的 CSS 类。其中，`hidden-md-up` 类会在中型及更大的窗口中隐藏内容，因此可以让切换按钮仅在小视口中显示。与此相对，`navbar-toggleable-sm` 类则仅在小和超小视口中有效。

在较窄的视口中，logo 宽度为 120 像素；而在中及更大尺寸的视口中，logo 的左侧内边距会被移除，其宽度也会调整为 180 像素。

原始 logo 图片其实很大，约 900 像素宽。为了让它在视网膜屏上显示清晰，我们已经使用 `width` 属性（使用 CSS 规则也行）把它缩小到了 120 像素宽，以保证足够的像素密度。

保存修改，然后在浏览器中刷新页面。应该可以在导航条上看到预期的结果。在中视口及更大尺寸的视口中，显示的会是大尺寸的 logo。

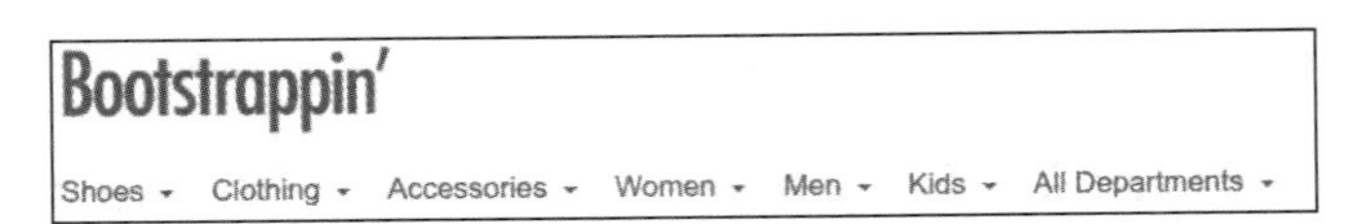

在小和超小视口中，会显示小尺寸的 logo。

Bootstrap 太棒啦！

下面我们来调整导航条。

6.3.2　调整导航条

现在的导航条包含 7 项，每项又各有子菜单，反映了一个大型复杂网站的需求。

其中下拉菜单的标记直接取自 Bootstrap 的下拉组件文档：http://getbootstrap.com/components/dropdowns/。

如果你查看结果标记，会发现以下特殊的类和属性。

- 父级 `li` 元素中的 `class="dropdown"`。

- 链接中的 class="dropdown-toggle"。
- 链接中的 attribute="data-toggle"。
- 子菜单 div 中的 class="dropdown-menu"。
- 每个下拉菜单项的 class="dropdown-item"。

结果标记如下。

```
<li class="nav-item dropdown">
  <a class="nav-link dropdown-toggle" data-toggle="dropdown" href="#"
  role="button" aria-haspopup="true" aria-expanded="false">Shoes</a>
  <div class="dropdown-menu">
    <a class="dropdown-item" href="#">Action</a>
    <a class="dropdown-item" href="#">Another action</a>
    <a class="dropdown-item" href="#">Something else here</a>
    <div class="dropdown-divider"></div>
    <a class="dropdown-item" href="#">Separated link</a>
  </div>
</li>
```

另外请注意，如第 3 章所提到的，用于下拉菜单指示器的小三角是由 CSS 实现的。Bootstrap中创建相关小三角的 SCSS 代码保存在 bower_components/bootstrap/scss/中。

```
.dropdown-toggle {
  // 自动生成^符号
  &::after {
    display: inline-block;
    width: 0;
    height: 0;
    margin-right: .25rem;
    margin-left: .25rem;
    vertical-align: middle;
    content: "";
    border-top: $caret-width solid;
    border-right: $caret-width solid transparent;
    border-left: $caret-width solid transparent;
  }

  // 避免关闭下拉时聚焦于下拉切换按钮
  &:focus {
    outline: 0;
  }
}
```

当使用插件及相应组件时，请确保项目中包含了相应的 SCSS 和 JavaScript 代码。通过 main.scss 文件引入 Sass 局部文件，同时使用 import scss/includes/_bootstrap.scss 语句来引入 Bootstrap 组件的 SCSS 代码。而 JavaScript 插件则通过 Gulp 任务引入。

在 Sass、JavaScript 和 HTML 标记就位的情况下，导航条及其下拉菜单应该像下图中一样。（注意，Bootstrap 的所有下拉菜单在点击后响应。）

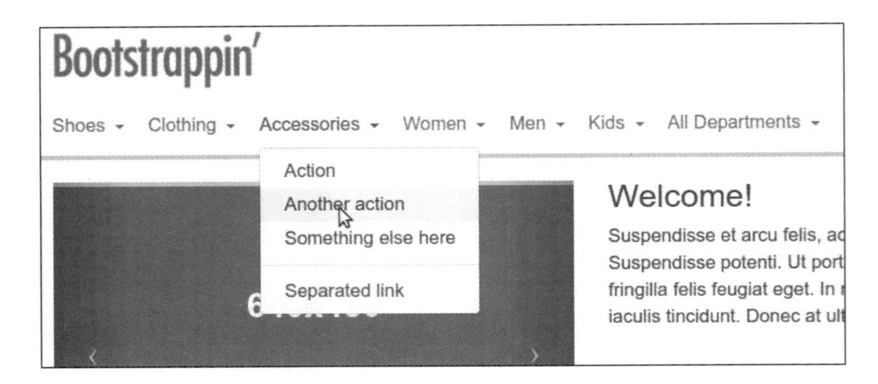

熟悉了 HTML 标记结构，并且确认菜单工作正常之后，接下来我们要把 All Departments 菜单挪到导航条的最右端，让它与其他菜单项保持最大距离。

为此，需要把相应的列表项嵌套在它自己的无序列表中。如下所示。

(1) 在 All Departments 列表项之前，关闭 `ul class="nav"`这个 `ul` 标签，用于包含之前的所有列表项。

(2) 在 All Departments 列表项之前，再新建一个 `ul` 标签，类名为 `nav` 和 `navbar-nav`。添加了这个开始标签后，这个独立的列表项就具备了标准的导航菜单结构。

(3) 除了 `nav` 和 `navbar-nav` 类之外，再添加一个 `pull-right` 类，这是 Bootstrap 的一个工具类，用于把元素浮动到右侧。

以下片段中新添加的代码后是原来的列表项和链接。

```
<ul class="nav navbar-nav">
  {{#each productgroups}}
  {{#ifCond this 'All Departments'}}</ul><ul class="nav navbar-nav
    pull-md-right">{{/ifCond}}
  <li class="nav-item dropdown {{#ifCond this 'Shoes'}}active{{/ifCond}}">
    <a class="nav-link dropdown-toggle" data-toggle="dropdown" href="#"
      role="button" aria-haspopup="true" aria-expanded="false">
      {{ this }}
    </a>
    <div class="dropdown-menu">
      <a class="dropdown-item" href="#">Action</a>
      <a class="dropdown-item" href="#">Another action</a>
      <a class="dropdown-item" href="#">Something else here</a>
      <div class="dropdown-divider"></div>
      <a class="dropdown-item" href="#">Separated link</a>
    </div>
  </li>
  {{/each}}
</ul>
```

请注意，我们再次使用了 `IfCond` 语句，确保`</ul><ul class="nav navbar-nav pull-`

`md-right">`片段仅在 All Departments 目录前存在。

保存修改并在浏览器中观察效果，若 `bootstrap watch` 或 `gulp` 命令未运行，现在运行则应该可以看到 All Departments 下拉菜单已经浮动到了导航条的最右端，如下所示。

除了修改 HTML 代码这一方案外，也可用以下 SCSS 代码来达到相同的效果。

```
.nav-item:last-child {
  float:right;
}
```

一切顺利！下面来添加实用导航。

6.4 添加实用导航

我们的设计需要提供几个实用的导航链接，让用户可以登录、注册和查看购物车。

在中、大和超大的视口中，我们把它们放到页头区的右上角，如下图所示。

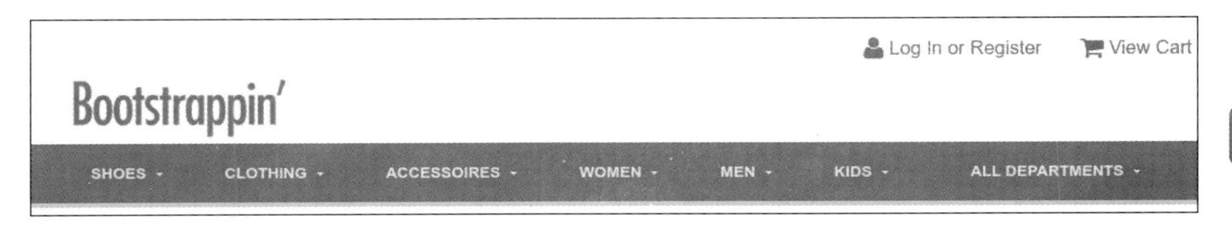

在较小的屏幕中，则把对应的链接图标显示在折叠后的导航条的最右端，如下图所示。

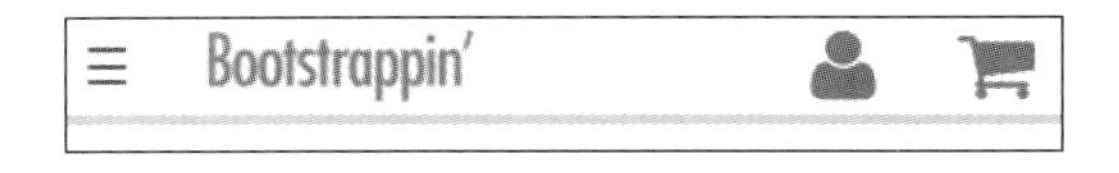

请注意，折叠后导航条的配色方案有所变化，之后我们会讨论该效果的实现。

接下来，我们对导航条的样式做一些修改。

首先，在 scss/includes/_header.scss 文件中为 logo 留出更多的空间，当视口较大时对其上方设置额外的内边距。

```
header[role="banner"] {
  .navbar-brand {
```

```
        > img {
          width: 120px;
          padding-left: $spacer-x;
          @include media-breakpoint-up(md) {
            padding-top: $spacer-y * 3;
            padding-left: 0;
            width: 180px;
          }
        }
      }
    }
```

还是在 html/includes/header.html 文件中，我们要在页头区添加实用导航的标记，放在 navbar-brand 属性后面。以下是完整的标记，开头是 header 标签。

```
<header role="banner">
  <div class="container">
    <button class="navbar-toggler hidden-md-up" type="button"
    data-toggle="collapse" data-target="#collapsiblecontent">
    ≡
    </button>
    <a class="navbar-brand" href="/"><img src="{{root}}/images/logo.png"
    alt="Bootstrappin'"></a>
    <div class="utility-nav">
      <ul>
        <li><a href="#" ><i class="icon fa fa-user fa-lg"></i> Log In or
Register</a></li>
        <li><a href="#" ><i class="icon fa fa-shopping-cart fa-lg"></i>
View Cart</a></li>
      </ul>
    </div>
  </div>
  ...
</header>
```

关于以上标记，还要说明两点。

- utility-nav 类仅为了方便使用而创建，它不是 Bootstrap 特有的类，也没有特殊样式。
- 这里已经通过 fa-user 和 fa-shopping-cart 类添加了 Font Awesome 的用户和购物车图标，并通过 fa-lg 类把它们的尺寸增大了 33%。关于增大 Font Awesome 图标的详细说明，可参见它的文档：http://fontawesome.io/examples/#larger。

保存修改并在浏览器中观察结果，应该看到新添加的 utility-nav 出现在了 logo 右侧，如下图所示。

接下来，我们对布局做相对位置的调整，也就是要应用一些定制的样式。为此，要针对页头区新建一个文件以管理样式。

我们需要将.utility-nav 元素的 position 值设为 absolute，并将其置于右上角。在CSS中，这些样式会被指定到 header[role="banner"]中。将以下 SCSS 代码添加到 scss/includes/ _header.scss 文件中。

```
header[role="banner"] {
  // 页头区样式
  .utility-nav {
    position: absolute;
    top: $spacer-y;
    right: 0;
  }
}
```

然后，通过以下步骤优化细节。

(1) 从无序列表中移除圆点序号。

(2) 将列表项浮动到左侧。

(3) 为链接添加内边距。

(4) 移除鼠标悬停时的下划线效果。

对应的代码如下。

```
.utility-nav {
  ul {
    list-style: none;
    li {
      float: left; a{
        padding: 0 $spacer-x;
        @include hover {
          text-decoration: none;
        }
      }
    }
  }
}
```

保存并编译。在上述代码中，我们将链接的内边距设置成了 padding: 0 $spacer-x;，类似的效果也可以通过添加 Bootstrap 中的工具类来实现。

如下 HTML 代码同样在<a>元素上实现了值为$spacer-x 的左、右内边距。

```
<a href="#" class="p-1-x">
```

把浏览器窗口调整到桌面窗口大小，然后刷新。应该能看到 utility-nav 类出现在了页头区右上角的位置。

6

这些调整适合中、大视口。下面我们针对折叠后的响应式导航条来添加样式。

6.5　调整响应式导航

在小屏幕中，页眉里的元素可能出现重叠。

我们需要将切换按钮移到导航条的左侧。实现步骤如下。

(1) 在编辑器中打开 scss/includes/_header.scss 文件，然后添加以下 SCSS 代码。

```
header[role="banner"] {
  .navbar-toggler {
  float: left;
  }
}
```

(2) 保存并编译上面的修改，可以看到切换按钮已经转移到了折叠后导航条的左端，如下图所示。

一切顺利。

现在解决过分拥挤的问题，也就是要对除屏幕阅读器之外的其他设备隐藏链接文本。在折叠后的导航条中，图标本身足以传达意图了，何况还可以把图标弄得更大一些。开始动手。

(1) 在 html/includes/_header.html 文件中，用 `span` 标签包围 `utility-nav` 类中每个链接的文本。

```
<li><a href="#" ><i class="icon fa
fa-user fa-lg"></i> <span>Log In or    Register</span></a></li>
<li><a href="#" ><i class="icon fa
fa-shopping-cart fa-lg"></i> <span>   View Cart</span></a></li>
```

(2) 这样可以为后面进一步调整样式提供基础。

(3) 在_headers.scss 中添加针对这些 `span` 标签的媒体查询。借助 Sass，可以精确地在需要的地方嵌套媒体查询。在此使用 Bootstrap 中的 `$media-breakpoint-down(sm)` 混入，把 `max-width` 查询设置为小尺寸断点减 1，因为这种情况下导航条就会从折叠变成扩展状态。在这个媒体查询中，使用工具类 `sr-only` 作为混入，对除屏幕阅读器之外的所有设备隐藏文本。（参见这个类的文档：https://getbootstrap.com/docs/4.3/utilities/screen-readers/。）

(4) 除了使用 `sr-only` 混入，也可以通过在 HTML 代码中添加 `sr-only` 类来实现相同的效果。使用 `sr-only-focusable` 混入和 CSS 类 `sr-only-focusable`，可以在 `sr-only` 元素显示并获取焦点时，隐藏相关内容，这对仅使用键盘的用户很有用。

(5) 代码片段如下所示。

```
header[role="banner"] {
  @include media-breakpoint-down(sm) {
    top: 0;
    span {
      @include sr-only;
    }
  }
}
```

(6) 这样就隐藏了 `span` 标签中的文本，屏幕上将只剩下图标！

(7) 再增大图标尺寸，并在垂直方向增加一些行高。同样还在这个媒体查询中写样式。

```
header[role="banner"] {
  @include media-breakpoint-down(sm) {
    top: 0;
    span {
      @include sr-only;
    }
    .icon {
      font-size: 2em;
      line-height: 1.2;
    }
  }
}
```

保存修改，运行 `bootstrap watch` 命令。应该看到下图所示的结果。

放大、缩小浏览器窗口，反复经过断点，看看整个页头区和导航条来回变换的效果是不是很平滑。

有这样一个可以高效构建流畅的响应式界面的框架，很难不让人欣喜。

下面，我们来调整配色。

6.6 调整配色

网站现在的配色是标准的企业网站颜色：蓝、红、灰。下面我们把这些颜色放到变量里。

(1) 在编辑器中打开 scss/includes/_variables.scss，从一开始的变量着手。

(2) 先看一下目前灰色变量覆盖的范围。如果大家以 chapter5/finish 中的文件为起点，会发现我们继承了第 5 章定义的变量。这些变量不光在第 5 章中有用，现在同样可以派上用场。

```
x`
// -------------------------

@gray-darker:       #222; // edited
@gray-dark:         #454545; // edited
@gray:              #777; // edited
@gray-light:        #aeaeae; // edited
@gray-lighter:      #ccc; // edited
@gray-lightest:     #ededed; // edited
@off-white:         #fafafa; // edited
```

(3) 在灰色变量下方，再添加品牌色。修改`@brand-primary` 值，新增红色的`@brand-feature` 变量。

```
@brand-primary:          #3e7dbd; // 修改过的蓝色
@brand-feature:          #c60004; // 新增的红色
```

(4) 接着调整链接的悬停颜色，使其比`@brand-primary` 稍浅（而不是稍深），它目前已经很深了。

```
// 链接
// -------------------------
@link-color:            @brand-primary;
@link-color-hover:      lighten(@link-color, 15%);
```

(5) 最后，定义导航条的颜色。我们将创建两套变量，`-xs-`变量适用于小尺寸屏幕，而`-md-`方案适用于较大的屏幕。

```
// 导航条
$navbar-xs-color:             $body-color;
$navbar-xs-bg:                #fff;
$navbar-md-color:             $gray-lightest;
$navbar-md-bg:                $brand-primary;

// 导航条链接
$navbar-xs-color:             $navbar-xs-color;
$navbar-xs-hover-color:       $navbar-xs-color;
$navbar-xs-hover-bg:          darken($navbar-xs-bg, 5%);
$navbar-xs-active-color:      $navbar-xs-color;
$navbar-xs-disabled-color:    $navbar-xs-hover-bg;
$navbar-md-color:             $navbar-md-color;
$navbar-md-hover-color:       $navbar-md-color;
```

```
$navbar-md-hover-bg:          darken($navbar-md-bg, 5%);
$navbar-md-active-color:      $navbar-md-color;
$navbar-md-disabled-color:    $navbar-md-hover-bg;
```

设置好这些基本的颜色变量后，就可以着手调整导航条了。

6.7 调整折叠后的导航条样式

还在_variables.scss 中，搜索`// Navbar`，在这里可以看到导航条用到的变量。这里指定的大多数标准值对小视口中折叠后的响应式导航条及宽视口中扩展的导航条均有效。

我们希望折叠后，响应式导航条的背景、文本和链接颜色与默认值基本一致，但在中及更大的视口中变成蓝色背景、浅色文本。

对于颜色随视口大小而变的这一需求，我们将开发出一套响应式的配色方案。

打开 scss/includes/_navbar.scss 文件，然后用以下代码修改小视口中的默认值。

```
// 响应式配色方案
.navbar {
  background-color: $navbar-xs-bg;
  color: $navbar-xs-color;
  .nav-link {
    @include hover-focus-active {
      background-color: $navbar-xs-hover-bg;
    }
  }
}
```

可以看到，我们使用的是`-xs-`变量。至于中或者更大的窗口（此时导航条会在 logo 下方水平显示），则希望导航条显示为蓝色。再次使用 Bootstrap 中的媒体查询混入，更改大视口中导航条的颜色。

```
// 响应式配色方案
.navbar {
  background-color: $navbar-xs-bg;
  color: $navbar-xs-color;
  .nav-link {
    @include hover-focus-active {
      background-color: $navbar-xs-hover-bg;
    }
  }
  @include media-breakpoint-up(md) {
    background-color: $navbar-md-bg;
    color: $navbar-md-color;
    .nav-link {
      color: $navbar-md-color;
      @include hover-focus-active {
        background-color: $navbar-md-hover-bg;
```

```
      }
    }
  }
}
```

定制下拉菜单

我们再次借助强大的 Sass，在小屏幕下定制下拉菜单。在 scss/includes/_navbar.scss 文件中编辑以下代码。

```
@include media-breakpoint-down(sm) {
  .navbar {
    .nav-item + .nav-item {
      margin-left: 0;
    }
    .dropdown {
      position: initial;
    }
    .dropdown-menu {
      position: initial;
      z-index: initial;
      float: initial;
      border: initial;
      border-radius: initial;
    }
  }
}
```

我们使用了 Bootstrap 中的媒体查询混入，在宽度小于 768 像素的小屏幕中重置样式。将下拉菜单元素的各属性设置为初始值。上述代码的效果为：下拉菜单的 `position` 恢复为默认值，其浮动、边框和圆角效果也被移除，最终看起来像常规列表，如下图所示。

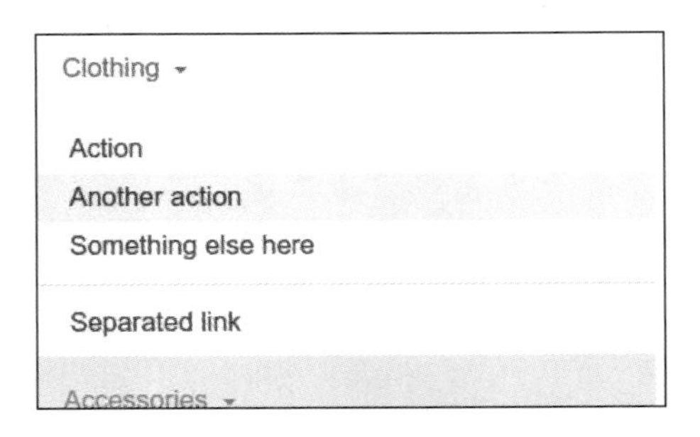

漂亮！接下来轮到水平导航条了。

6.8　调整水平导航条

当把鼠标移到导航条中的链接上时，可以发现，链接的背景色高度比导航条的高度要小。

可以通过在链接元素（而非导航条）中设置内边距解决该问题。SCSS 代码示例如下。

```
.navbar {
  @include media-breakpoint-up(md) {
    padding-top: 0;
    padding-bottom: 0;
  }
  .nav-link {
    padding: $spacer;
    @include media-breakpoint-only(md) {
      padding: $spacer-y ($spacer-x / 2);
    }
  }
}
```

修改后，导航条中的链接效果应如下图所示。

最后，我们把文本转换为大写形式，稍微缩小一点，再加粗。在_navbar.scss 中，添加如下代码。

```
.nav-link {
  padding: $spacer;
  @include media-breakpoint-up(md) {
    text-transform: uppercase;
    font-size: 82%;
    font-weight: bold;
  }
}
```

这样就得到了我们想要的结果。

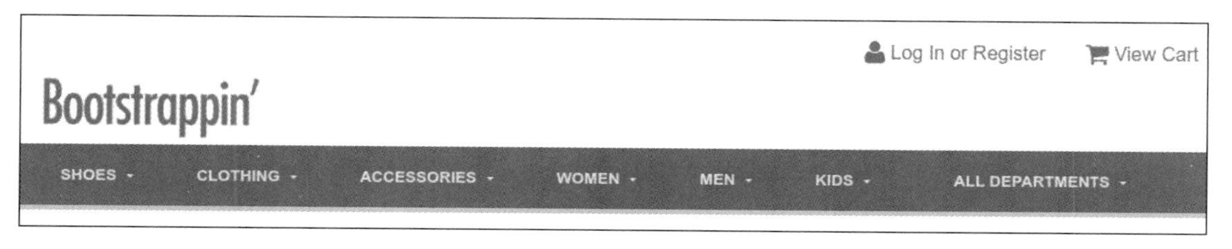

我们的页头和导航条完工了！

6.9　增加对 Flexbox 的支持

如第 1 章解释过的，Bootstrap 4 中以可选的形式增加了对 Flexbox 的支持。我们可以在scss/includes/_variables 文件中声明`$enable-flex: true`，轻松地启用对 Flexbox 的支持。由于使用了 flex 布局，因此需清除导航条容器上的浮动。可添加以下 SCSS 代码，清除浮动。

```
header[role="banner"] {
  // 页眉不使用 Flexbox 布局，所以必须清除浮动
  @if $enable-flex {
    .container {
      @include clearfix();
    }
  }
}
```

接下来调整页面主区域的内容。

6.10　设计复杂的响应式布局

假设我们在刚刚结束的客户会面中做出了一个承诺，要把主页内容分成三层，按重要程度排序。

在中、大视口中，所有内容将分布在三栏中，如下图所示。

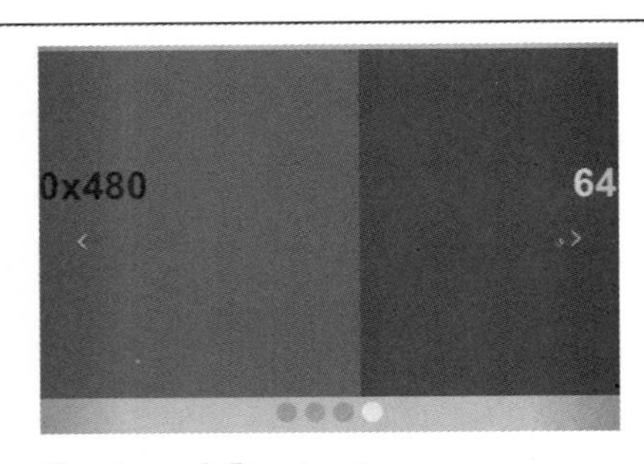

在较窄的视口中，将在一栏中垂直依次排列。

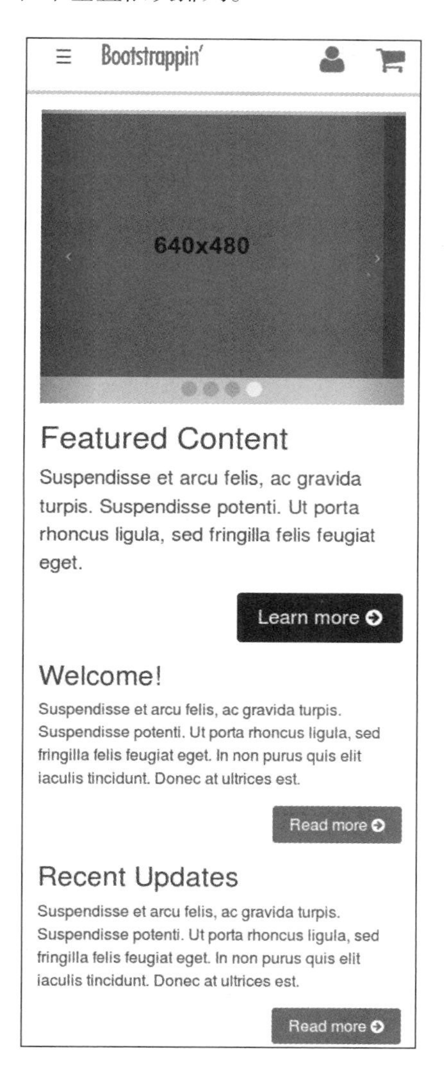

而在小型或中型平板电脑的视口中，并排的只有两栏，第三栏水平置于它们下面，如下图所示。

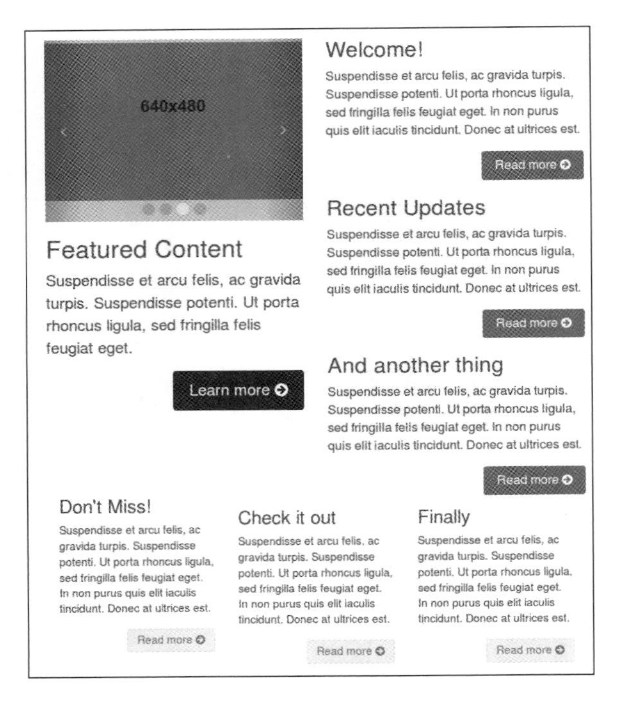

作为起点，我们已经有了三个等宽栏的标记。下面我们看一下这些标记，考虑一下怎么调整以符合设计需要。先从中、大视口的三栏布局开始。

6.10.1　调整大屏幕和超大屏幕中的布局

当前，在大视口和超大视口中，三栏是等宽的，而且字号、按钮大小，还有颜色都一样。结果就是缺乏视觉层次感，如下图所示。

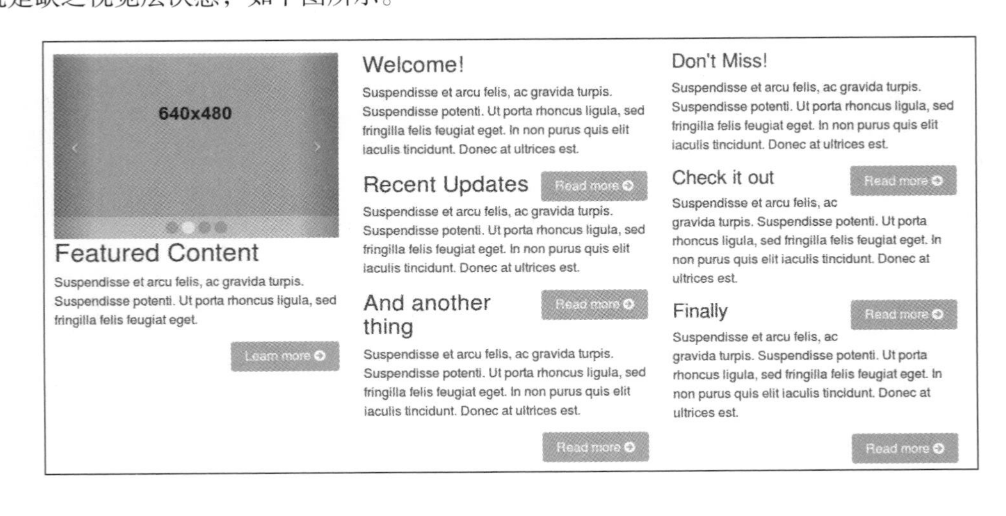

要在视觉上体现内容的层次，我们可以调整栏宽、字号、按钮大小和颜色。我们首先调整栏宽。

(1) 在 html/pages/index.html 中，搜索包含内容的 `section` 标签。

```
<section class="content-primary col-md-4">
```

(2) 这里的类 `col-md-4` 表示当前栏是父元素宽度的三分之一，从小视口（768 像素）及以上宽度开始。

(3) 我们想在大屏幕和超大视口（992 像素及以上）内保留三栏布局，并且希望第一栏比另两栏宽。

(4) 把类 `col-md-4` 修改为 `col-lg-5`，如下所示。

```
<section class="content-primary col-lg-5">
```

(5) 这样就把中和更大尺寸视口中的栏宽设置为了父元素的 5/12。

(6) 再搜索后面两栏的开始 `section` 标签，将它们的类分别改为 `col-lg-4` 和 `col-lg-3`。

```
<section class="content-secondary col-lg-4">
...
<section class="content-tertiary col-lg-3">
```

保存，刷新，可以看到以宽度分栏，视觉层次凸显。

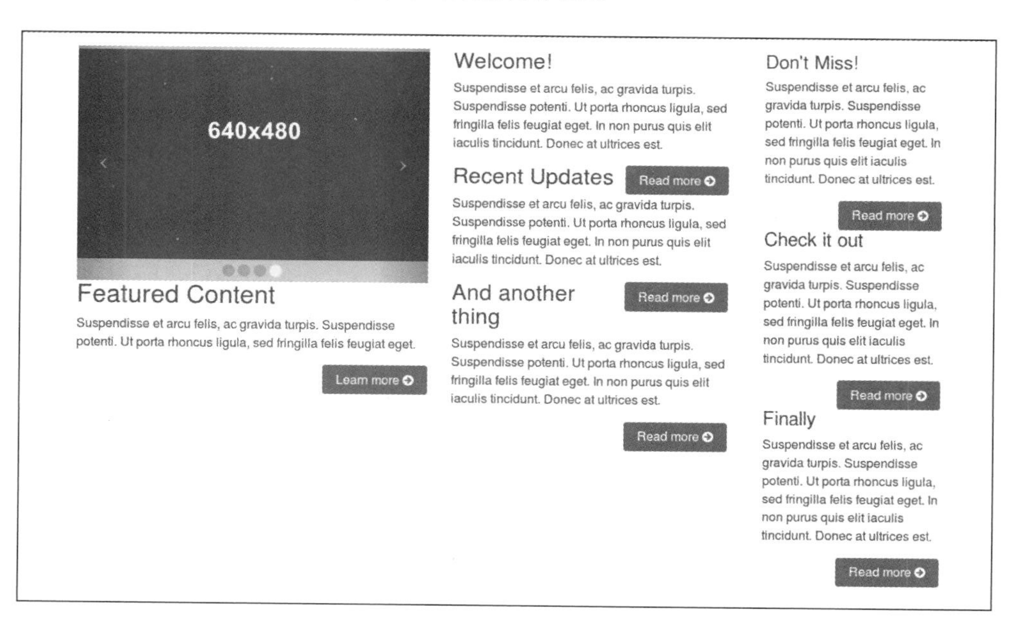

你可能注意到中间栏和第三栏的标题并没有清除上面的按钮。下一步就来调整这些按钮及字号。

6.10.2　调整平板视口的中型布局

首先我们注意到，在中型布局中，导航条中诸多的项目使得导航条显得比较小。页面上项目会显示成两行，如下图所示。

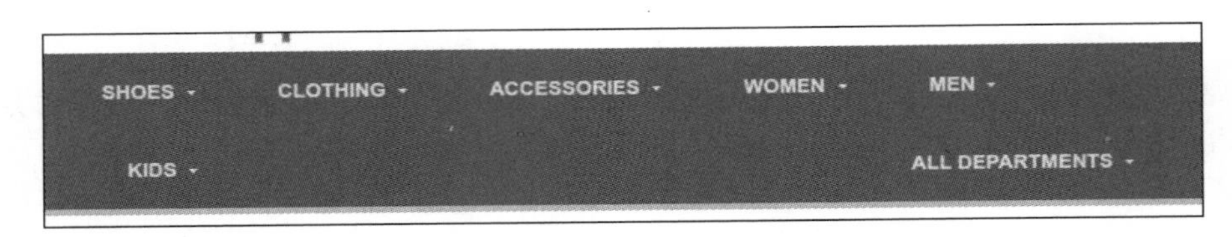

为了让导航条中的项目重新位于同一行，可以缩小它们的内外边距，也可以调整导航条折叠的断点。

首先，尝试使用缩小内外边距的方案，可以再次借助强大的 Sass，用编辑器打开文件并编辑以下 SCSS 代码。

```
.navbar {
  @include media-breakpoint-only(md) {
    .nav-item + .nav-item {
      margin-left: 0;
    }
  }
  .nav-link {
    padding: $spacer;
    @include media-breakpoint-only(md) {
      padding: $spacer-y ($spacer-x / 2);
    }
  }
}
```

请注意，上述调整的代码都封装在 media-breakpoint-only()混入中。该混入的工作方式与之前接触过的 media-breakpoint-up 和 media-breakpoint-down 差不多，但它会用媒体查询技术同时设定 min-width 和 max-width，因此仅对一种网格环境有效。

以下面的 SCSS 代码为例。

```
@include media-breakpoint-only(md) {
  padding: $spacer-y ($spacer-x / 2);
}
```

该 SCSS 代码会被编译成以下 CSS 代码。

```
@media (min-width: 768px) and (max-width: 991px) {
  .navbar .nav-link {
    padding: 1rem 0.5rem;
  }
}
```

与此同时，我们还可以使用media-breakpoint-between()混入。该混入可用于自行设定生效的断点间的网格范围。比如，@include media-breakpoint-only(sm,md){}会指定小尺寸和中尺寸的网格环境。

也许你已经注意到，至此，我们的项目文件中已经包含了很多媒体查询代码。Sass 本身并不提供合并媒体查询代码的功能，因此最终编译出来的 CSS 中也将包含大量媒体查询语句。将媒体查询规则相同的 CSS 合并到一处可以提升CSS代码的性能。可以使用 Node 模块包 css-mqpacker 来处理 CSS 代码，合并媒体查询规则相同的 CSS 语句。

可以像 autoprefixer 插件那样，在 gulp-postcss 步骤中运行该模块包。可以访问 https://www.npmjs.com/package/css-mqpacker，了解更多有关 css-mqpacker 及将其集成到 Gulp 构建流程方面的信息。

除了上述方案，还可以更改导航条折叠的断点。首先，打开 html/includes/header.html 文件并修改导航条切换按钮的样子。

```
<button class="navbar-toggler hidden-lg-up" type="button" data-toggle="collapse"
data-target="#collapsiblecontent">
```

其中的 hidden-lg-up 类会让切换按钮在中型屏幕中也能显示出来。接下来，将切换按钮的显示断点从 navbar-toggleable-sm 修改为 navbar-toggleable-md，如以下 HTML 片段所示。

```
<div class="container navbar-toggleable-md collapse" id="collapsiblecontent">
```

至此，即可在中型网格环境中看到已折叠导航条。请注意，我们对已折叠导航条中的项目和子菜单做了一些修改。你应对这些修改所涉及的媒体查询代码做相应的变更，在 scss/includes/_navbar.scss 文件中做以下修改。

```
.navbar {
  @include media-breakpoint-down(md) {
    .navbar-brand,
    .nav-item {
      float: none;
      > img {
        display: inline-block;
      }
    }
    // 下拉菜单
    .nav-item + .nav-item {
      margin-left: 0;
    }
    .dropdown {
      position: initial;
    }
```

```
    .dropdown-menu {
      position: initial;
      z-index: initial;
      float: initial;
      border: initial;
      border-radius: initial;
    }
  }
}
```

同时修改 scss/includes/_header.scss 文件中导航条类的断点。

```
.navbar-brand {
  > img {
    width: 120px;
    padding-left: $spacer-x;
    @include media-breakpoint-up(lg) {
      padding-top: $spacer-y * 3;
      padding-left: 0;
      width: 180px;
    }
  }
}
```

最后，在 html/includes/header.html 文件中，将导航条最右边项目上的 `pull-md-right` 类替换为 `pull-lg-right`，结果如以下 HTML 模板片段所示。

```
{{#ifCond this 'All Departments'}}</ul><ul class="nav navbar-nav pull-lg-right">
{{/ifCond}}
```

至此，导航条就已适配中型网格环境了。接下来，我们调整分栏的内容区域。在中型网格环境中，我们将把第三栏放到其他栏的下方，并在每一栏中显示相应的内容。

内容区域的第一行由两栏组成，其总宽度为外部容器的 50%，而第二行则由三栏组成，其宽度占据外部容器的三分之一。

可以再用 Bootstrap 中预定义的网格类来实现这一布局。打开 html/pages/index.html 文件，添加适用于中型网格环境的网格类。

```
<section class="content-primary col-md-6 col-lg-5">
  ...
</section>
<section class="content-secondary col-md-6 col-lg-4">
  ...
</section>
<section class="content-tertiary col-md-12 col-lg-3">
  ...
</section>
```

由于 `col-lg-*`类对大型网格的覆写效果及移动优先的编码规则，上述代码中的 `col-md-*` 类仅在中型尺寸屏幕中有效。

网格系统的每一行会包含 12 栏，因此在中型网格环境中我们将拥有 24 栏的空间（两个 md-6 加上一个md-12）。这些栏会自动分为两行，其中第一行包括两个（md-6）栏，而第二行则由一个（md-12）栏填充。

接下来，该在中型网格环境中调整第三栏的内容布局了。Bootstrap 中的网格行可以层层嵌套。我们将使用嵌套写法把第二行中的内容分为等宽的三栏。为了用默认网格嵌套内容，可以新建一个含 `row` 类的元素，并对它里面的元素设置 `col-*-*`栏。在本例中，该布局可以将每一小栏的内容封装在以下 HTML中。

```
<article class="col-md-4 col-lg-12">
...
</article>
```

除了设置 `col-md-4` 类外，还需设置 `col-lg-12` 类，以确保这种嵌套的写法不影响栏在大型和超大型网格环境中的显示效果。将这些小栏封装在一个新的 `row` 元素中，第三栏的 HTML代码示例如下。

```
<section class="content-tertiary col-md-12 col-lg-3">
  <div class="row">
    <article class="col-md-4 col-lg-12">
      <h4>Don't Miss!</h4>
      <p>Suspendisse et arcu felis, ac gravida turpis. Suspendisse potenti. Ut porta
rhoncus ligula, sed fringilla felis feugiat eget. In non purus quis elit iaculis
tincidunt. Donec at ultrices est.</p>
      <p><a class="btn btn-primary pull-right" href="#">Read more
        <span class="icon fa fa-arrow-circle-right"></span></a>
      </p>
    </article>
    <article class="col-md-4 col-lg-12">
      <h4>Check it out</h4>
      <p>Suspendisse et arcu felis, ac gravida turpis. Suspendisse potenti. Ut porta
rhoncus ligula, sed fringilla felis feugiat eget. In non purus quis elit iaculis
tincidunt. Donec at ultrices est.</p>
      <p><a class="btn btn-primary pull-right" href="#">Read more
        <span class="icon fa fa-arrow-circle-right"></span></a>
      </p>
    </article>
    <article class="col-md-4 col-lg-12">
      <h4>Finally</h4>
      <p>Suspendisse et arcu felis, ac gravida turpis. Suspendisse potenti. Ut porta
rhoncus ligula, sed fringilla felis feugiat eget. In non purus quis elit iaculis
tincidunt. Donec at ultrices est.</p>
      <p><a class="btn btn-primary pull-right" href="#">Read more
        <span class="icon fa fa-arrow-circle-right"></span></a>
      </p>
    </article>
  </div>
</section>
```

浏览器中最后一栏的显示效果应如下图所示。

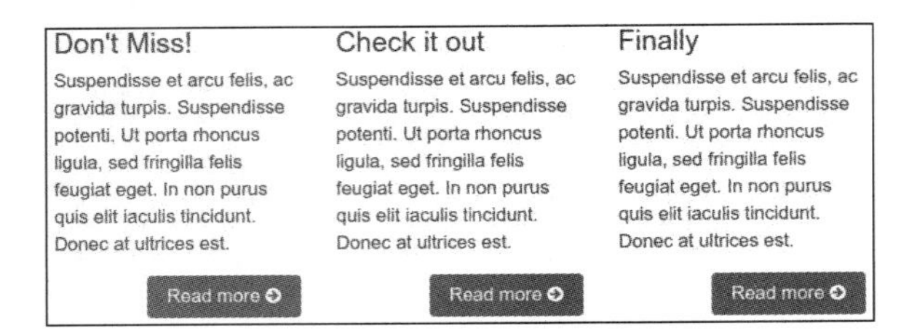

6.10.3　调整标题、字号和按钮

我们先调整标题，以便它们清除其上方的按钮，目前这些按钮都浮动到了右侧。为此，要用到之前新建的用于管理页面内容细节的文件：_page-contents.scss。

以下是调整步骤。

(1) 在_page-contents.scss 中，写一个选择符，选择嵌套在 Bootstrap 的分栏类中的 `h1` 到 `h4`。这里可以使用 CSS2 的属性选择符，同时只针对类包含 `col-`字符串的元素。

本章稍后还要设计包含自己的一组响应式分栏的页脚。因此，这里还要确保把规则嵌套在针对 `main` 元素的选择符内。

(2) 这样，就可以选中所有可能用到的标题标签，以便清除它们的浮动元素，再为它们添加一些内边距。

```
[class*="col-"] {
  h1, h2, h3, h4 {
    clear: both;
    padding-top: $spacer-y;
  }
}
```

(3) 这样标题和浮动按钮之间有了必要的分隔。但这样也在第二和第三栏上方增加了不必要的上内边距。

(4) 在下图中，下方箭头指出的是完成的改进，即标题清除了浮动按钮，上方箭头指出的是内边距造成的两栏顶部不齐的问题。

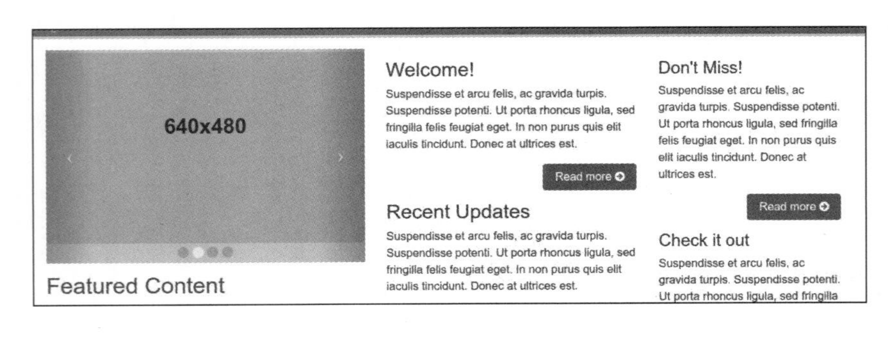

(5) 下面删除每栏最顶部标题的上内边距和上外边距。为此，要使用:first-child 选择符，将其嵌套在标题选择符内。这里使用&组合符，用于选择这些标题的第一个实例。

```
&:first-child {
  margin-top: 0;
  padding-top: 0;
}
```

(6) 结果就是去掉了后两栏顶部多余的内、外边距。

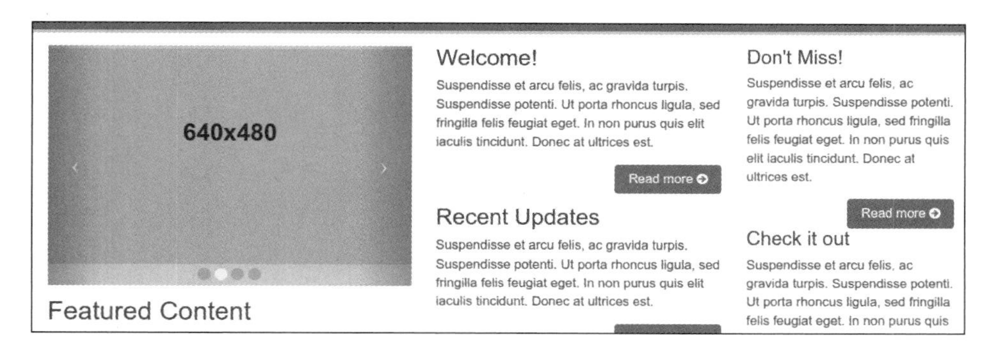

(7) 但这么做会导致第三栏中的内容出问题。根据我们之前定义的嵌套关系，:first-child 选择符会匹配第三栏中所有的 h4 元素。可以通过在 Sass 代码中创建新的 h4 选择符来解决这一问题。

```
h4 {
  clear: both;
  padding-top: $spacer-y;
}
> article:first-child h4 {
  margin-top: 0;
  padding-top: 0;
}
```

(8) 不过，我们只想在中、大和超大视口中删除上内、外边距，这时候主页呈现为多栏。显然，应该把上面的样规则嵌套在与相应断点对应的媒体查询中。这个断点就是从单栏布局切换到多栏布局的断点。

(9) 换句话说，需要把上面的样式嵌套在中及更大尺寸的窗口中。

```
[class*="col-"] {
  h1, h2, h3, h4 {
    clear: both;
    padding-top: $spacer-y;
    @include media-breakpoint-up(md) {
      &:first-child {
        margin-top: 0;
        padding-top: 0;
      }
```

6

```
      }
    }
    h4 {
      clear: both;
      padding-top: $spacer-y;
    }
    @include media-breakpoint-up(md) {
      > article:first-child h4 {
        margin-top: 0;
        padding-top: 0;
      }
    }
  }
```

通过把新样式嵌套在上面的媒体查询中，可以保留窄视口中单栏布局下元素间适当的间距，如下图所示。

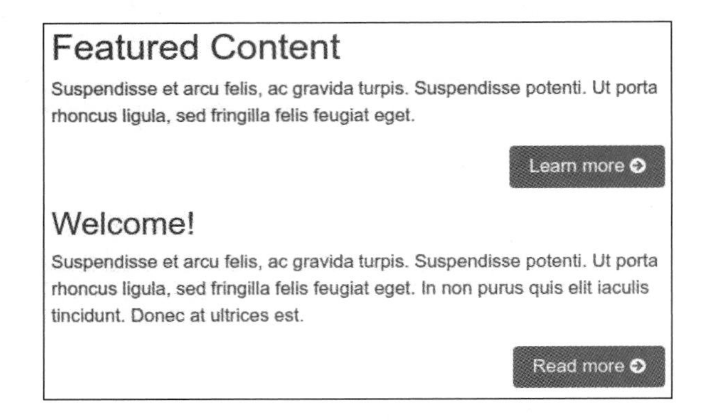

完成了上述调整，接下来可以调整按钮大小和字号，以体现内容的信息层次了。下面就来增大主内容区的字号和按钮大小，还要修改颜色。

6.10.4　增大主栏

首先增大主栏内容的字号。

(1) 在 Bootstrap 的_variables.scss 文件中，设置`$font-size-large`变量的默认值如下。

```
$font-size-lg: 1.25rem !default;
```

(2) 然后，在 scss/includes/_page-contents.scss 文件中添加如下代码行，以利用上一步设定的字号。

```
.content-primary {
  font-size: $font-size-lg;
}
```

保存修改，编译文件，刷新浏览器。应该看到主栏文本的字号增大了！

接下来调整按钮的颜色，这要用到红色的`$brand-feature`变量，这个变量是在本地文件scss/includes/_variables.scss中设定的。

```
$brand-feature:        #c60004;
```

还需要利用Bootstrap在mixins/_buttons.scss中提供的方便的混入`button-variant()`。建议抽点时间看看这个文件。打开bower_components目录下Bootstrap的源代码文件mixins/_buttons.scss，搜索`// Button`，可以看到以下面的代码开头的混入。

```
@mixin button-variant($color, $background, $border) {
```

这个混入的作用如下。

- 指定按钮字体、背景和边框颜色（分别对应混入接受的三个参数）。
- 生成悬停、焦点、选中和禁用状态的按钮，调整字体颜色、背景颜色和边框。

如果你有兴趣，还可以看一看Bootstrap在bootstrap/_buttons.scss中如何使用这个混入，就在注释`// Alternate buttons`的下面。以下是为默认主按钮生成的样式。

```
//
// Alternate buttons
//

.btn-primary {
  @include button-variant($btn-primary-color, $btn-primary-bg, $btn-primary-border);
}
.btn-secondary {
  @include button-variant($btn-secondary-color, $btn-secondary-bg,
$btn-secondary-border);
}
.btn-info {
  @include button-variant($btn-info-color, $btn-info-bg, $btn-info-border);
}
```

以`$btn-primary-`和`$btn-secondary-`开头的变量是在bower_components/bootstrap/scss/_variables.scss文件中定义的。

按照同样的模式，只需简单四步即可生成定制功能按钮。

(1) 首先，准备一组新的按钮变量。在_scss/includes/_variables.scss文件中，`// Buttons`下面，复制三个`$btn-primary-`变量，定制它们，将`-primary-`改为`-feature-`，并使用`$brand-feature`作为背景颜色。

```
$btn-feature-color:   #fff;
$btn-feature-bg:      $brand-feature;
$btn-feature-border:  darken($btn-feature-bg, 5%);
```

(2) 然后，创建一个文件来保存定制按钮的样式。新建scss/includes/_buttons.scss并根据

bootstrap/_buttons.scss 中的 .btn-primary 混入写一个如下所示的混入。

```
.btn-feature {
  @include button-variant($btn-feature-color, $btn-feature-bg,
  $btn-feature-border);
```

(3) 保存文件，并将其添加到 scss/app.scss 中的引入行列。

```
@import "includes/carousel"; @import "includes/buttons"; // added
```

(4) 在 html/pages/index.html 文件中，将类名 btn-primary 改为 btn-feature。完成之后，还要把按钮变大一些，因此再添加类 btn-lg。

```
<a class="btn btn-feature btn-lg pull-right" href="#">   Learn more
```

保存并运行 bootstrap watch 命令，应该看到如下结果。左侧主栏的字号和按钮都变大了，并且使用了 brand-feature 颜色。

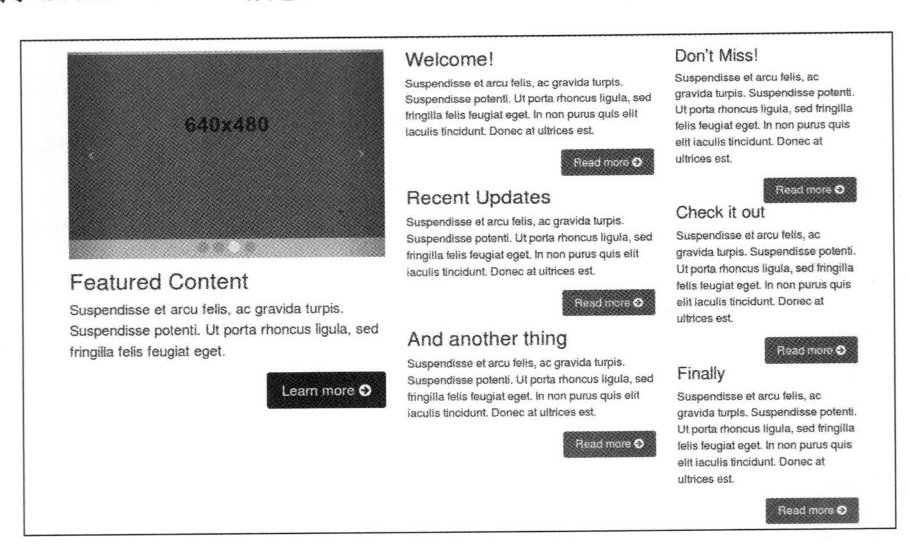

与此同时，第二（中）栏的字号和按钮颜色正是我们想要的。接下来需要修改以使第三栏内容不那么突出，在信息层次中处于合适的位置。

6.10.5 调整第三栏

对第三栏要做的很简单，就是缩小字号，同时让按钮不那么突出。如下所示。

(1) 首先调整字号。在 Bootstrap 的_variables.scss 文件中，按以下方式设置变量$font-size-sm 的值。

```
$font-size-sm:                .875rem !default;
```

(2) 接下来把下面的代码行添加到_scss/includes/_page-contents.scss 文件中。

```
.content-tertiary {
  font-size: $font-size-sm;
}
```

(3) 如果 `bootstrap watch` 命令已运行，则保存修改后会发现字号变小了。

(4) 编辑 html/pages/index.html 中的按钮类，把`btn-primary`改为`btn- secondary`，并并使用 `btn-sm` 类减小其尺寸。

```
<a class="btn btn-secondary btn-sm pull-right" href="#">Read more ...
```

(5) 这样就减小了按钮尺寸并把按钮背景变成了白色。

(6) 再把按钮的背景颜色调整为浅灰色，同时调整字体颜色和边框。在_variables.scss 文件中，像下面这样调整三个`@btn-secondary-`变量的值。

```
$btn-secondary-color:      $gray;
$btn-secondary-bg:         $gray-lightest;
$btn-secondary-border:     darken($btn-secondary-bg, 5%);
```

保存修改，编译文件，刷新浏览器。

现在页面的视觉层次已经很清晰了，从左到右依次是主内容、次内容和第三栏。

设计在窄视口单栏布局时如下所示。

☰ Bootstrappin'  

Featured Content

Suspendisse et arcu felis, ac gravida turpis. Suspendisse potenti. Ut porta rhoncus ligula, sed fringilla felis feugiat eget.

Learn more

Welcome!

Suspendisse et arcu felis, ac gravida turpis. Suspendisse potenti. Ut porta rhoncus ligula, sed fringilla felis feugiat eget. In non purus quis elit iaculis tincidunt. Donec at ultrices est.

Read more

Recent Updates

Suspendisse et arcu felis, ac gravida turpis. Suspendisse potenti. Ut porta rhoncus ligula, sed fringilla felis feugiat eget. In non purus quis elit iaculis tincidunt. Donec at ultrices est.

Read more

And another thing

Suspendisse et arcu felis, ac gravida turpis. Suspendisse potenti. Ut porta rhoncus ligula, sed fringilla felis feugiat eget. In non purus quis elit iaculis tincidunt. Donec at ultrices est.

Read more

Don't Miss!

Suspendisse et arcu felis, ac gravida turpis. Suspendisse potenti. Ut porta rhoncus ligula, sed fringilla felis feugiat eget. In non purus quis elit iaculis tincidunt. Donec at ultrices est.

Read more

Check it out

Suspendisse et arcu felis, ac gravida turpis. Suspendisse potenti. Ut porta rhoncus ligula, sed fringilla felis feugiat eget. In non purus quis elit iaculis tincidunt. Donec at ultrices est.

Read more

Finally

Suspendisse et arcu felis, ac gravida turpis. Suspendisse potenti. Ut porta rhoncus ligula, sed fringilla felis feugiat eget. In non purus quis elit iaculis tincidunt. Donec at ultrices est.

Read more

在窄视口中，三栏垂直排布，主内容在上，然后是次内容和第三栏。

剩下要做的，就是对设计精雕细琢，让它在不同设备和视口中表现更佳。

6.10.6 针对多个视口进行微调

无论在什么视口中，通常都应该在页面中留有一些空白。另外，每个区块的边框最好也有所标示。开始动手。

首先，在内容上下各添加一些内边距。为 main 元素添加一些上内边距，这个内边距适用于所有视口，所以不必使用媒体查询。

```
main {
  padding-top: $spacer-y;
  padding-bottom: $spacer-y * 2;
}
```

就这样了，主内容区完工。最后是复杂的页脚。

6.11 复杂的页脚

接下来我们要创建一个复杂的、多用途的页脚，页脚包括指向网站重要项目的三组链接、About Us 文本、社交媒体图标，还有 logo。

6.12 准备标记

我们从准备标记着手。页脚的目的是对用户尽可能有用，其标记可以按如下步骤来准备。

(1) 从第 5 章中的页脚开始。可在 html/includes/footer.html 文件中找到相关的 HTML 标记代码。

(2) 移动 logo 相关的 HTML 代码，将其置于社交媒体链接的下方，并就其余的页脚内容创建新的引入语句。

```
<footer role="contentinfo">

{{> footercolumns}}

<div class="container social-logo">
  <ul class="social">
    <li class="social-item"><a href="#" class="social-link"
><i class="fa fa-twitter"></i></a></li>
    <li class="social-item"><a href="#" class="social-link"
><i class="fa fa-facebook"></i></a></li>
    <li class="social-item"><a href="#" class="social-link"
><i class="fa fa-linkedin"></i></a></li>
    <li class="social-item"><a href="#" class="social-link"
```

6

```
><i class="fa fa-google-plus"></i></a></li>
    <li class="social-item"><a href="#" class="social-link"
><i class="fa fa-github-alt"></i></a></li>
  </ul>

  <p><a href="{{root}}index.html"><img src="{{root}}images/logo.png"
width="80" alt="Bootstrappin'"></a></p>
</div>
</footer>
```

(3) 然后创建名为 html/includes/footercolumns.html 的 HTML 局部文件，将其余的页脚内容保存在该文件中。

(4) 粘贴内容之前，我们再准备一下以利用 Bootstrap 的网格系统。为此，像下面这样把页脚区封装在 `div class="row"` 中。

```
<div class="container">
  <div class="row">
    ...
  </div><!-- /.row -->
</div><!-- /.container -->
```

(5) 下面把内容粘贴到位。

(6) 接下来把三组链接及各自的标题封装到类为 `col-lg-2` 的 `div` 中。这样就保证在中及更大尺寸的视口中每一组链接的宽度是其父元素总宽度的六分之一。加在一块，三组链接占视口宽度的一半。

(7) 继续把这一行内容做完，把 About Us 标题及其段落封装在一个类为 `col-lg-6` 的 `div` 中，这样它就占据了剩下的一半宽度。

```
<div class="about col-lg-6">
  <h3>About Us</h3>
```

务必确保每个新的 `div` 元素拥有对应的闭合标签。

(8) 保存，运行 `bootstrap watch` 或 `gulp` 命令，检查结果。

执行上述步骤后，应得到以下 HTML 代码。

```
<div class="container">
  <div class="row">
    <div class=col-lg-2">
      <h3>Categories</h3>
      <ul>
        <li><a href="#">Shoes</a></li>
        <li><a href="#">Clothing</a></li>
        <li><a href="#">Accessories</a></li>
        <li><a href="#">Men</a></li>
        <li><a href="#">Women</a></li>
```

```
          <li><a href="#">Kids</a></li>
          <li><a href="#">Pets</a></li>
        </ul>
      </div>
      <div class="col-lg-2">
        <h3>Styles</h3>
        <ul>
          <li><a href="#">Athletic</a></li>
          <li><a href="#">Casual</a></li>
          <li><a href="#">Dress</a></li>
          <li><a href="#">Everyday</a></li>
          <li><a href="#">Other Days</a></li>
          <li><a href="#">Alternative</a></li>
          <li><a href="#">Otherwise</a></li>
        </ul>
      </div>
      <div class="col-lg-2">
        <h3>Other</h3>
        <ul>
          <li><a href="#">Link</a></li>
          <li><a href="#">Another link</a></li>
          <li><a href="#">Link again</a></li>
          <li><a href="#">Try this</a></li>
          <li><a href="#">Don't you dare</a></li>
          <li><a href="#">Oh go ahead</a></li>
        </ul>
      </div>

      <!-- Add the extra clearfix for only the required viewport -->
      <div class="clearfix hidden-sm-down hidden-lg-up"></div>

      <div class="about col-lg-6">
        <h3>About Us</h3>
        <p>Lorem ipsum dolor sit amet, consectetur adipiscing elit.
        Suspendisse euismod congue bibendum. Aliquam erat volutpat.
        Phasellus eget justo lacus. Vivamus pharetra ullamcorper massa, nec
        ultricies metus gravida egestas. Duis congue viverra arcu, ac aliquet
        turpis rutrum a. Donec semper vestibulum dapibus.
        Integer et sollicitudin
        metus. Vivamus at nisi turpis. Phasellus vel tellus id felis cursus
        hendrerit.</p>
        <p><a class="btn btn-secondary btn-sm pull-right" href="#">Learn more
        <span class="fa fa-arrow-circle-right"></span></a></p>
      </div>
    </div><!-- /.row -->
  </div><!-- /.container -->
```

根据我们在 HTML 中所使用的 Bootstrap 网格类，在 980 像素及更大尺寸的视口中，页脚中的栏如下所示。

Categories
- Shoes
- Clothing
- Accessories
- Men
- Women
- Kids
- Pets

Styles
- Athletic
- Casual
- Dress
- Everyday
- Other Days
- Alternative
- Otherwise

Other
- Link
- Another link
- Link again
- Try this
- Don't you dare
- Oh go ahead

About Us

Lorem ipsum dolor sit amet, consectetur adipiscing elit. Suspendisse euismod congue bibendum. Aliquam erat volutpat. Phasellus eget justo lacus. Vivamus pharetra ullamcorper massa, nec ultricies metus gravida egestas. Duis congue viverra arcu, ac aliquet turpis rutrum a. Donec semper vestibulum dapibus. Integer et sollicitudin metus. Vivamus at nisi turpis. Phasellus vel tellus id felis cursus hendrerit.

Learn more

Bootstrappin'

这是在大和超大窗口中的布局。在超小屏幕中，呈现出的则是单栏布局。但对于屏幕尺寸在768 像素到 980 像素之间的平板电脑，我们的布局还需要些许调整。开始吧。

6.12.1 调整布局适应平板

测试一下视口在 768 像素到 980 像素之间时的布局。此区间对应 `col-md-`网格类。在这个宽度内，单栏布局会导致不必要的空白，如下图所示。

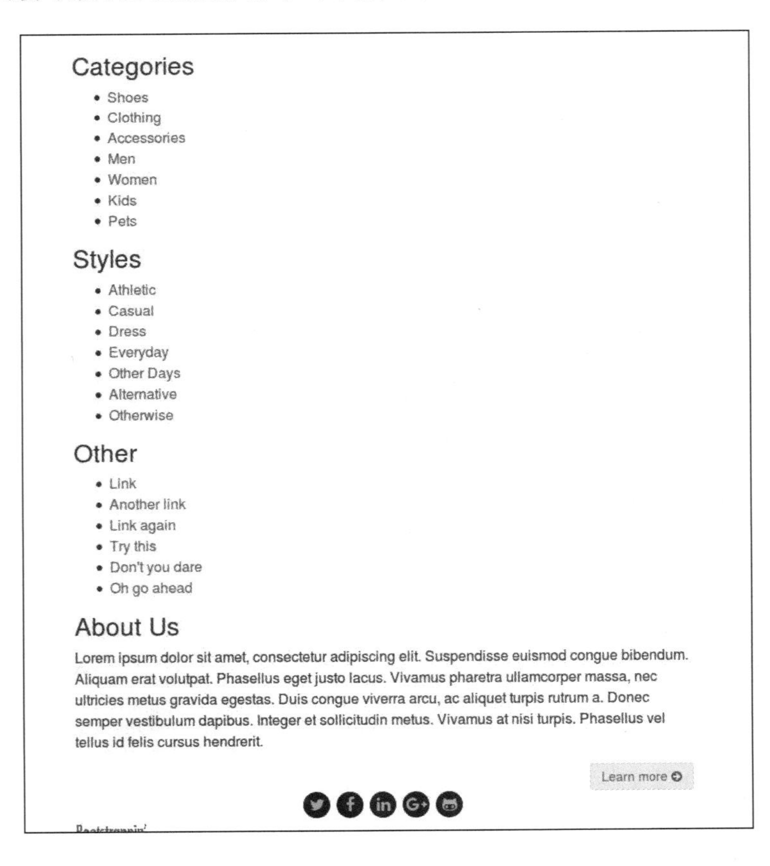

要改进这个布局，可以让三组链接浮动起来。使用 Bootstrap 的类 `col-md-4`，可以将每一栏设置为三分之一宽，使用 `col-sm-12` 将 About Us 设置为全宽。

```
<div class="col-md-4 col-lg-2">
...
<div class="col-md-4 col-lg-2">
...
<div class="col-md-4 col-lg-2">
...
<div class="about col-xs-12 col-lg-6">
```

保存并在中视口中测试一下，应该能看到下图所示的结果。

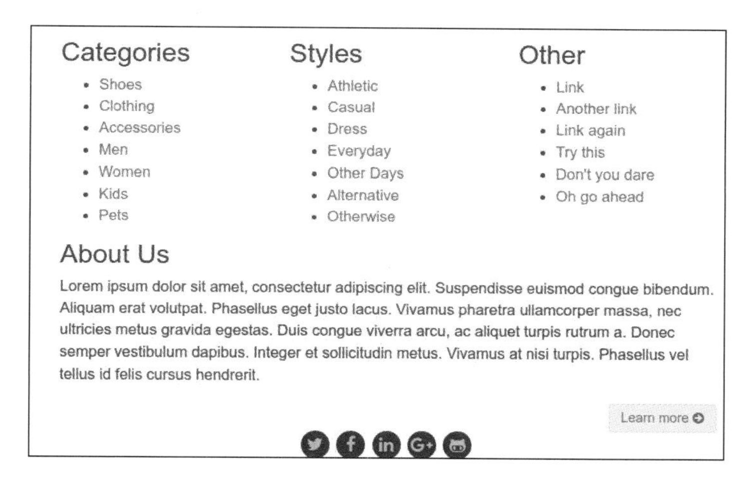

改进很多！不过还未完成。尝试单击上方三栏中的链接，恐怕点击不了。检查元素会发现包含 About Us 栏代码的第 4 个 `div` 元素并没有清除上方的浮动栏。虽然 About Us 标题及文本会出现在三个浮动栏下方，但那个 `div` 元素仍然覆盖在三栏内容上面。

6

6.12.2 针对性地清除

在 Bootstrap 的标准布局场景中，应该使用类为 `row` 的 `div` 元素清除上方的浮动栏。但这里我们要使用另一个方案，因为我们希望这个内容块仅在特定的断点范围内清除浮动。

为此，可以在 Sass 文件中写一些定制的样式。不过，也可以直接在标记中使用 Bootstrap 的响应式工具类提供的针对性的 `clearfix`。因为我们已经在标记中指定了网格类，那就干脆使用第二个方案。

关于我们所使用的这个方案，可以参考 Bootstrap 的文档（http://getbootstrap.com/layout/grid/#example-responsive-column-resets）。因此，我们要创建一个类为 `clearfix` 的 `div`，并添加一个 Bootstrap 的响应式工具类，使其仅在小屏幕中可见。把这个 `div`放到 About Us 栏的前

面吧。

```
<!-- Add the extra clearfix for only the required viewport -->
<div class="clearfix hidden-sm-down hidden-lg-up"></div>
<div class="about col-xs-12 col-lg-6">
```

这个 `clearfix` 类会强制当前元素清除上方的浮动。而 `hidden-sm-down` 和 `hidden-lg-up` 类则控制这个 `div` 仅在小屏幕，也就是我们指定的断点范围内可见。在其他断点区间，这个 `div` 元素就像不存在一样。

保存以上修改，这次就会看到 About Us 栏清除了它上方的浮动，而链接也可以点击了。

大功告成。最后再稍微修整几处。

6.12.3 修整细节

对于页脚，我们还想再修整几个地方，包括：

- 修整三组链接的外观；
- 调整内、外边距；
- 反转配色方案，与导航条颜色保持一致。

要完成以上工作，需要写一些定制的样式。我们遵照层叠原理，先写一些针对页脚的通用规则，然后过渡到特殊规则。

(1) 在编辑器中打开_footer.scss 文件，添加针对页脚的定制样式。

(2) 在这个文件里，可以看到第 5 章的一些初始规则。包括为页脚添加的内边距，以及针对社交媒体图标及页脚中 logo 的样式规则。

(3) 现在开始添加针对复杂页脚的样式。首先，缩小页脚字号，反转配色与导航条对应——蓝色背景，浅色文本。我们先设置成这样的颜色，然后把它们稍微调暗一点。对于此，我们要使用Bootstrap 的_variables.scss 中适当的变量以及 scss/includes/_variables.scss 本地文件，包括 `$font-size-sm`、`$navbar-md-bg` 和 `$navbar-md-color`。

```
footer[role="contentinfo"] {
  padding-top: 24px;
  padding-bottom: 36px;
  font-size: $font-size-sm;
  background-color: darken($navbar-md-bg, 18%);
  color: darken($navbar-md-color, 18%);
}
```

这里及后面的规则，都要嵌套到 `footer[role="contentinfo"]` 选择符下。

(4) 接下来调整链接和按钮，以适应新的配色。同样要把规则嵌套到 `footer[role="contentinfo"]`选择符下。

```
footer[role="contentinfo"] {
  a {
    color: $navbar-md-color;
    @include hover-focus-active {
      color: $navbar-md-hover-color;
    }
  }
  .btn-secondary {
    color: darken($navbar-md-bg, 18%) !important;
  }
}
```

(5) 下面是四个 h3 标题，调整它们的字号，去掉下外边距，并把文本转换成大写。

```
footer[role="contentinfo"] {
  h3 {
    font-size: 120%;
    margin-top: $spacer-y;
    margin-bottom: 4px;
    text-transform: uppercase;
  }
}
```

(6) 然后，去掉链接列表前的项目符号，调整它们的内、外边距。

```
ul {
  list-style: none;
  padding: 0;
  margin: 0;
}
```

(7) 可以令 logo 和社交媒体图标居中。

```
footer[role="contentinfo"] {
  .social-logo {
    text-align: center;
  }
}
```

(8) 最后，调整社交媒体图标。添加一些上内边距，调整一下颜色，以便与新配色方案更协调。因为使用的是 Font Awesome 图标，所以只要调整颜色和背景颜色的值即可。

```
.social-link {
  display: inline-block;
  font-size: 18px;
  line-height: 30px;
  @include square(30px); // see includes/mixins/_size.scss
  border-radius: 36px;
  background-color: darken($navbar-md-bg, 27%);
```

6

```
    color: darken($navbar-md-color, 18%);
    margin: 0 3px 3px 0;
    @include hover-focus { // bootstrap/scss/mixins/_hover.scss
    text-decoration: none;
      background-color: darken($navbar-md-bg, 32%);
      color: $navbar-md-hover-color;
    }
  }
```

就是这样。保存，运行 bootstrap watch 命令，好好欣赏一下吧！以下是页脚在大和超大视口中的结果。

在中视口中的效果如下。

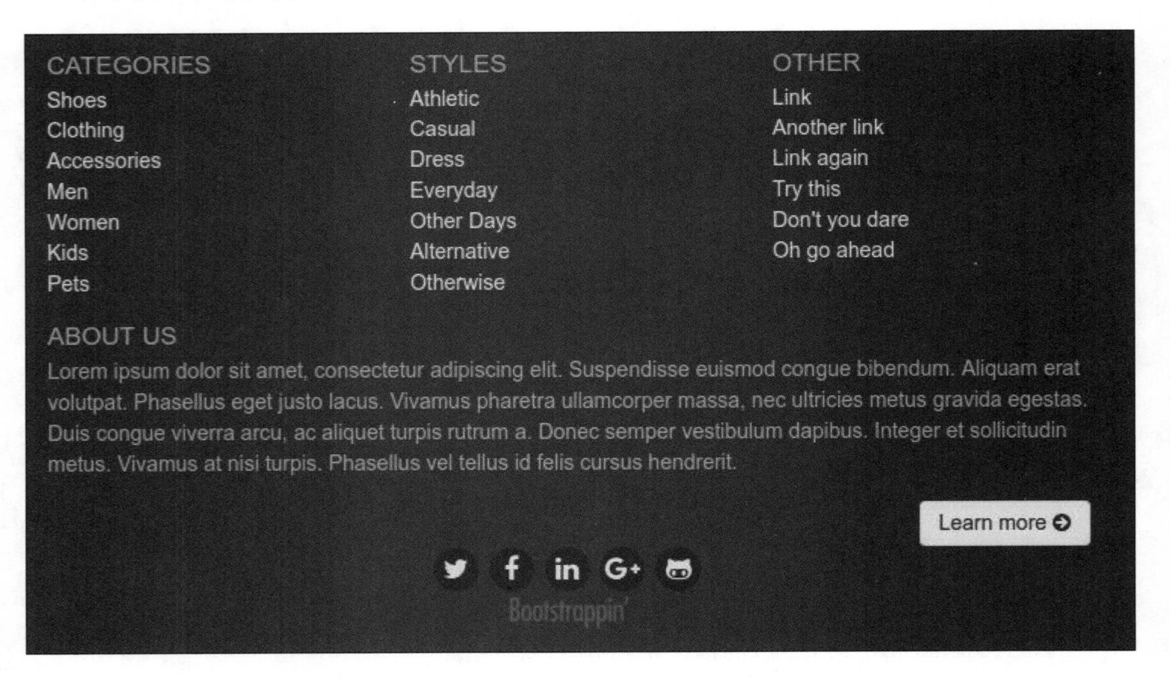

在超小屏幕和小视口中的效果如下。

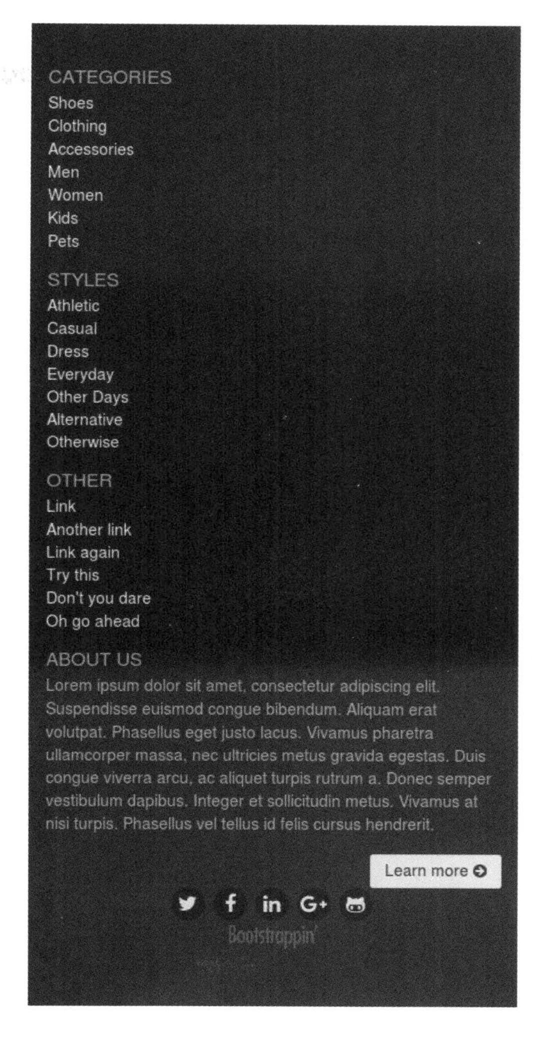

不错嘛！我们的页脚其实挺复杂的，内容多，又适配了超小、小、中、大、超大的窗口。

6.13 小结

通过本章的项目，我们又掌握了使用 Bootstrap 的一些新技术。我们为页面的主内容设计了响应式布局，使三栏内容主次分明。在页面顶部，我们创建了复杂的的响应式导航条，使其在中、大和超大视口中出现在 logo 和页头的下方，而在小屏幕中又能折叠成对移动端友好的样式。页面的页脚区域有效地组织了多个链接块，还有跨视口的文本段落。

恭喜！下一章，我们将依托上述技术，为这个网站的电子商务模块设计一个产品页面。

第 7 章

电子商务网站

构建了企业网站主页之后，接下来可以考虑设计一个在线商店了。

本章的设计以上一章的设计为基础，只添加了一个包含如下元素的新页面。

- 包含商品小图、标题和说明的产品网格。
- 位于左侧的边栏，用于按类别、品牌等筛选商品。
- 方便用户使用清单导航的面包屑和分页导航。

大家可以先看一看 Zappos（http://www.zappos.com）和 Amazon（http://www.amazon.com）的网站，搜索或者浏览一下其中的商品。本章将要创建的页面，就包含与之类似的商品网格。

完成后的商品页面在中、大、超大屏幕中的效果应该如下图所示。

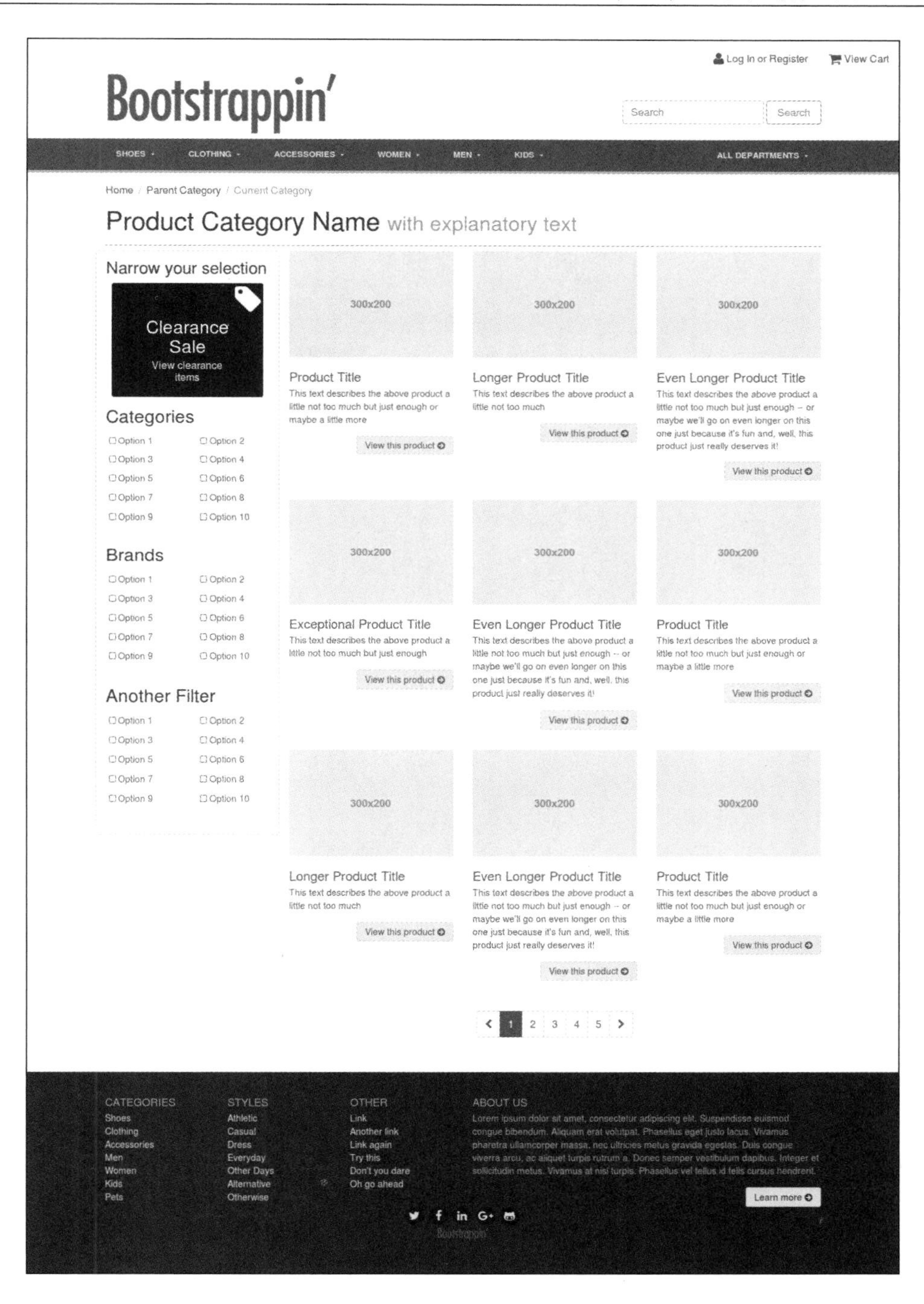

在超小屏幕上，我们希望商品页面变成如下所示的单栏布局。

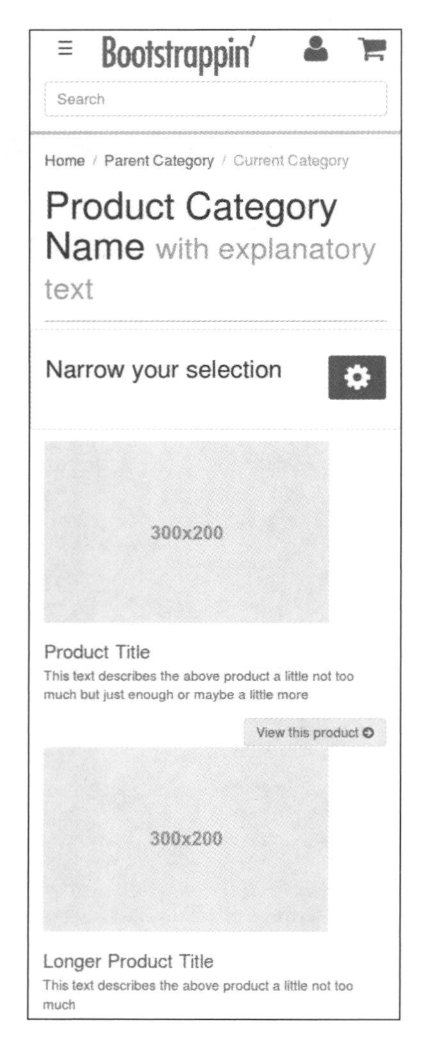

Bootstrap 为完成本章的设计提供了很好的起点，在此基础上，我们要使用 Sass 完成调整工作。

7.1　商品页面的标记

本章的练习文件可以在文件夹 chapter7/start 中找到。这个项目直接以第 6 章的设计为基础，如果对某些项目文件不理解，请参考第 6 章。

本书练习文件可以从这里下载：http://packtpub.com/support。

继续阅读前，先运行 bower install 和 npm install 命令。对本章而言，只有一个文件是新的，那就是 html/pages 文件夹下的 products.html。

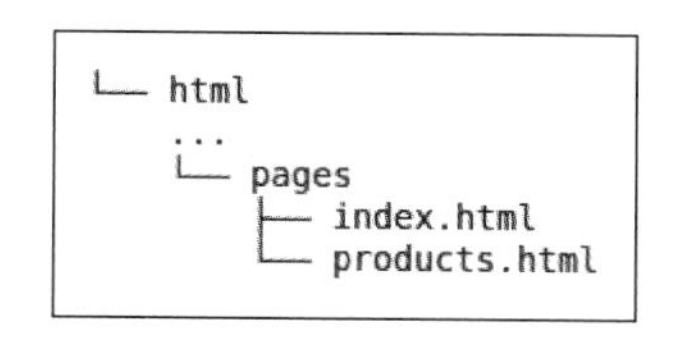

用编辑器打开 products.html，看一下其中的标记及其内容。

不同之处在 main role="main"元素中，这个元素中包含的新内容按先后顺序是：

- 用无序列表生成的面包屑导航链接；
- 用 h1 表示的页面标题；
- 一系列用于筛选商品的选项；
- 九种商品，分别带有小图、标题、说明和按钮；
- 用无序列表生成的分页导航链接，位于商品之下、站点页脚之上。

如果你运行 bootstrap watch 命令并在浏览器中打开 http://localhost:8080/products.html，会发现很多地方都没有完成。面包屑看起来还不像样，筛选选项还是一串无序列表，商品项布局也不整齐（有的商品甚至错位），等等。

面对这个乱糟糟的局面是不是有点手足无措了？不要紧，下面我们马上开始。

- 首先应用 Bootstrap 内置的面包屑、页面标题和分页导航的样式，再定制它们。
- 然后，我们要改进九个商品项的布局，改进 Bootstrap 的网格系统，让这些网格在不同断点切换时视觉上保持整齐划一。
- 最后调整筛选选项的样式，主要是增强它们的布局，再使用 Font Awesome 图标作为复选框。

运行 bootstrap watch 或 gulp 命令，并在浏览器中打开 http://localhost:8080/products.html。保存 Sass 或 HTML 模板文件后，浏览器就会自动刷新。

有了规划，下面就动手吧。

7.2　面包屑、页面标题和分页导航

接下来，我们要把 Bootstrap 的样式应用到面包屑、页面标题和分页导航，然后再定制它们，以适应我们的设计。

(1) 在编辑器中打开 products.html。

(2) 找到位于页面标题 h1 上方的有序列表，为 ol 标签添加类 breadcrumb，然后为最后一个列表项添加类 active，如下所示：这两个类对应相关 Bootstrap 的面包屑样式，相关文档请参考：http://v4-alpha.getbootstrap.com/components/breadcrumb/。保存并刷新浏览器。应该能看到如下图所示的效果。

```
<ol class="breadcrumb">
  <li class="breadcrumb-item"><a href="/">Home</a></li>
  <li class="breadcrumb-item"><a href="#">Parent Category</a></li>
  <li class="breadcrumb-item active">Current Category</li>
</ol>
```

(3)接下来定制面包屑的设计，去掉浅灰色背景和多余的内边距。

- 把 padding 设置为 0，完全删除 background-color。
- 在 scss/_includes 目录下创建名为_breadcrumb.scss 的 Sass 局部文件，并添加以下 SCSS。

```
.breadcrumb {
  padding: 0;
  background-color: initial;
}
```

(4) 别忘了在 app.scss 文件中引入刚创建的 new _breadcrumb.scss 这个局部文件。

```
// 组件
@import "includes/breadcrumb";
```

(5) 下面是页面标题。Bootstrap 的页面标题需要嵌套在类为 page-header 的 div 标签中。可在新建的 scss/includes/_page-header.scss 局部文件中编写 page-header 类相关的 SCSS 代码。请注意，需要在 scss/includes/_varaibels.scss 文件中声明变量$page-header-border-color，同时在主文件 app.scss 里引入 scss/includes/_page-header.scss 局部文件。

```
// 页面页眉
// -------------------------
.page-header {
  padding-bottom: ($spacer / 2);
  margin: $spacer 0 ($spacer / 2);
  border-bottom: 1px solid $page-header-border-color;
}
```

(6) 我们按照文档来调整标记。对于标题，我们会使用含 Bootstrap 类 display-*的 h1 标签。为了利用 Bootstrap 给标题注释添加的样式，再在含 text-muted 类的 small 标签中添加一些文本内容。

```
<div class="page-header">
  <h1 class="display-5">Product Category Name <small class="text-
muted">with explanatory text</small></h1>
</div>
```

这样就会得到如下所示的结果。

Product Category Name with explanatory text

(7) 有关 Bootstrap 中排版和标题相关的 CSS 类，可以访问网址 http://v4-alpha.getbootstrap.com/content/typography/#headings 获取更多信息。

(8) 最后是分页导航。相关的标记就在关闭的 main 标签（</main>）稍微靠上一点。在这个标题之上，依次是.container、.row 和.products-grid 的关闭 div 标签。

```
      </div><!-- /.products-grid -->
    </div><!-- /.row -->
  </div><!-- /.container -->
</main>
```

Bootstrap 中分页导航样式的文档地址为：http://getbootstrap.com/components/#pagination。要应用分页导航样式，只需把 class="pagination"添加到关闭的.products-grid 标签之上的 ul 标签。

```
<ul class="pagination">
  <li class="page-item">
    <a class="page-link" href="#" aria-label="Previous">
      <span aria-hidden="true" class="fa fa-chevron-left"></span>
      <span class="sr-only">Previous</span>
    </a>
  </li>
  <li class="page-item active">
    <a class="page-link" href="#">1 <span class="sr-only">(current)</span></a>
  </li>
  <li class="page-item"><a class="page-link" href="#">2</a></li>
  <li class="page-item"><a class="page-link" href="#">3</a></li>
  <li class="page-item"><a class="page-link" href="#">4</a></li>
  <li class="page-item"><a class="page-link" href="#">5</a></li>
  <li class="page-item">
    <a class="page-link" href="#" aria-label="Next">
      <span aria-hidden="true" class="fa fa-chevron-right"></span>
      <span class="sr-only">Next</span>
    </a>
  </li>
</ul>
```

导航中链接的 HTML 标记可能含有多个不同的 CSS 类，用于设定该链接所处的状态。CSS 类 active 表示当前链接处于被选中的状态，disabled 类则可以禁用链接。禁用的项的 HTML 代码如下所示。

```
<li class="page-item disabled">
  <a class="page-link" href="#" tabindex="-1" aria-label="Previous">
    <span aria-hidden="true">&laquo;</span>
    <span class="sr-only">Previous</span>
  </a>
</li>
```

禁用的项和选中的项都是不可点击的。可以使用 CSS 类 pagination-lg 或 pagination-sm 调整分页导航组件的大小。

```
<ul class="pagination pagination-lg">
  ...
</ul>
```

另外请注意，Bootstrap 支持可访问性。导航中包含了多个 aria-*属性。无障碍富互联网应用（Accessible Rich Internet Applications，ARIA）是一组特殊的可访问性属性，可用于任何标记尤其是 HTML 标记。可以访问 W3C 官方网址 https://www.w3.org/TR/html-aria/，了解ARIA 的更多相关信息。包含 Bootstrap 类 sr-only 的元素会为屏幕阅读器提供额外的信息。

对于 Next 和 Prev，原来的标记中已经应用了类为 a-chevron-left 和 a-chevron-right 的 span 标签，以使用 Font Awesome 图标。结果如下图所示。

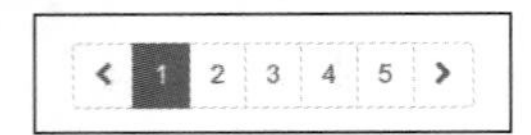

(9) 下面让分页导航在网格下方居中。首先，把它封装在一个父 div 标签中，给这个标签一个 row 类以保证它清除上方内容，然后添加一个合适的 Bootstrap 类 text-xs-center。其中的 xs 意味着该类适用于超小型及更大的网格环境。

```
<nav class="text-xs-center">
  <ul class="pagination">
    <li> ...
  </ul>
</nav>
```

7.3 调整商品网格

在继续深入前，你应该已经注意到了，由第 6 章中 holder.js 提供的占位图片并不是响应式的。可以在 app.scss 文件中添加以下几行 SCSS 代码，使所有图片默认具备响应式的效果。

```
// 使图表默认为响应式
img {
  @extend .img-fluid;
}
```

第 1 章介绍过上述过程。这一操作对所有图片均有影响。因此，logo 图标会忽略我们之前在 scss/includes/_header.scss 文件中所设置的宽度，也变成响应式的。为了解决这一问题，可在 app.scss 文件中将上述代码置于_header.scss 引入文件之前。

在将所有的图片变为默认响应式后，还应检查页脚中的 logo 图标。可以看到，logo 不再居中显示。img-fluid 类会将图片变为块级元素，因此也就无法用 text-align:center;声明来进行居中了。可用以下 CSS 代码再次实现 logo 居中的效果。

```
.social-logo {
  img {
    margin 0 auto;
  }
}
```

接下来把商品网格调整到位。在开始前，将商品网格部分的代码移到一个单独的HTML 模板中。创建名为 html/includes/products-grid.html 的新 HTML 局部文件。

在该文件中，用以下代码保存商品网格信息。

```
<div class="products-grid col-md-9">
  {{> products-grid }}
</div>
```

仔细看一看每个商品项的标记，你会发现它们都有如下的类。

```
col-sm-4: <div class="product-item col-sm-4">
```

这个类虽然起到了约束每个商品项宽度的作用，同时还能将诸栏内容封装在一行中，但整个网格看起来仍然不尽如人意。

主要问题是每个商品项的高度不确定。因此，Bootstrap 网格组件在向左浮动所有商品项时，后面的商品项就有可能挤到前面的商品项中。结果整个布局显得破碎不齐，如下图所示。

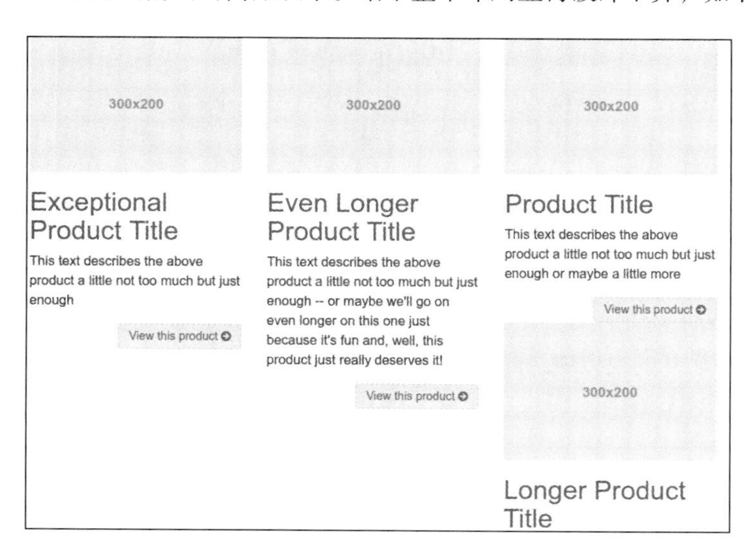

目前，在中、大或超大视口中，第 4~7 个商品由于高度不等，浮动后没有对齐。对于这一高度不等所导致的问题，可以使用额外的 div 元素，配合 clearfix 及其他响应式工具类来解决。关于 clearfix 和响应式工具类，可以回顾第 1 章的内容。

下面解决此布局问题。我们应在每三个商品项后清除浮动。可编辑 html/pages/products. html 文件，每三个商品项后就添加以下 HTML 代码片段。

```
<!-- Add the extra clearfix for only the required viewport -->
<div class="clearfix hidden-sm-down"></div>
```

对于中尺寸的屏幕，我们希望每一行包含两个商品项；而对于大或超大的屏幕，则希望一行包含 3 个商品项。可在 HTML 文件中找到商品项的相关标签，替换其使用的 CSS 类，实现这一效果。

```
<div class="product-item col-md-6 col-lg-4">
```

使用这些类，每个商品都会在超小和小视口中占据一半的空间，而在中和大视口中占据三分之一的宽度。

上述修改也意味着我们必须替换和扩展响应式栏，如下所示。

(1) 每三个商品项后，HTML 代码如下。

```
<!-- Add the extra clearfix for only the required viewport -->
<div class="clearfix hidden-md-down"></div>
```

(2) 每两个商品项后则会出现以下 HTML。

```
<!-- Add the extra clearfix for only the required viewport -->
<div class="clearfix hidden-sm-down hidden-lg-up"></div>
```

(3) 如此一来，在第 6 个商品项后会出现以下 HTML 代码。

```
<!-- Add the extra clearfix for only the required viewport -->
<div class="clearfix hidden-md-down"></div>
<!-- Add the extra clearfix for only the required viewport -->
<div class="clearfix hidden-sm-down hidden-lg-up"></div>
```

(4) 将上一步中的 HTML 代码调整为：

```
<!-- Add the extra clearfix for only the required viewport -->
<div class="clearfix hidden-sm-down">
```

(5) 至此，在中尺寸的视口中，商品项会按两栏的方式布局。

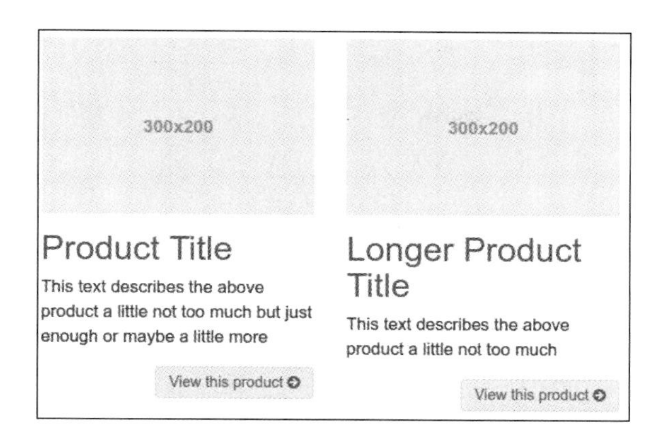

(6) 而在大和超大视口中，网格则会转变成三栏布局。

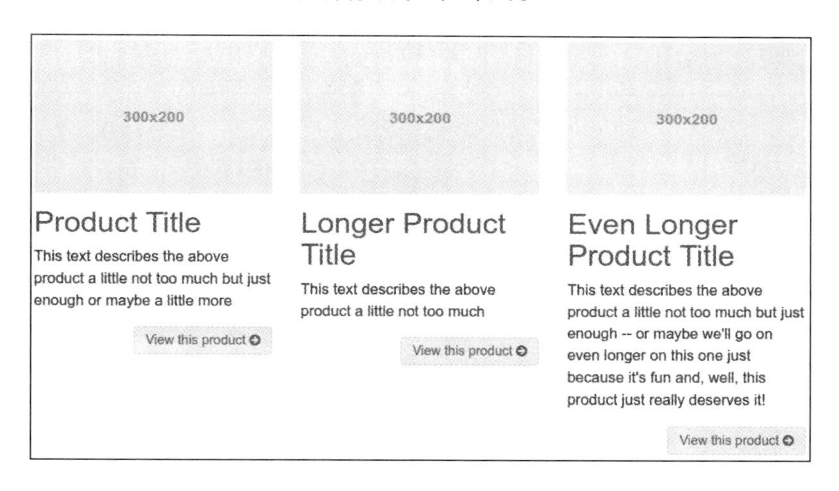

(7) 我们的任务就是要调整网格系统，增强所有网格的视觉效果。调整之后，马上就解决布局的问题。

(8) 因为要写定制的样式，所以要用编辑器创建并打开 sccs/includes/_products-grid.scss，将其引入到 app.scss 文件中。

(9) 下面写一些样式，调整图片宽度、字号、内边距和外边距，代码如下。

```
.product-item {
  padding-bottom: ($spacer-y * 2);
  h2 {
    font-size: $font-size-lg;
    line-height: $line-height-lg;
    padding: 0;
    margin-top: ($spacer-y / 7);
    margin-bottom: ($spacer-y / 8);
  }
  p {
```

```
    font-size: $font-size-sm;
    line-height: $line-height-sm;
    color: $gray;
  }
}
```

(10) 以上样式的作用如下。

- 为每个商品项底部添加一些内边距。
- 减小 h2 的字号到$font-size-lg。
- 减小 p 的字号到$font-size-sm。
- 减小 h2 的内边距，使用!important 保证覆盖在标准页面中应用的冲突规则。
- 设置 p 的字体颜色为$gray。

保存新样式，运行 bootstrap watch 或 gulp 命令。尽管此时的布局依然破碎，但商品项样式的整体效果已经大为改观，如下图所示。

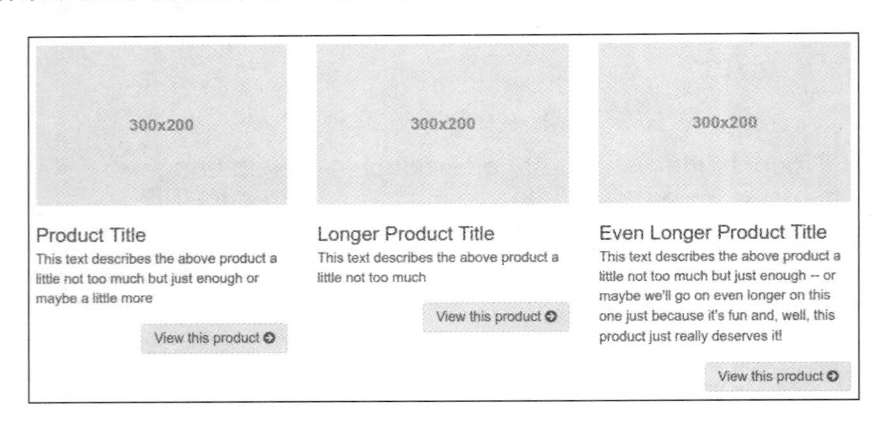

看着真是一种享受啊。

别忘了 Card 模块

前面我们用 Bootstrap 中的 Grid 模块搭建了商品网格。除了这种方式，也可以用Bootstrap 中新的 Card 模块来实现相同的效果。每一张 Card 模块中的卡片都包含了卡片头、卡片脚和上下方的图片标题。第4 章创建砌体网格布局时，已经展示对Card 模块的使用了。

首先，创建一个名为 html/includes/product-grid-cards.html 的 HTML 局部文件，使用 Card 模块重建产品模块。每一张卡片的 HTML 代码如下。

```
<div class="card">
  <a href="#"><img data-src="holder.js/300x200?auto=yes"
  alt="sample product" /></a>
  <div class="card-block">
```

```
    <h4 class="card-title"><a href="#">Product Title</a></h4>
    <p class="card-text">This text describes the above product a
    little not too much but just enough or maybe a little more</p>
    <a class="btn btn-secondary btn-sm pull-sm-right" href="#">View
    this product <i class="fa fa-arrow-circle-right"></i></a>
  </div>
</div>
```

在 Bootstrap 中，可以用分组或分层的方式组织卡片。在本例中，我们将使用分层的方法。分层组织时，每一张卡片都同高等宽，彼此之间也不粘连。以下是分层组织卡片的HTML结构。

```
<div class="card-deck-wrapper">
  <div class="card-deck">
    <div class="card product-item">
      ---
    </div>
    <div class="card product-item">
      ---
```

使用时需将每三张卡片封装在一个分层封装容器里。

在上述做法中，响应式断点为 576 像素，即区分超小型和小型网格的宽度。在该断点以下，卡片将堆叠显示。当网格介于 576 像素到 768 像素时，每一行里会包含三张卡片。由于此时卡片会非常小，因此需要用以下 SCSS 代码缩小卡片中的按钮尺寸。

```
.product-item {
  .btn-sm {
    @include media-breakpoint-only(sm) {
      font-size: $font-size-sm * 0.8;
    }
  }
}
```

使用上述代码，即可在小视口环境中缩小卡片中的按钮。接下来，我们增加大型窗口中卡片的间距。

在 scss/includes/_product-grid.scss 文件中添加以下 SCSS 代码，增大卡片的间距。

```
@include media-breakpoint-up(sm) {
  .card-deck {
      padding-bottom: ($spacer-y * 2);
  }
}
```

借助卡片分层，商品网格效果如下图所示。

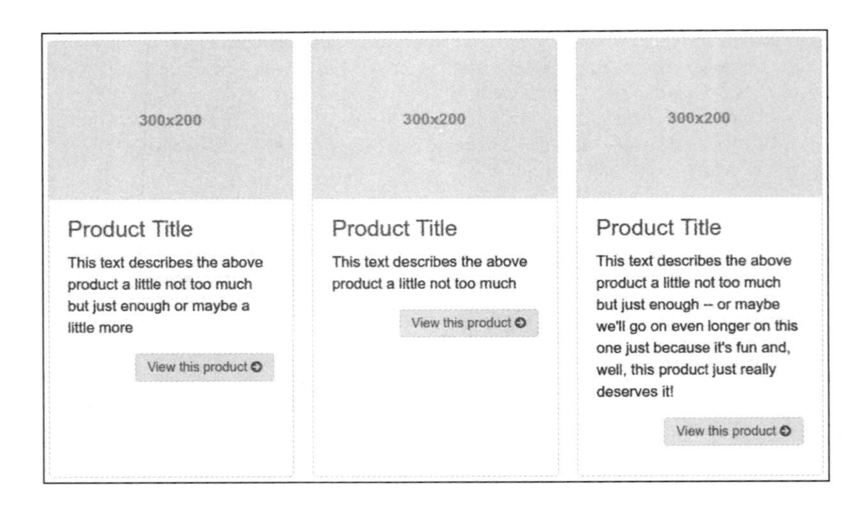

使用 Flexbox 布局模块的卡片组

正如第 1 章所讲过的，Bootstrap 中新增了可选的对 Flexbox 的支持。我们可以将 Sass 变量 `$enable-flex` 设置为 `true` 来启用这一功能。

创建名为 html/includes/product-grid-cards-flexbox.html 的 HTML 局部文件，测试 Flexbox 布局方案。别忘了在 html/product.html 文件中将相关的引入语句替换为以下代码。

```
{{> products-grid-cards-flexbox}}
```

在 scss/includes/_variables.scss 文件中，添加以下 SCSS 代码。

```
// 选项
//
// 通过启用或禁用可选功能来快速调整全局样式
features.
$enable-flex:            true;
```

html/includes/product-grid-cards-flexbox.html 文件中的 HTML 代码与 html/includes/product-grid-cards.html 中的类似。当启用 Flexbox 支持后，就无须使用 card-deck-wrapper 封装容器——可以将所有的卡片都封装在一个 card-deck 封装容器里。响应式断点依旧设为 576 像素。当视口宽度大于该断点时，Flexbox 布局默认就是响应式的：页面越宽，每一行所包含的卡片数也就越多。在大和超大的视口中，默认每一行会包含 4 张卡片。可以通过设置 CSS 中的 `flex-basis` 属性让每一行仅包含 3 张卡片。`flex-basis` 属性的作用是指定 Flexbox 布局下项的初始长度，比如用以下 SCSS 代码设定 `flex-basis` 属性。

```
.card-deck .card {
  flex-basis: 30%;
}
```

在中型网格环境中，每行将包含两张卡片。因为卡片数为奇数，最后一行里只显示一张卡片。该卡片会占据 100% 的可用空间，显示效果如下图所示。

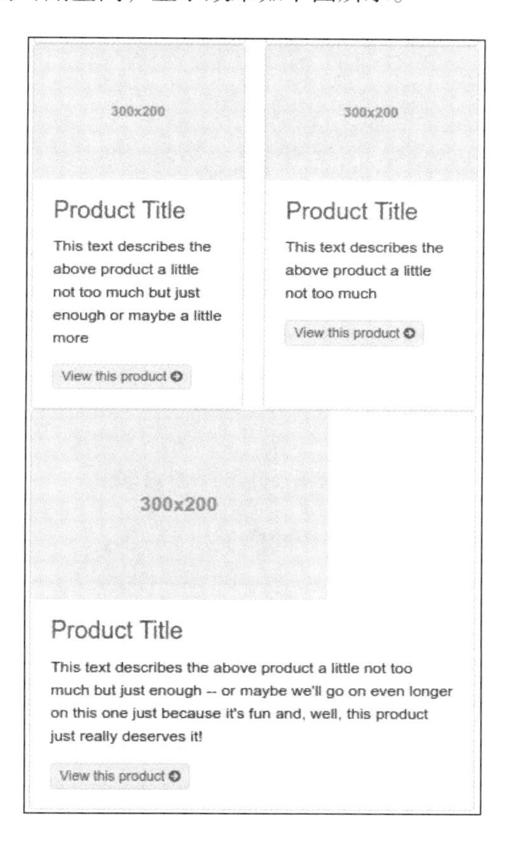

可以通过对每张卡片设置 `max-width` 值来解决这一问题，Sass 代码如下所示。

```
@include media-breakpoint-up(sm) {
  .card-deck .card {
    max-width: 46%;
  }
}
```

除了这种做法，也可以用 Bootstrap 中的响应式工具类，添加一个仅在中型网格环境中显示的空卡片。

```
<div class="card hidden-xs-down hidden-lg-up">
  <!-- empty card -->
</div>
```

对于这一空卡片，应当移除其自带的边框和圆角效果。可以使用以下 SCSS 代码来实现这一操作。

```
@include media-breakpoint-up(sm) {
  .card-deck .card {
    &:last-child {
      border: initial; // 0
    }
  }
}
```

上述代码中，`:last-child`是CSS中的伪类。伪类可配合选择符使用，用于指定特殊状态的元素。`:last-child`伪类会选中所有作为最后一个子元素而存在的元素。想了解更多有关`:last-child`伪类的信息，可访问https://developer.mozilla.org/nl/docs/Web/CSS/:last-child。

请注意上述SCSS代码中`:last-child`伪类前的&引用符，该SCSS代码会被编译成以下CSS代码。

```
.card-deck .card:last-child {
  border: initial;
}
```

可以回顾第3章，了解更多有关&引用符的内容。

修改后，中型网格环境中最后一张卡片的样子如下。

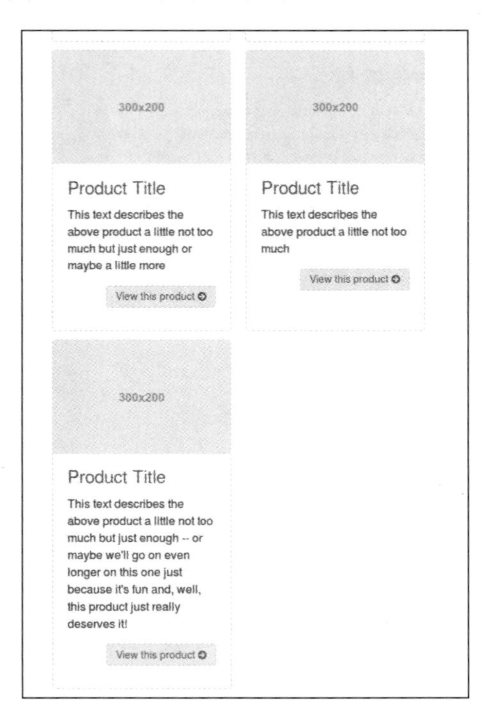

当然，也可以用以下SCSS代码来移除圆角效果。

```
.card-deck .card {
  border-radius: initial;
}
```

可以访问 https://developer.mozilla.org/en-US/docs/Web/CSS/CSS_Flexible_Box_Layout/Using_CSS_flexible_boxes，了解更多有关 CSS3 中 Flexbox 布局模块的知识。需要注意的是，IE9 及之前的旧版浏览器不支持 Flexbox 布局。

接下来调整侧边栏中筛选选项的样式。

7.4　侧边栏和筛选选项

现在开始调整侧边栏中筛选选项的样式。侧边栏和筛选选项就在商品项标记的前面。目前在小、中、大视口中，侧边栏都位于左侧。

目前侧边栏的样子如下所示。

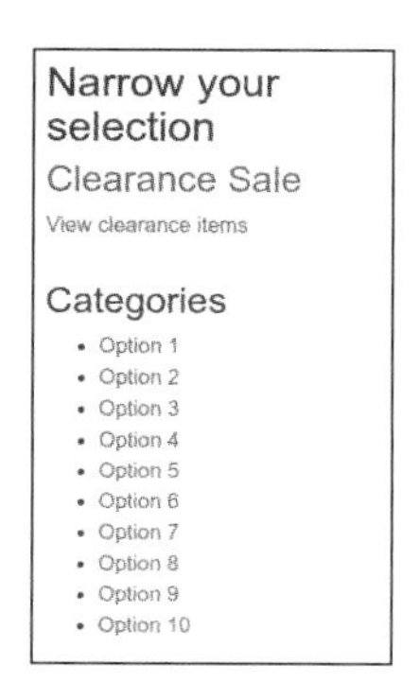

为了最终的设计，我们希望把 Clearance Sale 链接做成引人注目的超大按钮，把筛选选项排成两栏，并且每个选项前是复选框而非项目符号，如下图所示。

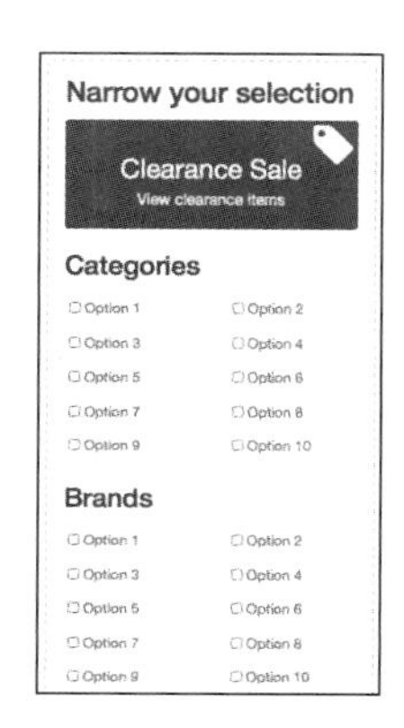

下面从基本的样式开始，设置好布局。

7.4.1 基本样式

首先调整字体、颜色、外边距和内边距。

在_grid-options.scss 这一 Sass 局部文件中添加如下规则。

```
.grid-options {
  @extend .card;
  padding-top: 12px;
  padding-bottom: 24px;
  > h2 {
    margin-top: 0;
    font-size: 1.3 * ($font-size-lg);
    line-height: 1.2;
    color: $gray-dark;
  }
}
```

上面的代码用途如下。

- 给侧边栏应用 Bootstrap 的卡片样式（参见相关 Bootstrap 文档：http://v4-alpha.getbootstrap.com/components/card/）。
- 为侧边栏添加上、下内边距，让新背景横贯侧边栏内容区。
- 调整 `h2` 标题的字号、行高和颜色。

注意别忘了在 app.scss 文件中引入 _grid-options.scss 文件。

下一步制作 Clearance Sale 按钮。

7.4.2 调整 Clearance Sale 链接样式

我们要把 Clearance Sale 链接转变成一个引人注目的超大按钮。

按照下面的说明来调整标记。

- 把链接的标题和段落都转换成按钮。
- 添加自定义的按钮类 `btn-feature`，这是我们在第 6 章创建的，赋予其特殊的颜色——红色。
- 为 sale 标签添加 Font Awesome 图标，使用 Font Awesome 内置的 `icon-3x` 类，将图标放大三倍。

要了解Font Awesome特殊尺寸类的更多信息，可参考相关文档：http://fontawesome.io/examples/#larger。

调整后的 HTML 标记如下所示。

```
<a class="btn btn-feature choose-clearance" href="#">
  <span class="icon fa fa-tag fa-3x"></span>
  <h3>Clearance Sale</h3>
  <p>View clearance items</p>
</a>
```

效果立竿见影，我们向目标迈进了一大步，如下图所示。

下面处理细节，执行以下步骤。

(1) 将 Clearance Sale 的 `display` 属性设置为 `block`，令其显示为块级元素，通过继承 Bootstrap 中的 `m-x-auto` 类，使其居中。作为工具类，`m-x-auto` 会通过把固定宽度的块级元素在水平方向上的外边距设为 `auto`来实现居中效果。

(2) 强制其宽度为其包含栏的 92.5%。

(3) 添加上、下内边距。

(4) 覆盖 Bootstrap 按钮的 `white-space: nowrap` 规则，让文本可以折行（Bootstrap 的 `white-space`规则是在 /bootstrap/scss/_buttons.scss 中定义的，关于该属性的更多信息，可以参考 http://css-tricks.com/almanac/properties/w/whitespace/ ）。

(5) 将按钮设置为相对定位，以便对标签应用绝对定位。

(6) 调整标题和段落的字体、颜色、字号和外边距。

(7) 把标签图标定位到右上角。

通过增加以下样式规则就可以实现以上目标。

```
.choose-clearance {
  @extend .m-x-auto;
  display: block;
  width: 92.5%;
  padding-top: $spacer-y * 2;
  padding-bottom: $spacer-y;
  font-size: 90%;
  white-space: normal;
  position: relative;
  h3 {
    font-weight: normal;
    color: #fff;
    padding-top: $spacer-y / 2;
    margin: $spacer / 3;
  }
```

```
    p {
      margin: $spacer / 3 $spacer * 2;
      line-height: 1.2;
    }
    .icon {
      position: absolute;
      top: 0;
      right: 2px;
    }
  }
```

请注意，Clearance Sale 按钮的背景色是由 html/pages/products.html 文件中的类设置的。其中，`btn-feature` 类由 scss/includes/_buttons.scss 片段中的 SCSS 代码生成。

```
.btn-feature {
  @include button-variant($btn-feature-color, $btn-feature-bg, $btn-feature-border);
}
```

效果不错，如下图所示。

不止如此，这些样式在不同视口中的表现也很出色。可以花点时间多试试。当然，有什么不满意的地方，也可以此为起点自行改进。

接下来轮到商品筛选选项了。

7.4.3　调整选项列表样式

本节，我们要把几个列表转换成商品筛选选项。

如果花点时间分析一下在线商店 Amazon 或 Zappos 的商品筛选选项的标记，会发现它们其实是链接列表，并且每个选项都做成了复选框的样子。我们也要把链接做成复选框的样式，选择后显示为勾选，另外还要调整它们使之可以跨设备完美运行，包括平板电脑和智能手机。

在 Amazon 和 Zappos 等电子商务网站上，筛选项与内容管理系统是关联的，网格中的商品会随着选项被勾选而动态变化。Bootstrap 是一个前端设计框架，不是内容管理系统。因此，这个练习做不到动态筛选商品。但是这个页面完成后，完全可以在内容管理系统中使用。

下一节，我们将使用 html/pages/products.html 文件中的 HTML 代码。选项列表相关的 HTML 代码如下所示。

```
<h3>Brands</h3>
  <ul class="options-list options-brands">
    <li><a href="#">Option 1</a></li>
    <li><a href="#">Option 2</a></li>
    <li><a href="#">Option 3</a></li>
    <li><a href="#">Option 4</a></li>
    <li><a href="#">Option 5</a></li>
    <li><a href="#">Option 6</a></li>
    <li><a href="#">Option 7</a></li>
    <li><a href="#">Option 8</a></li>
    <li><a href="#">Option 9</a></li>
    <li><a href="#">Option 10</a></li>
  </ul>
```

编辑 scss/includes/_grid-options.scss 局部文件中的 SCSS 代码。从列表相关的 `h3` 标题元素开始，调整其大小、行高、外边距以及颜色。

```
.grid-options {
  > h3 {
    font-size: $font-size-lg;
    line-height: 1.2;
    margin-top: $spacer-y / 2;
    color: $gray-dark;
  }
}
```

这里要使用`>h3` 子选择符，因为我们不希望它应用到 `h3` 标签，特别是不能应用到 Clearance Sale 按钮中的 `h3` 标签。

好，再把注意力集中到无序列表上。它们都有一个特殊的类 `options-list`，我们把它用作选择符，确保只针对这些特殊的列表。

首先去掉项目符号和内边距。

```
.options-list {
  list-style-type: none;
  padding-left: 0;
}
```

接下来调整链接样式。稍后我们还要为列表项添加样式，因此我们把这些样式包含在了嵌套的选择符中。

```
.options-list {
  list-style-type: none;
  padding-left: 0;
  li {
    a {
      @extend .btn;
      @extend .btn-sm;
```

```
        padding-left: 0;
        padding-right: 0;
        color: $gray;
        @include hover-focus-active {
          color: $link-color;
        }
      }
    }
  }
```

以上规则的作用如下。

- 我们利用Sass的继承功能，通过`.btn`类加入了基本的按钮样式，包括显示`inline-block`链接和额外的内边距。
- 因为没有添加其他按钮类，所以没有出现背景颜色。
- 通过添加基本的按钮样式，可以让用户更方便点击，使用手指或鼠标皆可。
- 再通过`.btn-sm`类继承相关样式，以减少内边距，并让字号比标准按钮再小一些（要了解Bootstrap的按钮类，请参见 http://v4-alpha.getbootstrap.com/components/buttons/）。
- 接着删除无序列表不必要的左、右内边距。
- 再把链接文本的颜色改为`$gray`。
- 最后，设置悬停、焦点和选中链接的颜色值为`$link-color`。

现在保存、编译并刷新浏览器进行查看。结果应该如下图所示。

Categories

Option 1

Option 2

Option 3

Option 4

每个选项链接都有了内边距，字号和颜色也都合适了。

你可能奇怪为什么这里继承了按钮的`.btn`和`.btn-sm`类，而不是直接把它们添加到标记。当然也可以那么做，但考虑到链接的数量较多，还是通过CSS应用样式更为便捷。后面几节将继续沿用这种思路，对 Font Awesome 图标样式也采用 Sass 而非直接在标记中添加类来应用。

好了，下面为选项链接添加复选框。

7.4.4　为选项链接添加 Font Awesome 图标复选框

本节，我们将使用 Font Awesome 图标在选项链接左侧添加空复选框。但我们不在标记中添加，而是在 Sass 中添加，因为更快捷。然后我们更进一步，加入另一个 Font Awesome 图标，以表示悬停、焦点和选中状态下勾选的复选框。

通过 Sass 添加图标需要从 Font Awesome 中继承样式。首先，从 bower_components/font-awesome 文件夹的_core.scss 文件中获得基本的样式。在该文件中，可以看到以下重要的样式。

```
.#{$fa-css-prefix} {
  display: inline-block;
  font: normal normal normal #{$fa-font-size-base}/#{$fa-line-height-base}
  FontAwesome; // 缩短字体声明
  font-size: inherit; // 无法继承前行字号，所以需要覆盖
  text-rendering: auto; // 优化可读性抛掉#1094
  -webkit-font-smoothing: antialiased;
  -moz-osx-font-smoothing: grayscale;
}
```

上述代码中我们使用了基于 Sass 变量插值（interpolation）的 `.#{$fa-css-prefix}` 选择符。Sass 编译器会根据 `#{}` 插值语法将变量值编译到选择符和属性中。可以访问 http://sass-lang.com/documentation/file.SASS_REFERENCE.html#interpolation_，阅读 Sass 变量插值的更多相关信息。

以上样式是所有 Font Awesome 图标的基础规则，包括作为字体的 Font Awesome 图标，以此为基础可以进一步增强相应的样式。

对现在的需求来说，我们不需要选择符和花括号，只需要其中的规则。我们要把这些样式应用到选项链接。最重要的，我们要使用 `:before` 伪元素，因为可以确保效果最佳。

要了解更多 CSS 2.1 `:before` 伪元素的信息，请参考这篇文章：http://coding.smashingmagazine.com/2011/07/13/learning-to-use-the-before-and-after-pseudo-elements-in-css/。

在_grid-options.scss 文件中编辑以下规则，嵌套结构如下。

```
.options-list {
  li {
    a {
      &:before {
        @extend .#{$fa-css-prefix};
      }
    }
  }
}
```

这些规则为我们的下一步打下了基础。接下来就可以指定要使用的 Font Awesome 图标了。浏览这个页面：http://fontawesome.io/icons/，会发现空复选框的图标。

☐ fa-square-o

这个图标的 Sass 规则可以在 font-awesome 文件夹的_icons.scss 文件里找到。打开该文件，搜索字符串}-square-o（包括右花括号可以减少匹配项，从而缩小范围），可以看到下面这一行。

```
.#{$fa-css-prefix}-square-o:before { content: $fa-var-square-o; }
```

对于上面这一行，我们只需要 content: $fa-var-square-o。把它复制粘贴到_grid-options.scss 文件中的 a:before 选择符规则的后面，或者干脆扩展.fa-square-o:before 选择符。

```
.options-list {
  li {
    a {
      &:before {
        @extend .#{$fa-css-prefix};
        @extend .#{$fa-css-prefix}-square-o:before;
      }
    }
  }
}
```

最后，我们想获得另一些 Font Awesome 样式，为图标设置固定的宽度，避免图标在切换时出现位移。这些样式可以在 font-awesome 文件夹的_fixed-width.scss 文件中找到。用以下方式扩展.fa-fw 类。

```
.options-list {
  li {
    a {
      &:before {
        @extend .#{$fa-css-prefix};
        @extend .#{$fa-css-prefix}-square-o:before;
        @extend .#{$fa-css-prefix}-fw;
      }
    }
  }
}
```

添加上面的样式后，运行 bootstrap watch 命令并在浏览器中观察结果。应该看到下图所示的复选框。

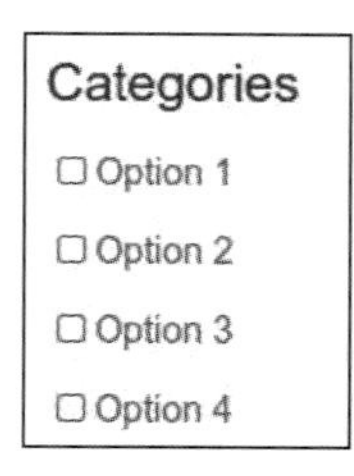

接下来，我们以同样的方式添加选择符和规则，把 Font Awesome 复选框图标的勾选版应用到链接的悬停、焦点和选中状态。

```
.options-list {
  li {
    a {
      &:before {
        @extend .#{$fa-css-prefix};
        @extend .#{$fa-css-prefix}-square-o:before;
        @extend .#{$fa-css-prefix}-fw;
      }
      @include hover-focus-active {
        color: $link-color;
        &:before {
          content: $fa-var-check-square-o;
        }
      }
    }
  }
}
```

可以在 bower_components/bootstrap/scss/mixins/_hover.sccs 局部文件中找到 Bootstrap 的 hover-focus-active 混入。可以用该混入来设置元素的活动、悬停和焦点状态。

保存文件，然后刷新浏览器并观察结果。当鼠标悬停在某个链接上时，就会看到被勾选的复选框，如下图所示。

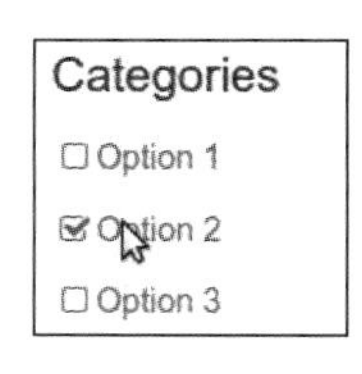

请大家注意，目前我们还没有办法强制某个链接停留在选中状态，因为我们没有内容管理系统支撑。但我们的样式已经齐备，如果有了内容管理系统，就可以直接用了。

就是这样！我们成功地为链接添加了复选框，能对用户的操作给出反馈了。

接下来，考虑一下充分利空间，让选项浮动起来。

7.4.5 使用 Sass 混入在栏中对齐选项

上一节，我们使用 Sass 实现了以往需要通过添加标记实现的功能。考虑到选项链接的数量很多，这样做效率最高。同样的思路也适用于对齐列中的选项。

当然，如果使用 Bootstrap 的 row 和栏类，通过调整标记也是可以的。

```
<ul class="options-list options-categories row">
    <li class="col-xs-6"><a href="#">Option 1</a></li>
    <li class="col-xs-6"><a href="#">Option 2</a></li>
    ...
```

第 6 章的介绍中提到过，Panini 模板支持循环迭代语句。在模板中使用循环语句可以让代码更符合DRY原则，避免出现重复代码。html/pages/products.html文件里就有一个不错的例子。相关代码如下。

```
{{#each numbers-10}}
<li><a href="#">Option {{this}}</a></li>
{{/each}}
```

模板会从文件中读取 YAML 格式的变量 `numbers-10`，其内含数字 1 到 10。事实上，使用迭代的序号会更合理，然而 Panini 并不支持 Handlebars 的这一特性。详情可参考https://github.com/zurb/panini/issues/67。

多亏有 Bootstrap 的混入，使用几行 Sass 代码就可以实现同样的效果。

(1) 首先给`.options-list` 选择符应用 `make-row()`混入。

```
.options-list {
  @include make-row();
}
```

(2) 这个混入加入的样式与我们在标记中添加 `row` 类加入的样式一样。但这里只需要一行代码。

(3) 然后使用 `make-col(6)`混入给列表项应用分栏规则，将内容分为 6 栏。

```
.grid-options {
  @include make-row();
  li {
    @include make-col-ready();
    @include make-col(6);
  }
}
```

(4) 这样就跟我们为相关的 `li` 标签添加 `col-xs-6` 类一样。之后我们将介绍如何把这些栏转换为响应式。

添加前面的内容之后，保存文件，编译为 CSS，再刷新浏览器，应该可以看到选项链接分成了两栏。

Categories

☐ Option 1　☐ Option 2
☐ Option 3　☐ Option 4
☐ Option 5　☐ Option 6
☐ Option 7　☐ Option 8
☐ Option 9　☐ Option 10

不错吧！

接下来针对小视口进行一番调整。

7.4.6 针对平板和手机调整选项列表布局

我们要限制选项面板的宽度，让它在平板设备中不至于太宽。

在针对平板的中型网格环境中，也就是宽度介于 768 像素到 992 像素之间的窗口中，无论是 Clearance Sale 按钮还是选项列表，显示效果都不太好。

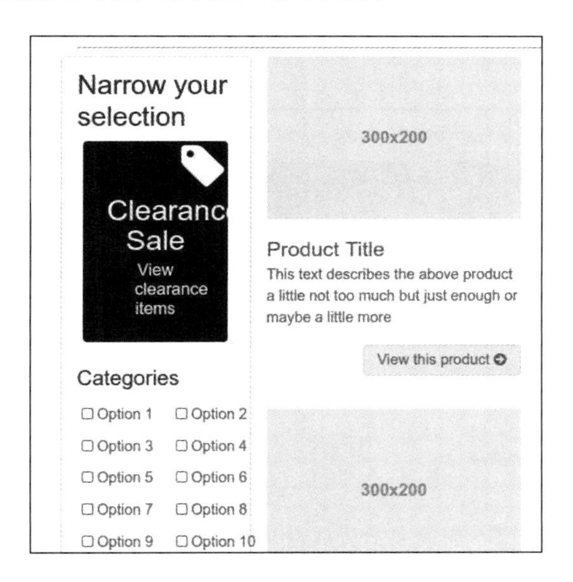

可以按以下方式使用 Sass，在中型网格中强制让所有的选项显示在单栏里。

```
.grid-options {
  @include make-row();
  li {
    @include make-col-ready();
    @include make-col(6);
    @include media-breakpoint-only(md) {
      @include make-col(12);
    }
  }
}
```

不过，上述代码并未解决中型网格中 Clearance Sale 按钮所遇到的问题。可以尝试缩小其字号，修复问题。

又或者，可以通过调整主界面的网格来解决该问题。在 html/pages/products.html 文件中按以下方式修改网格类。

```
<div class="grid-options col-md-4 col-lg-3">
  ...
</div>
```

```
<div class="products-grid col-md-8 col-lg-9">
  ...
</div>
```

修改后，中型网格中网格选项就会占据四栏。解决了中型网格中的问题后，我们来看看小型网格中的情况。

目前看来，Clearance Sale 按钮太宽了。在 480 像素到 768 像素下，选项列表相隔太远。如下图所示。

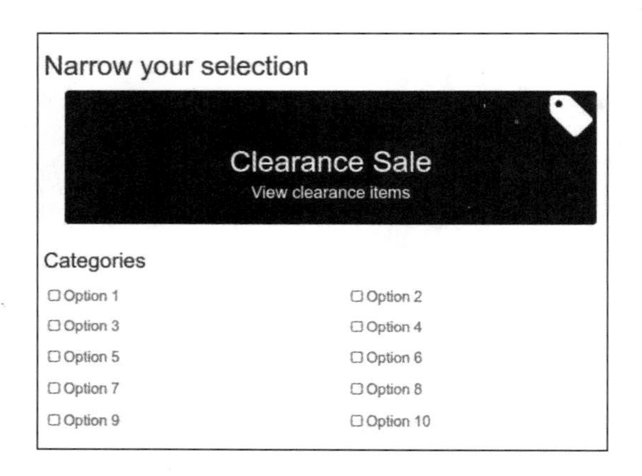

其实只要给选项面板设置一个最大宽度属性（480 像素）就行了。

```
.grid-options {
  max-width: 480px;
}
```

下面我们调整选项列表，让它们在小视口中显示为三栏。使用 Sass，可以在适当的选择符中嵌套一个媒体查询，然后在其中添加一个用于调整的 `make-col(4)`混入，如以下代码片段所示。

```
.grid-options {
  @include make-row();
  li {
    @include make-col();
    @include make-col(6);
    @include media-breakpoint-down(sm) {
      @include make-col(4);
    }
  }
}
```

这样调整之后，保存文件，然后在窄视口中测试一下，应该看到类似下图所示的结果。

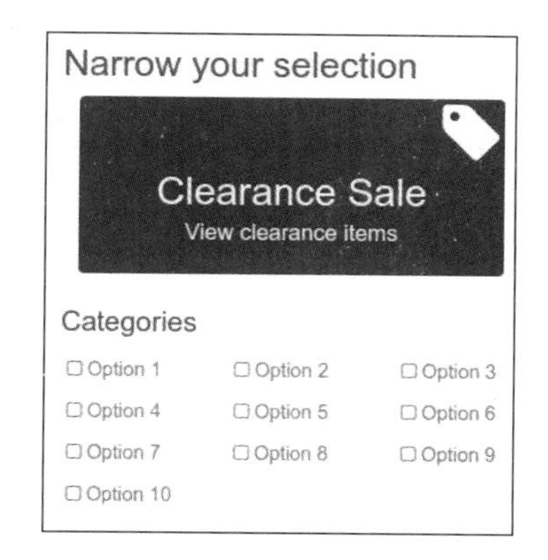

现在我们解决下一个问题：在单栏布局中隐藏筛选项，只在需要时显示。

7.4.7 在手机上折叠选项面板

现在，筛选项占据了相当多的垂直空间。这在小视口中是个问题，会把商品网格推到页面下方很远的地方。

原因是筛选项不必要地占据了大量垂直空间。商品本身才是最应该优先显示的。我们既要让手机用户迅速看到商品，也让他们在需要时可以打开筛选项。

为此，我们使用 Bootstrap 的折叠插件。下面几步我们将对选项面板使用折叠插件，同时添加一个扩展面板的按钮，并把折叠行为限定在窄视口中。

(1) 在编辑器中打开 products.html。

(2) 添加一个新的 `div` 标签，封装 Clearance Sale 按钮和三个选项列表。为这个 `div` 添加一个特殊的类 `collapse`，以及一个唯一的 ID，以便 JavaScript 插件找到它，另外也添加一个同名的类。

```
<h2>Narrow your selection</h2>
<div id="options-panel" class="options-panel collapse">
...
</div>
```

(3) 请注意，上一步的代码中 `collapse` 类会在所有尺寸的视口中隐藏内容。可以添加 `navbar-toggleable-sm` 类，确保在较大的视口中可以显示内容。

```
<h2>Narrow your selection</h2>
<div id="options-panel" class="options-panel collapse navbar-toggleable-sm">
...
</div>
```

7

Bootstrap 的折叠 JavaScript 插件也是我们在响应式折叠导航条中使用的。这个插件也可以用于其他方面，具体可以参考 Bootstrap 的文档：http://v4-alpha.getbootstrap.com/components/collapse/。

(4) 保存文件，刷新浏览器，你会发现 Clearance Sale 按钮和选项列表顿时隐藏了。只剩下选项面板上方的 `h2` 标题“Narrow your selection”了，如下图所示。

Narrow your selection

(5) 现在需要一个切换按钮，在被点击时显示筛选项。

(6) 在这个可见的、内容为“Narrow your selection”的`h2` 标题中，添加一个 `button` 元素，及相应的属性。

```
<h2 class="clearfix">Narrow your selection
  <button type="button"
    class="options-panel-toggle btn btn-primary pull-right hidden-md-up"
    data-toggle="collapse" data-target="#options-panel">
    <span class="icon fa fa-cog fa-2x"></span>
  </button>
</h2>
```

(7) 下面解释一下上面的标记。

- 为 `h2` 标题添加的 `clearfix` 类可以确保它包含切换按钮，因为切换按钮是用 `pull-right` 类浮动到右边的。
- 类 `btn` 和 `btn-primary` 会为新的按钮添加 Bootstrap 的基本按钮样式，背景颜色为 `$brand-primary`。
- 类 `hidden-md-up` 会在更大视口中隐藏按钮。
- 在 `button` 元素中，我们放了一个 Font Awesome 齿轮图标，使用 `fa-2x` 类放大到两倍。
- 保存并刷新浏览器，可以看到如下结果。

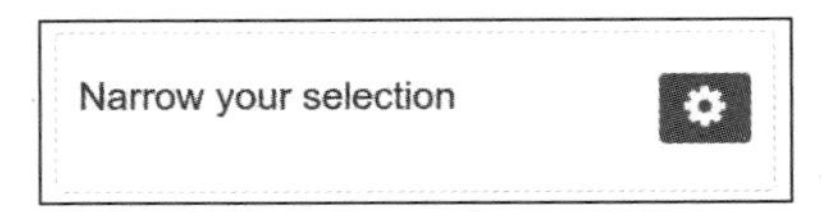

(8) 在窄视口中，选项列表会折叠起来，但切换按钮可见。

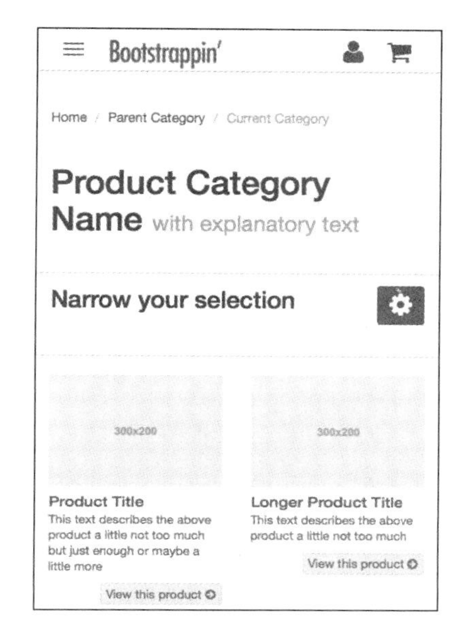

在小、中、大视口中，切换按钮隐藏，选项列表可见。

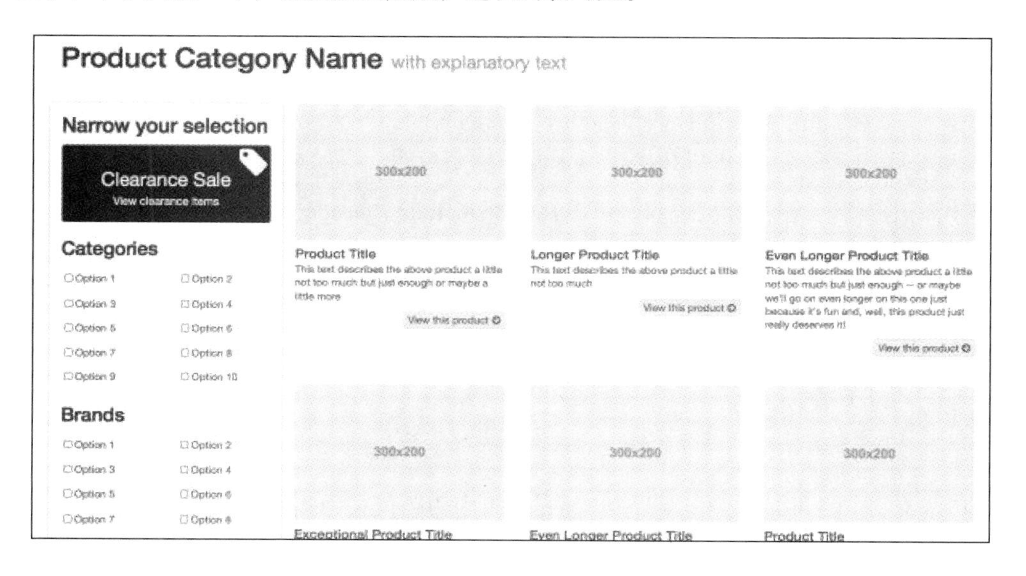

7.5 添加搜索表单

在之前的章节中，我们搭建了导航结构。对于我们的网站来说，大概一半访客会使用这一导航组件，而另一半则会选择用搜索工具来寻找内容。因此，在页面上应当始终显示对内容和商品的搜索功能。

如下图所示，可以在页眉上添加搜索表单。

在 html/includes/header.html 文件中编辑以下 HTML 代码。

```
<div class="utility-nav">
  <ul>
    <li><a href="#" ><i class="icon fa fa-user
    fa-lg"></i><span> Log In or Register</span></a></li>
    <li><a href="#" ><i class="icon fa fa-shopping-cart
    fa-lg"></i><span> View Cart</span></a></li>
  </ul>
</div>
  <form class="search-form form-inline pull-md-right">
    <input class="form-control" type="text" placeholder="Search">
    <button class="btn btn-outline-success hidden-sm-down" type="submit">Search
</button>
  </form>
</div>
```

上述标记代码的作用如下。

- Bootstrap 中的 `form-inline` 和 `form-control` 类用于内联表单。可以访问 http://v4-alpha.getbootstrap.com/components/forms/#inline-forms，阅读更多有关此类表单的信息。
- `pull-md-right` 类可以让表单浮动于页眉的右侧。
- `hidden-sm-down` 类可以在小视口中隐藏搜索按钮，仅显示搜索框。

上述代码生效后，图标会被覆盖。可以在 scss/includes/_header.scss 局部文件中用以下 SCSS 代码设置上方的内边距来解决这一问题。

```
header[role="banner"] {
  .search-form {
    @include media-breakpoint-up(md) {
      padding-top: $spacer-y * 6;
    }
  }
}
```

其中，`media-breakpoint-up(md)`混入使得内边距仅在中和更大的视口中生效。

使用 Typeahead 插件

在搜索表单中增加自动完成功能可以有效地提升搜索的可用性，而这一功能可以使用 Bootstrap 2 里的 typeahead 插件来实现。有关该插件的更多信息，可参考 https://github.com/bassjobsen/Bootstrap-3-Typeahead。该插件在 Bootstrap 4 中也可以使用。

将 Typeahead 插件集成到自己的项目里的具体步骤如下。

- 首先，将该插件添加到 bower.json 文件所声明的项目依赖中，如下所示。

```
"dependencies": {
  "bootstrap": "4",
  "tether": "^1.1.2",
  "font-awesome": "^4.6.1",
  "bootstrap3-typeahead": "git://github.com/bassjobsen/Bootstrap-3-Typeahead.git#master"
}
```

- 然后运行 `bootstrap watch` 或 `bower update` 命令。
- 在 Gulpfile.js 文件中 编辑 compile-js 任务，确保该插件被打包进项目中。

```
gulp.task('compile-js', function() {
  return gulp.src([
        bowerpath+ 'jquery/dist/jquery.min.js',
        bowerpath+ 'tether/dist/js/tether.min.js',
        bowerpath+ 'bootstrap/dist/js/bootstrap.min.js',
        bowerpath+ 'holderjs/holder.min.js', // Holder.js for project
        development only
        bowerpath+ 'bootstrap3-typeahead/bootstrap3-typeahead.min.js',
        'js/main.js'])
    .pipe(concat('app.js'))
    .pipe(gulp.dest('./_site/js/'));
});
```

- 接着，初始化该插件，将其应用到搜索表单上。打开 js/main.js 文件，在其中编辑以下 JavaScript 代码。

```
$('.search-form .form-control').typeahead( { items: 4, source: ["Alabama","Alaska",
"Arizona","Arkansas","California","Colorado","Connecticut","Delaware","Florida",
"Georgia","Hawaii","Idaho","Illinois","Indiana","Iowa","Kansas","Kentucky","Louisiana",
"Maine","Maryland","Massachusetts","Michigan","Minnesota","Mississippi","Missouri",
"Montana","Nebraska","Nevada", "New Hampshire","New Jersey","New Mexico","New
York","North Dakota","North Carolina","Ohio","Oklahoma","Oregon","Pennsylvania",
"Rhode Island","South Carolina","South Dakota","Tennessee","Texas","Utah","Vermont",
"Virginia","Washington","West Virginia","Wisconsin","Wyoming"] });
```

- 最后，调整建议菜单的 `CSS z-index` 值，避免其被导航条遮挡。可在 scss/includes/_header.scss 局部文件中使用以下 SCSS 代码。

```
header[role="banner"] {
  .search-form {
    @include media-breakpoint-up(md) {
      padding-top: $spacer-y * 6;
    }
    .typeahead.dropdown-menu {
      z-index: 2000;
    }
  }
}
```

至此，包含自动完成功能的搜索表单就已经完成了。运行 `bootstrap watch` 命令并在浏览器中观察预期的结果。在搜索表单中键入 a，页面上即呈现一个包含选项建议的下拉菜单。

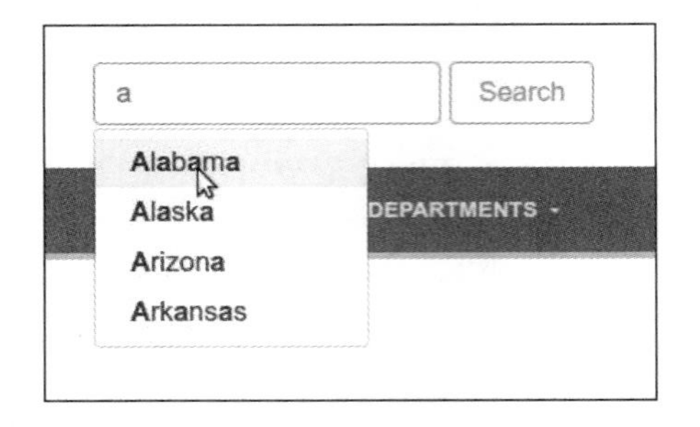

在 Bootstrap 3 版本中，typeahead 插件被废弃，转而使用 typeahead.js（参考 https://github.com/twitter/typeahead.js）。在 Bootstrap 4 中使用 typeahead.js 的话需要引入一些额外的 CSS 代码。可以访问 https://github.com/bassjobsen/typeahead.js-bootstrap4-css/，下载这些 CSS 及相应的 SCSS 代码。

祝贺你，有了搜索表单，终于完工啦！

7.6　小结

本章，我们利用 Bootstrap 的样式快速实现了面包屑、页面标题和分页导航，并根据需要进行了定制。然后调整了 Bootstrap 的网格样式，为商品项创建了整齐的布局，使用 Bootsrtap 的移动优先响应样式确保所有商品的高度一致。

我们为复杂的 Clearance Sale 按钮应用了样式，用到了`$brand-feature`这个红色背景，让筛选项更易点击。同时，使用了 Bootstrap 的栏类，加上响应式调整，对齐了筛选项列表，而且适合多个视口宽度。

最后，增加了一个拥有自动完成功能的搜索表单。

再次祝贺你！现在我们的企业网站集成了一个很像样的电子商务页面。

下一章，我们更进一步，用 Angular 2 重建项目。

第 8 章

单页面营销网站

我们已经掌握了很多重要的 Bootstrap 使用技能。现在，是时候运用更多的美和创意来帮助客户实现他们全方位在线营销的愿望了。本章将制作一个漂亮的单页面高端营销网站。

本章要完成以下任务。

- 一个大型介绍性传送带展示区，配有定制的响应式欢迎语。
- 一个客户评论区，显示为带说明的图片墙版式。
- 一个功能清单，使用大号 Font Awesome 图标。
- 一个带有定制价目表的注册区。
- 一个可动态滚动的 ScrollSpy 导航条。

8.1 概况

设想有一位潜在客户联系我们，她深深地爱上一种漂亮的网站，就是那种可以垂直滚动，以强烈的视觉冲击力展示商品或信息，还有一个突出的行动召唤按钮的单页面网站。她想让你做一个。

这位客户知识渊博，目光如炬。她经常光顾 http://onepagelove.com，并且收集了一堆最喜欢的功能，如下所示。

- 一个清新、现代、具有美感的网站。
- 一条介绍性的欢迎语，位于吸引人的背景图片之上。
- 一个高效的商品主要功能展示区，用醒目的图标来突出。
- 富有视觉冲击力的客户评论板。
- 三个让客户一目了然的基本价目表，方便选择和快捷注册。
- 转化！一切都在吸引用户一步一步向下看，让人几乎无法拒绝点击最后的注册按钮。

为了保持她未来产品发布的神秘感，我们的客户没有提供实际商品或服务的类别。她给了我们一个设计图，希望我们在设计图中使用占位图片。

第一部分是一张全宽的、引人注目的高清图片，上面有大大的欢迎语，以及一个邀请向下滚动阅读的按钮，如下图所示。

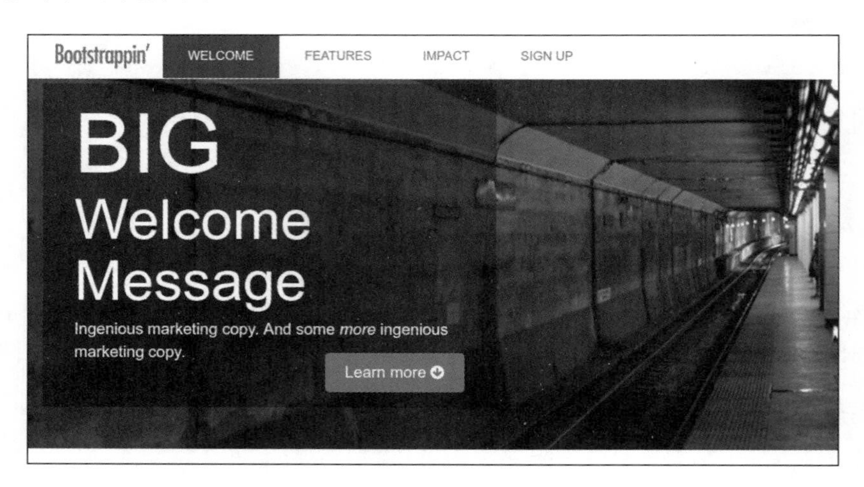

第二部分列出商品的六个重要功能，分布在三栏网格内，并配有相应的图标，如下图所示。

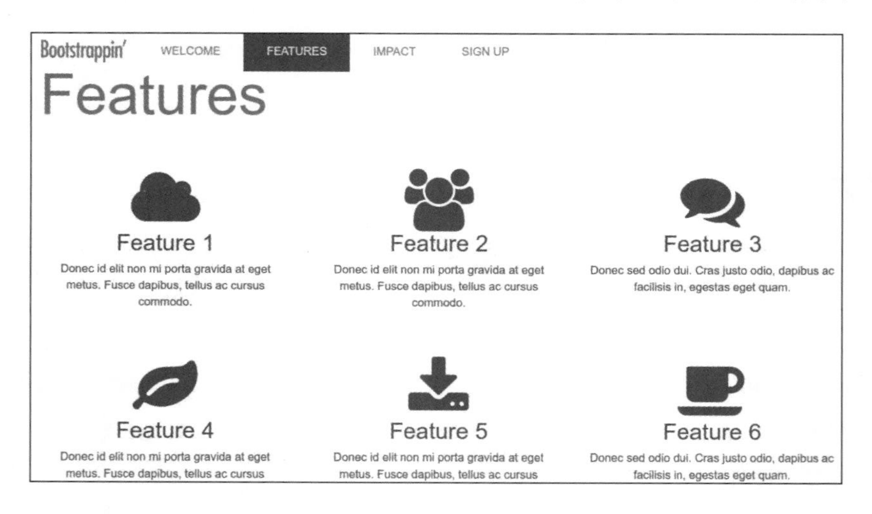

第三部分展示客户的评论，有图片，有文字，以图片墙的形式呈现。

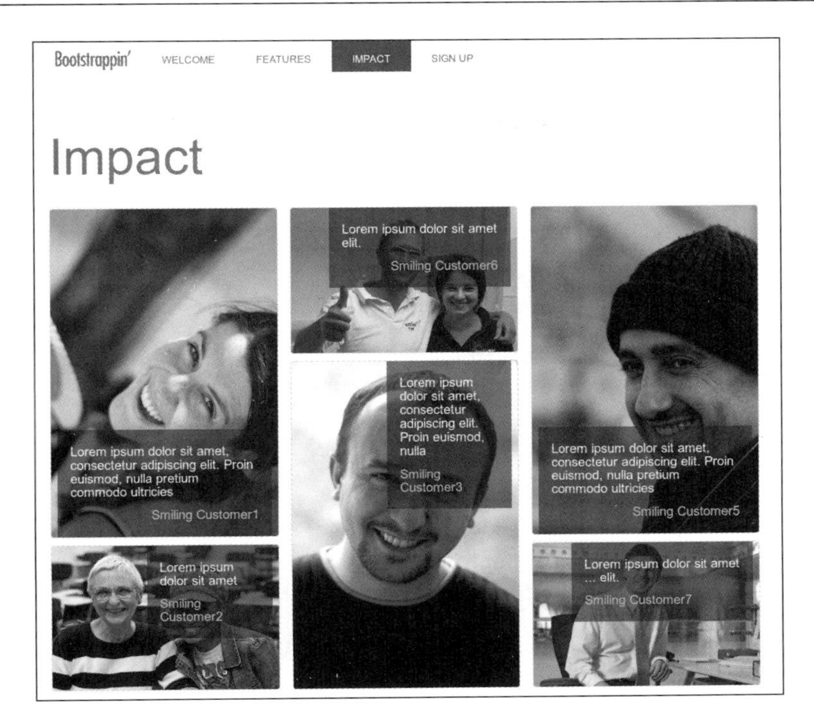

第四部分也是最后一部分，提供了三个可选方案，每个方案有相应的价目表，同时在视觉上突出中间的价目表，如下图所示。

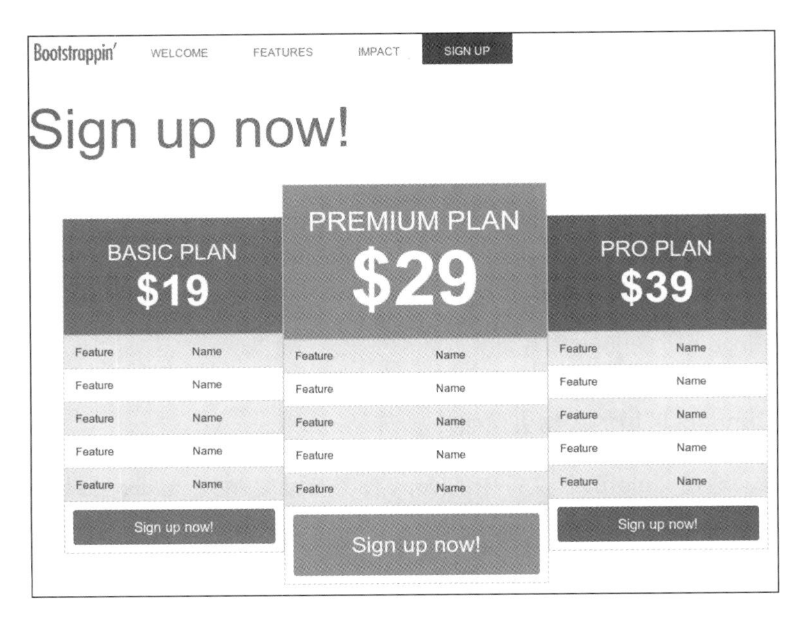

8

真是一位精明又有见识的客户！她最后还要求我们的设计必须完美地适应平板电脑和智能手机。

目标很远大。当然没问题，动手吧。

8.2 研究初始文件

我们首先研究初始的文件。如第 1 章所介绍的，用 Bootstrap CLI 创建一个新项目。

可以通过运行以下命令，安装 Bootstrap CLI。

```
npm install -g bootstrap-cli
```

然后通过运行如下命令创建项目。

```
bootstrap new
```

与之前一样，在提示符中选择"An empty new Bootstrap project. Powered by Panini, Sass and Gulp"。

创建成功后，即可看到与第 1 章类似的模板。

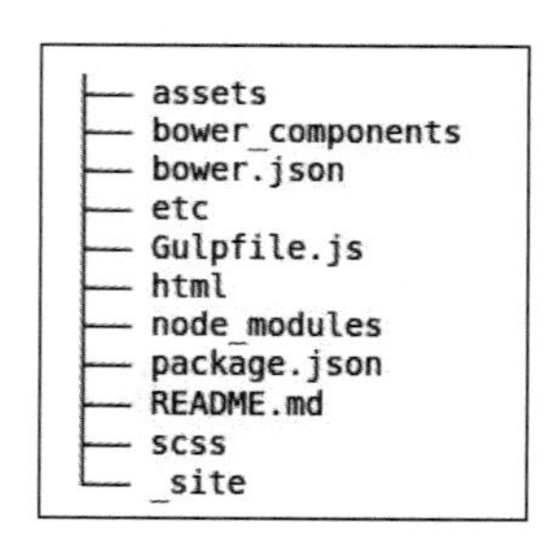

之后，需要执行以下几步额外操作。

(1) 创建名为 assets/images 的文件夹。

(2) 将 images 文件夹中的文件复制到刚创建的 assets/images 里，其中包含下面 10 张图片。

- 一张名为 logo.png 的 logo 图片。
- 两张用于引导介绍的背景图片。
- 七张用于 Impact 区域的人物头像照片。

(3) 这些图片会通过 Gulpfile.js 文件中的 copy 任务自动复制到_folder 目录里。

```
// 复制资源
gulp.task('copy', function() {
  gulp.src(['assets/**/*']).pipe(gulp.dest('_site'));
});
```

而包含 Panini 模板的 html 文件夹的文件和文件结构则如下图所示。

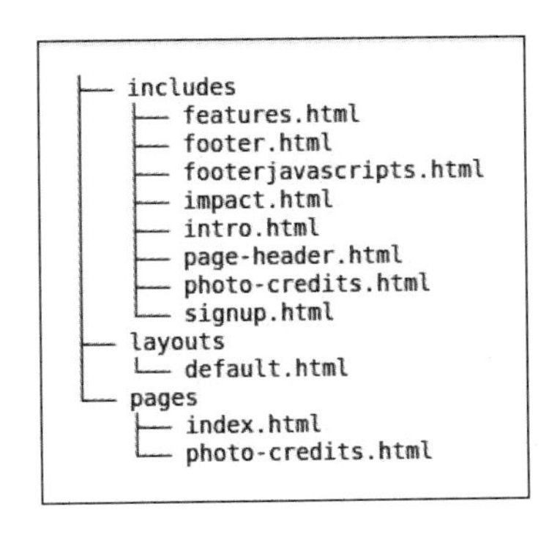

├── includes
│   ├── features.html
│   ├── footer.html
│   ├── footerjavascripts.html
│   ├── impact.html
│   ├── intro.html
│   ├── page-header.html
│   ├── photo-credits.html
│   └── signup.html
├── layouts
│   └── default.html
└── pages
    ├── index.html
    └── photo-credits.html

有关 Panini 的更多信息，可参考 https://github.com/zurb/panini。

除了用上述方法调整，也可以直接基于 chapter8/start 文件夹中的文件开始项目。在该文件夹中，运行 `npm install` 和 `bower install` 命令，然后运行 `bootstrap watch` 或 `gulp` 命令，在浏览器里观察结果。

8.3　了解页面内容

运行 `bootstrap watch` 命令并用浏览器打开 http://localhost:8080/ 查看网页，可以看到下面列出的主要组件。当然，目前这些组件使用的都是 Bootstrap 的默认样式，稍后我们会添加定制样式。

- 固定在顶部的导航条。
- 带一句大号欢迎语的高清图。
- 功能介绍，包括图标、标题、文字，分三栏。
- Impact 区域是 6 位对商品满意的用户的照片，占位文本代表他们的赞扬。
- Sign up Now!部分是三张价目表， 包括 Basic Plan、Premium Plan 和 Pro Plan，每个下面都有一个 Sign up Now! 按钮。
- 一个页脚的 logo。
- 图片出处（按照许可给出每张图片的来源）。

要查看标记，请用编辑器打开相应的 Panini 局部文件。在后面的几步中，我们会详细讲解这些标记。

8.4　添加 Font Awesome 图标字体至项目

Font Awesome 提供矢量图标，可快速用 CSS 来定制大小、颜色和阴影等效果。第 5 章介绍了如何用 Sass 将 Font Awesome 的 CSS 编译到自己项目里。

本章示例中，我们则简单地从 CDN 加载 Font Awesome 代码，将其链接到 html/layouts/default.html HTML 模板里，代码如下。

```
<link rel="stylesheet"
href="https://maxcdn.bootstrapcdn.com/font-awesome/4.6.1/css/font-awesome.min.css">
```

8.5 调整导航条

本章的项目包含一个固定在顶部的导航条，链接在悬停和选中状态会有显著的颜色变化。为此，我通过设置相应的变量应用了一些样式。下面一一指出，然后探讨如何给标记做一些必要的调整。

如前所述，scss/_variables.scss 文件是以 Bootstrap 的 variables.scss 文件为基础的。在这个文件里，我像前几章一样，定制了灰色变量。可以在文件一开头看到这些变量。

接着我调整了针对该设计的导航条的以下变量，涉及高度、外边距、颜色、悬停颜色。

```
// 导航条
$navbar-bg:                    #fff;

// 导航条链接
$navbar-link-color:            $gray;
$navbar-link-bg:               #fff;
$navbar-link-hover-color:      #fff;
$navbar-link-hover-bg:         $gray;
$navbar-link-active-color:     #fff;
$navbar-link-active-bg:        $gray-dark;
```

我们将使用第 1 章介绍过的响应式导航条。相关的 HTML 代码保存在 html/includes/page-header.html 文件里，如下所示。

```
<nav class="navbar navbar-fixed-top">
  <div class="container">
    <button class="navbar-toggler hidden-sm-up" type="button" data-toggle="collapse"
data-target="#exCollapsingNavbar2" aria-controls="exCollapsingNavbar2"
aria-expanded="false" aria-label="Toggle navigation">
      ≡
    </button>
    <div class="collapse navbar-toggleable-xs" id="exCollapsingNavbar2">
      <a class="navbar-brand" href="index.html">
        <img src="{{root}}images/logo.png" alt="Bootstrappin'">
      </a>
      <ul class="nav navbar-nav">
        <li class="nav-item active">
          <a class="nav-link" href="#">Welcome <span class="sr-only">(current)</span></a>
        </li>
        <li class="nav-item">
          <a class="nav-link" href="#">Features</a>
        </li>
        <li class="nav-item">
```

```
          <a class="nav-link" href="#">Impact</a>
        </li>
        <li class="nav-item">
          <a class="nav-link" href="#">Sign up</a>
        </li>
      </ul>
    </div>
  </div>
</nav>
```

从以上代码可以看到，导航条中使用了 navbar-fixed-top 类，会将导航条固定于页面顶部。除此之外，该类还会将 border-radius 属性的值设为 0。除了 navbar-fixed-top，Bootstrap 中还有一系列别的用于调整导航条位置（静态或固定）的 CSS 类。

除了这些定制变量外，我还稍微修改了一下_navbar.scss 文件。定制了导航条展开时的列表项，添加了内边距并移除了链接间的空隙，同时把文字转换成大写。

```
.navbar {
  background-color: $navbar-bg;
  color: $navbar-link-color;
  padding: 0 1rem;
  .nav-item + .nav-item {
    margin-left: 0;
  }
  .nav-link, .navbar-brand {
    padding: $spacer-y * .75 $spacer-x * 2;
  }
}
.navbar-brand img {
  width: $brand-image-width;
}
.nav-link {
  color: $navbar-link-color;
  line-height: $brand-image-height;
  text-transform: uppercase;
  .active & {
    background-color: $navbar-link-active-bg;
    color: $navbar-link-active-color;
  }
  @include hover {
    background-color: $navbar-link-hover-bg;
    color: $navbar-link-hover-color;
  }
}
```

Bootstrap 的预定义 CSS 类里也包含了一些用于调整文字的类。更多信息可参考 https://getbootstrap.com/docs/4.3/utilities/text/。

logo 图片的原始尺寸为宽 900 像素，高 259 像素。当图片宽度调整为 120 像素时，可用这些原始尺寸数据来计算其最终的高度。

```
$brand-image-width: 120px;
$brand-image-height: (259 * $brand-image-width / 900);
```

导航条中链接的行高会被设为$brand-image-height 变量值，使其与品牌图片对齐。

这样，导航条的总高度就成了$brand-image-height + 2 * ($spacer-y * 0.75)。我们将用该值来设置 HTML 中 body 元素上方的内边距，否则固定放置的导航条会和页面主体内容发生重叠。

$brand-image-height 变量值的单位是像素，而$spacer-y 的单位则是 rem。Sass 中无法将这两者直接相加。可以通过除以 1rem 的方式，消掉 rem 单位。得到的值乘以$font-size-root 就能获取以像素为单位的结果。

首先，在 scss/includes 文件夹中创建一个名为_page-contents.scss 的文件。

将其引入到 main.scss 里，如下所示。

```
@import "_page-contents";
```

scss/app.scss 中计算 body 元素 padding-top 值的代码如下。

```
body {
  padding-top: (2 * ($spacer-y * .75) / 1rem * $font-size-root) + $brand-image-height;
}
```

调整过的变量和导航条定制结合起来，就得到了如下结果。

下面从高清图和大号欢迎语开始。

8.6　定制高清图

高清图是 Bootstrap 中用于特别显示网站关键信息的组件。有关高清图及其 HTML 标记的相关信息，可参考 http://v4-alpha.getbootstrap.com/components/jumbotron/。

本节，我们要定制高清图，显示客户的大号欢迎语，同时调整标记样式。包括添加大背景图，放大欢迎语文字，然后调整其在多视口中的外观。

在 index.html 中，找到如下标记。

```
<!-- INTRO SECTION -->
<section class="jumbotron" id="welcome">
  <div class="container">
    <h1 class="display-3"><strong>Big</strong> Welcome Message</h1>
```

```
      <p class="lead">
        Ingenious marketing copy. And some <em>more</em> ingenious marketing copy.<a
href="#features" class="btn btn-lg btn-primary pull-xs-right">Learn more <span
class="icon fa fa-arrow-circle-down"></span></a>
      </p>
    </div>
  </section>
```

首先增加高清图的高度，把背景图放进去。

(1) 在编辑器中打开定制的 Sass 文件 scss/includes/_jumbotron.scss。别忘了在 scss/app.scss 中将其引入。

(2) 现在我们设置`#welcome`部分的高度、背景颜色和字体颜色，同时也为按钮添加一些上外边距。

```
.jumbotron {
  height: 300px;
  background-color: $jumbotron-bg;
  color: $jumbotron-color;
  .btn {
    margin-top: $spacer-y;
  }
}
```

(3) 高清图的背景色和字体颜色是在 scss/includes/_variable.scss 文件中设置的。

```
// 高清图
$jumbotron-bg: #191919;
$jumbotron-color: contrast($jumbotron-bg);
```

(4) Sass 函数`contrast()`是在 scss/functions_contrast.scss 文件里定义的。该函数会使用 Sass 自带的亮度调节功能，根据输入参数的颜色值返回相应的亮色调或暗色调。

在设计中使用对比色可以有效提升项目的可访问性。当字体颜色随背景色的改变而自动变化，设计的基色改变就不会削弱网站的可读性和可访问性。本章使用的是简单的`contrast()`函数，而像 Compass 这样的 Sass 类库则包含了其自己的对比函数。可以访问 https://www.smashingmagazine.com/2014/10/color-contrast-tips-and-tools-for-accessibility/，阅读由 Cathy O'Connor 撰写的文章“Design Accessibly, See Differently: Color Contrast Tips And Tools”。

(5) 接下来，我们使用媒体查询为大屏幕添加背景图片（根据目前 Bootstrap 媒体查询的默认断点值，大屏幕指 991 像素以上）。

(6) 需要的话，也可以再次打开并阅读 Bootstrap 中关于响应式断点的文档。文档地址为 https://getbootstrap.com/docs/4.3/layout/overview/。可以通过Sass混入来使用所有媒体查询规则。

(7) 利用 Sass，可以在高清图选择符的上下文中嵌套一个媒体查询。在这个媒体查询中，将 subway-906x600.jpg 指定为背景。就这里的断点来说，这张图片对于断点已经足够大了，但加载速度也很快。

```
.jumbotron {
  @include media-breakpoint-down(md) {
    background: url('#{$images-path}subway-906x600.jpg') center center no-repeat;
  }
}
```

以上 Sass 代码会编译为以下 CSS 代码。

```
@media (max-width: 991px) {
  .jumbotron {
    background: url("../images/subway-906x600.jpg") center center no-repeat;
  }
}
```

(8) 保存文件，运行 `bootstrap watch` 命令并在浏览器中观察结果。应该看到新背景图片出现了，但只会在窗口宽度为 991 像素或更小的时候才会出现。

(9) 下面我们要扩展平板大小视口中高清图的高度。为此，要在中型网格环境中写一个媒体查询，把高清图元素的高度增加到 480 像素。

```
@include media-breakpoint-only(md) {
  height: 480px;
}
```

(10) 保存文件，运行 `bootstrap watch` 命令并在浏览器中观察结果。应该看到视口宽度在 768 像素到 991 像素时，高清图的高度会变成 480 像素。

(11) 接下来考虑中及更大（宽度 992 像素以上）视口，此时把高清图高度增加到 540 像素。在这个宽度下，就要使用更大的背景图片 subway-1600x1060.jpg，同时把 `background-size` 设置为 `cover`。

```
@include media-breakpoint-up(lg) {
  height: 540px;
  background: #191919 url('#{$images-path}subway-1600x1060.jpg') center center
no-repeat;
  background-size: cover;
}
```

(12) 有了这些样式规则，当视口变大时，就会显示 1600 像素宽的背景图片了。

(13) 保存文件，在浏览器中测试。没问题，主要断点基本都涵盖了。

执行完以上步骤后，高清图的样子会如下图所示。

请注意，我们调用了`@include media-breakpoint-down(md)`混入，对小尺寸的背景图片设置了`max-width`属性。使用媒体查询，就可根据不同的屏幕尺寸加载不同的背景图片，从而在手机和平板端减少页面加载的时间和所耗带宽。有关浏览器文件测试及媒体查询，可以阅读由 Tim Kadlec 所撰写的相关文章：https://timkadlec.com/2012/04/media-query-asset-downloading-results/。

接下来，我们为营销欢迎语添加样式，使其凸显。

调整高清图欢迎语设计

客户希望高清图上的欢迎语格外大。Bootstrap 的 display-3 样式把高清图中原字号增大了 3.5倍，我们想再增强。还要在宽屏幕中约束欢迎语的宽度，并在其后放置一个半透明的盒子。

基于现有的结果，我们需要在小和超小屏幕中减小字号。然而，在文本后放置一个半透明的黑盒子，可以增强文字对比。下面就来试试看。

(1) 在 index.html 中，高清图`container`类内部，添加一个新的、类为`welcome-message`的`div`标签，包含`h1`标题和段落。

```
<section class="jumbotron">
  <div class="container">
    <div class="welcome-message">
      <h1 class="display-3"><strong>Big</strong> Welcome Message</h1>
      <p class="lead">
         Ingenious marketing copy. And some <em>more</em> ingenious marketing copy.<a
href="#features" class="btn btn-lg btn-primary pull-right">Learn more <span
class="icon fa fa-arrow-circle-down"></span></a>
      </p>
    </div>
  </div>
</section>
```

(2) 现在为这个`div`添加样式，在 scss/includes/_jumbotron.sccs 文件中执行以下几步。

- 使用 HSLA 添加半透明黑色背景。

- 将其设为绝对定位，并通过将上、下、左、右的值设置为 0，将其拉伸至与高清图一样大小。
- 使用 container 选择符将高清图设置为相对定位，以便确定欢迎语的位置。
- 给欢迎语添加内边距。
- 使用原有的 strong 标签把 Big 变成大写，同时增大字号。

```
.jumbotron {
  .container {
    position: relative;
    height: 100%;
    .welcome-message {
      background-color: hsla(0,0,1%,0.4); // translucent overlay
      position: absolute;
      top: 0;
      left: 0;
      right:0;
      @include media-breakpoint-up(lg) {right: 50%;}
      bottom: auto;
      padding: 20px 40px;
      strong {
        font-size: 1.5em;
        text-transform: uppercase;
      }
      @include media-breakpoint-down(sm) {
        .display-3 {font-size: 1.5em;}
      }
    }
  }
}
```

(3) 保存文件，运行 bootstrap watch 命令并在浏览器中观察结果。应该能看到背景变暗了，文本在这个深色背景上也更加突出，如下图所示。

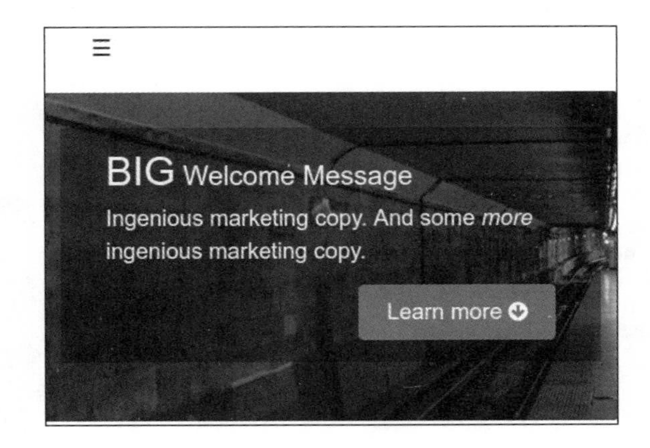

(4) 最后，我们再针对中、大视口进行调整。在中、大视口中，我们想限制欢迎语的宽度。这次要再用到 Sass 媒体查询混入。

```
.jumbotron {
  .container {
    .welcome-message {
      right: 0;
      @include media-breakpoint-up(lg) {
        right: 50%;
      }
    }
  }
}
```

(5) 同样，保存文件并在浏览器里查看结果。在大视口中可看到下图所示的结果。

使命达成！

我们定制的高清图就此完成，满足了客户显示超大欢迎语的要求，同时还能适应平板、手机等设备的视口。关键是我们在此遵循了移动优先的原则。

下面到功能列表了。

8.7 美化功能列表

我们的目标是增大图标，居中对齐文本，以及平整网格布局。看一下功能列表的标记结构。

```
<section id="features">
  <div class="container">
    <h1>Features</h1>
    <div class="row">
      <div class="features-item col-md-4">
        <span class="icon fa fa-cloud"></span>
        <h2>Feature 1</h2>
        <p>Donec id elit non mi porta gravida at eget metus. Fusce
dapibus, tellus ac cursus commodo. </p>
      </div>
      ...
```

每个功能都有自己的图标、标题和段落，封装在自己的 `div` 标签中，这个标签有两个类：`features-item` 和 `col-md-4`。

知道了标记结构，接下来写需要的样式。

(1) 创建一个名为 scss/includes/_features.scss 的新的 Sass 局部文件，别忘了将其引入到 scss/app.scss 文件中。

```
@import "includes/navbar";
@import "includes/jumbotron";
@import "includes/features";
```

(2) 在编辑器中打开该文件，新开辟一块，并添加注释，表明是功能区的样式。

```
// 功能区
#features {
}
```

(3) 针对`.features-item`部分，居中文本，添加内边距，并设定高度以避免浮动项彼此交错，同时将`.icon`字号增大到90像素。

```
#features {
  .features-item {
    text-align: center;
    padding: 20px;
    height: 270px;
    .icon {
      font-size: 90px;
    }
  }
}
```

(4) 保存文件，在浏览器中测试结果。运行`bootstrap watch`命令，在中视口中应该看到下图所示的效果。

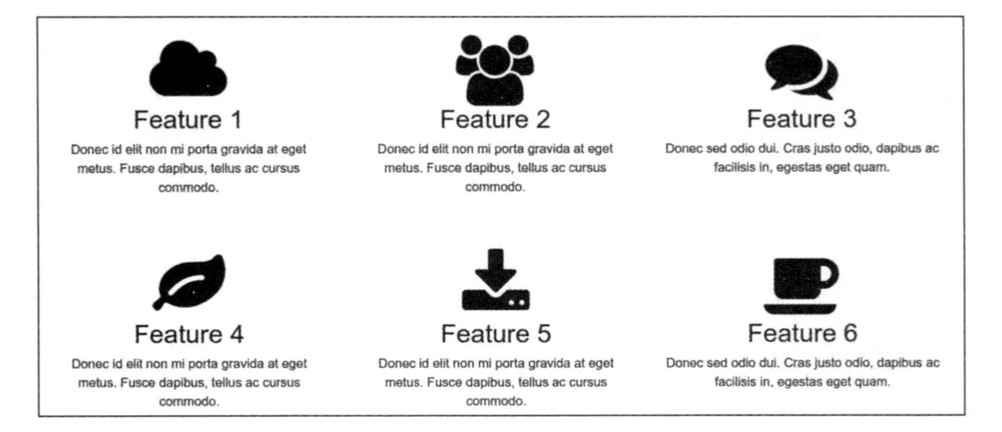

(5) 不错！下面针对小屏幕调整功能列表。当前，每个`.features-item`都有类`col-md-4`，而我们希望在小屏幕布局中显示为下图所示的两栏，相应地要添加类`col-sm-6`。

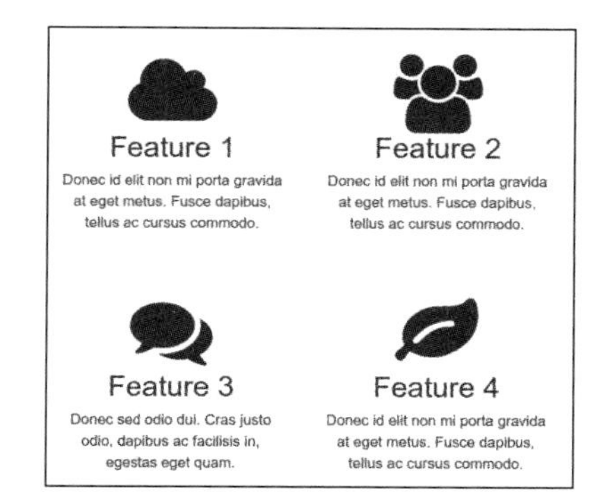

(6) 当然，在超小屏幕中，功能项自己会变成一栏。

(7) 可是，在超小屏幕范围之上，即500像素到767像素时，全宽布局会导致描述文本太宽。

(8) 解决这个问题需要再添加一个媒体查询，为`.features-item`设置最大宽度，同时设置水平外边距为`auto`使内容居中。

```
// 功能区
#features {
  @include media-breakpoint-only(xs) {
    margin: 0 auto;
    max-width: 320px;
  }
}
```

(9) Bootstrap中的`m-x-auto`类能将固定宽度的块级内容水平居中。Bootstrap 3中与该CSS类功能相对应的是`center-block`类。

(10) 有了以上限制，`.features-item`元素在任何视口中都会保持理想的宽度！在小窗口中，显示效果如下。

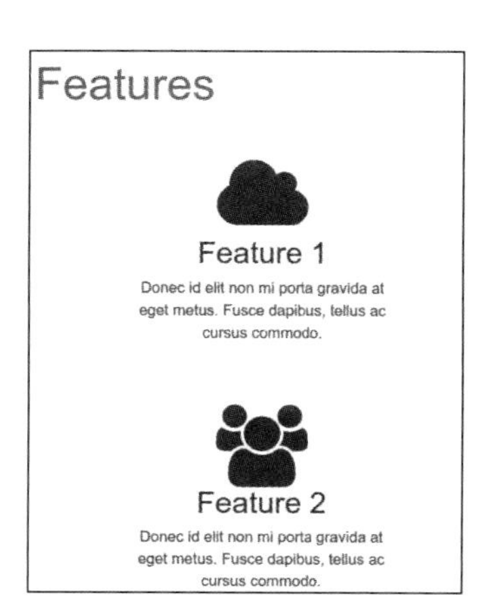

这样，我们又满足了客户对其网站这一部分的要求。下一步可以考虑用户评论区了。

8.8 装饰用户评论区

Impact 区域负责展示对商品满意的用户。在这一部分，我们看到的是用户的笑脸，还有他们对商品的赞美之词。

本节我们将再次使用 Card 模块。如第 4 章所提到的，Card 模块是一个灵活且可扩展的容器，用于替换旧版本 Bootstrap 中的 panel、thumbnail 和 well 组件。

第 7 章也用到了 Card 模块。

第 4 章用 Card 模块创建了砌体网格布局。该布局会根据可用的垂直空间，以最优的方式排列元素位置，就像在墙上砌石砖一样。本节，我们将在 Impact 区域再次使用这种砌体网格布局。Bootstrap 中的砌体网格解决方案只使用到了 CSS。如果你需要一个支持旧版本浏览器的 JavaScript 砌体网格方案的话，可以使用相关插件，如 http://masonry.desandro.com。

Card 模块中，分栏的实现使用了 CSS 里的 multi-column 布局，相关信息可参考 https://developer.mozilla.org/en-US/docs/Web/CSS/CSS_Columns/Using_multi-column_layouts。

由于 IE9 及之前的浏览器不支持 CSS 里的 `column-*`属性，因此在这些旧版本浏览器中无法使用砌体网格布局。

一开始的标记结构为：

```
<!-- IMPACT SECTION -->
<section id="impact">
  <div class="container">
        <h1>Impact</h1>
    <div class="reviews card-columns">
```

每一条评论都像下面这样使用 `hreview` 微格式标记。

微格式标记是 HTML 的一个扩展，用于标记个体、组织、产品和评论等信息。使用微格式标记的站点可以发布一个标准 API，从而让搜索引擎、浏览器以及别的工具可以优化结果。其中，`h-review` 是一个简单开放的微格式，用于发布评论信息。更多信息可参考 http://microformats.org/。

```
<div class="hreview review-item-1 card">
  <img class="card-img img-fluid" src="{{root}}images/smiling1-
by-RomainGuy-600x900.jpg" alt="Customer Photo1">
  <div class="caption card-img-overlay">
    <blockquote class="description card-img-overlayquote">
      <p>Lorem ipsum dolor sit amet, consectetur adipiscingelit.
Proin euismod, nulla pretium commodo ultricies</p>
      <footer>Smiling Customer1</footer>
    </blockquote>
  </div>
</div>
```

每张卡片中的图片都拥有 img-fluid 类，从而可以适配卡片的大小，并具备响应式的特性。

card 和 card-img 类会将图片变成卡片容器的背景，同时通过设置卡片元素的 position 值为 relative、图片元素的 position 值为 absolute，将背景图片和卡片中的文字重叠。

由于选择符 card-columns 类的使用，网格布局会自动调整每张卡片的位置。

card-columns 类会在除超小型网格以外的环境中默认设置 CSS 分栏。在超小型网格环境中，网格项会垂直堆叠显示。可用 scss/includes/_impact.scss 文件里的 SCSS 代码，在小型网格环境中设置两栏布局。

```
.card-columns {
  column-gap: $card-columns-sm-up-column-gap;
  @include media-breakpoint-up(sm) {
    column-count: 2;
  }
  @include media-breakpoint-up(md) {
    column-count: 3;
  }
  > .card {
    // 见 https://github.com/twbs/bootstrap/pull/18255#issuecomment-237034763
    display: block;
  }
}
```

有关 hreview 微格式的更多信息，可参考 http://microformats.org/wiki/hreview-examples。

保存修改并运行 bootstrap watch 命令。Impact 区域应如下图所示。

当前这样的结构，无论从语义角度，还是从呈现角度，都为我们提供了很好的基础。

我们知道，用户评论区最终要做成砌体布局的样子，图片有横也有竖。为了让照片中的脸部都露出来，同时有地方叠加简短的称赞文字，我们要把所有图片都处理成了同宽。

在针对大视口调整布局之前，我们先来为说明元素添加样式。

8.8.1 定位及美化说明

我们要把说明元素放到对应用户照片的上面。

(1) 在打开的 scss/includes/_impact.scss 文件中，添加针对#impact 部分的注释和选择符。

```
// Impact 区域
#impact {
}
```

(2) 现在可以为说明元素添加样式了。我们要为每张图片添加半透明的背景，并将其绝对定位到图片底部。

```
.hreview {
  .caption {
    position: absolute;
    top: auto;
    left: 10px;
    right: 10px;
    bottom: 0;
    line-height: 1.1;
    background: hsla(0,0,10%,0.55);
  }
}
```

(3) 下面该评论文字了，我们要指定外边距、边框、字体、字号和颜色。

```
blockquote {
  margin-top: 4px;
  border: none;
  font-family: @font-family-serif;
  font-size: @font-size-large;
  color: #fff;
}
```

(4) 接着给评论者的名字指定样式，应该出现在评论内容之下。

```
.reviewer {
  margin-top: 2px;
  margin-bottom: 4px;
  text-align: right;
  color: $gray-lighter;
}
```

(5) 保存文件，运行 `bootstrap watch` 命令，查看进度。

(6) 应该看到 Impact 区域的结果如下图所示。

还不错。不过，我们还能做得更好。

8.8.2 调整说明元素的位置

看看上图中的可用空间，再在不同视口宽度下检查一下响应式网格中叠加文本的变化情况。你会发现需要针对每个说明元素设置样式，以保证对相应用户图片位置最合适。

`review-item-1`、`review-item-2` 这些类就可以派上用场了。通过它们就可以针对每条说明分别设置样式，与图片匹配。

为了演示说明元素的位置，在 scss/includes/_impact.scss 文件中添加如下代码行。

```
.hreview:nth-child(2n) .caption {
  top: 0;
  left: 62%;
  right: 10px;
  bottom: auto;
  .reviewer {
    margin-top: 6px;
    text-align: left;
  }
}
.hreview:nth-child(3n) .caption {
  top: 0;
  left: 17%;
```

```
  right: 10px;
  bottom: auto;
}
```

上面的标记针对每第二个和每第三个说明元素调整了其位置，得到了如下结果。

除了以上使用:`nth-child()`选择符的做法外，也可以自行编写 SCSS 代码来调整特定说明元素的位置。

调整超小屏幕中的情况

在超小网格环境中，评论是堆叠显示的；而在小型网格环境中，则呈现为两栏。

首先，在小尺寸网格中，缩小说明元素的字号。在 scss/includes/_impact.scss 文件中添加以下 SCSS 代码。

```
#impact {
  .caption {
    blockquote {
      font-size: $font-size-sm;
      @include media-breakpoint-only(sm) {
        font-size: $font-size-lg;
      }
    }
  }
}
```

在小型和超小型网格中，只显示前四个评论，并用以下 SCSS 代码默认隐藏其余的评论信息。

```
// Impact 区域
#impact {
```

```
  .hreview:nth-child(5), .hreview:nth-child(6) {
    display: none;
    @include media-breakpoint-only(md) {
      display: block;
    }
  }
}
```

保存文件并在浏览器中测试结果。

好了，用户评论部分已经完全达到客户的要求了。

现在我们继续客户期望的主页设计的最后一个项目：价目表。

8.9 吸引人的价目表

我们再来看一眼客户提供的设计图，看看客户期望的结果在桌面设备屏幕中是什么样的。

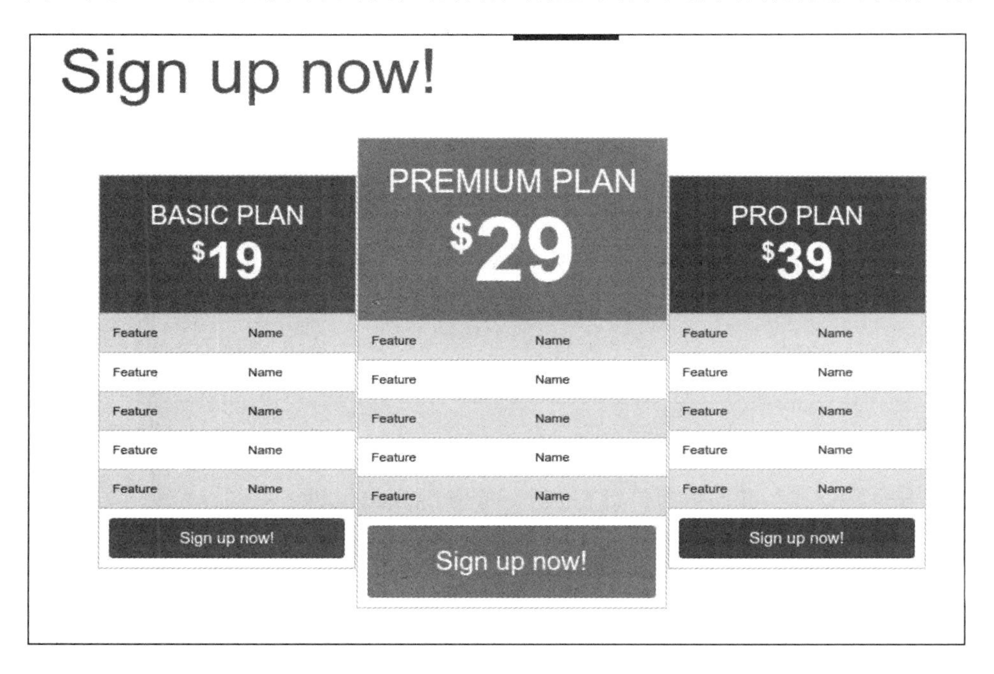

我们得考虑如何达到期望的结果，以及在其他尺寸的视口中需要如何调整它们的布局。

8.9.1 准备变量、文件和标记

如前面的图片所示，这个设计方案涉及几个表格。我们可以先从调整与表格相关的几个基础变量开始。这些变量都在_variables.scss 文件中。搜索表格部分，然后调整与背景、强调的行和边框相关的变量，调整后的结果保存在 scss/includes/_variables.scss 本地文件里，代码如

下所示。

```
// 表格
//
// 定制表格组件基础值，通用于所有表格
$table-cell-padding:       .75rem;
$table-sm-cell-padding:    .3rem;
$table-bg:                 transparent;
$table-bg-accent:          hsla(0,0,1%,.1); // 生成条带效果
$table-bg-hover:           hsla(0,0,1%,.2);
$table-bg-active:          $table-bg-hover;
$table-border-width:       1px;
$table-border-color:       $gray-lighter;
```

保存文件，运行 `bootstrap watch` 命令，可以看到下图所示的结果。

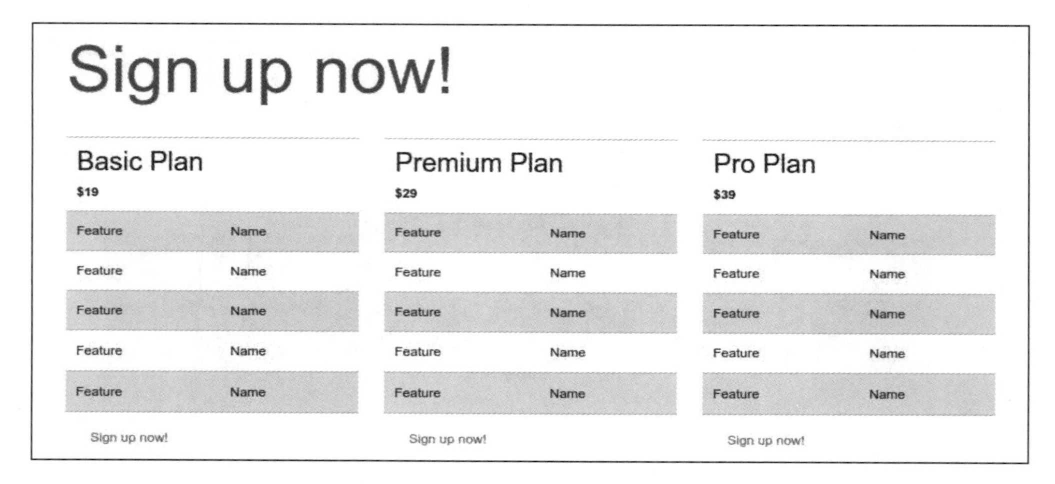

以此为起点，接下来我们需要写更具体的样式。

为了保存这些样式，我们再为价目表创建一个新的 Sass 文件。

(1) 在 scss/includes 文件夹中创建_pricing-tables.scss。
(2) 在 main.scss 中引入这个文件。

```
@import "_pricing-tables.scss";
```

(3) 在编辑器中打开_pricing-tables.scss，开始在里面写新样式。

不过，在写新样式之前，我们先来看看表格的标记。

在每个表格标记的父元素中，我们已经应用了下面的特殊类。

- `package package-basic`

- package package-premium
- package package-pro

比如，第一个表格，它的父 div 的标记如下。

```
<div class="package package-basic col-lg-4">
  <table class="table table-striped">
...
```

请注意上述 HTML 代码中的 table 和 table-striped 类，它们是 Bootstrap 中用于调整呈现内容的工具类。可以将基础类 table 加到任意一个<table>元素上，使用预定义好的样式。当然，也可定制样式规则扩展基础类，或者使用 table-striped 等 Bootstrap 中的修正类。有关 Bootstrap 中表格的相关信息，可参考 http://v4-alpha.getbootstrap.com/content/tables/。

类似地，第二表格和第三个表格的父元素分别加入了 package package-premium 类 和 package package-pro 类。

这些父容器通过 col-md-4 类提供了基本的布局样式，即在中及以上视口中会排成三栏。

下面分析每个表格的标记。第一个基本配置表已经应用了 table 和 table- striped 类。

```
<table class="table table-striped">
```

这个表格使用<thead>元素作为最顶层的包含块。在这个元素内部，是一个跨两栏的<th>，其中包含<h2>标题，是包名称，还有一个<div class="price">，标注价格。

```
<thead>
  <tr>
    <th colspan="2">
      <h2>Basic Plan</h2>
      <div class="price">$19</div>
    </th>
  </tr>
</thead>
```

再后面是包含 Sign up Now! 按钮的 tfoot 标签。

```
  <tfoot>
    <tr><td colspan="2"><a href="#" class="btn">Sign up now!</a></td></tr>
  </tfoot>
```

8

然后是 tbody 标签，包含一组功能列表，很直观，每行两栏。

```
<tbody>
  <tr><td>Feature</td><td>Name</td></tr>
  <tr><td>Feature</td><td>Name</td></tr>
  <tr><td>Feature</td><td>Name</td></tr>
```

```
  <tr><td>Feature</td><td>Name</td></tr>
  <tr><td>Feature</td><td>Name</td></tr>
</tbody>
```

最后，当然是两个关闭标签，table 标签和父 div 标签。

```
  </table>
</div><!-- /.package .package-basic -->
```

其他两个表格的结构也都一样。这就是我们下一步工作的基础。

8.9.2　美化表格头

要美化所有表格的表格头元素，需要做以下几件事。

- 居中文本。
- 添加与最终版本接近的中性灰作为背景颜色。
- 把字体颜色改为白色。
- 把 h2 标题转换为大写。
- 增大价目表的尺寸。
- 给表格添加必要的内边距。

完成以上美化工作，只要下面几行代码即可。这里我们把所有针对表格的样式都放到#signup 选择符中。

```
#signup {
  table {
    border: 1px solid $table-border-color;
    thead th {
      text-align: center;
      background-color: $gray-light;
      color: #fff;
      padding: 2 * $spacer-y 0;
      h2 {
        text-transform: uppercase;
        font-size: 2em;
      }
    }
  }
}
```

简单来说，这些样式完成了除增大价目表尺寸之外的所有工作。我们可以在这个基础上，开始添加样式，仍然在#signup 选择符内。

```
.price {
  font-size: 4em;
  line-height: 1;
}
```

这样就得到了下面的结果。

这就接近我们的预期结果了，但我们想缩小美元符号。可以把第一个字符嵌套在`.price`样式中。

```
.price {
  font-size: 4em;
  line-height: 1;
  &::first-letter {
    font-size: .5em;
    vertical-align: super;
  }
}
```

作为伪类元素，`::first-letter`可用于调整元素中第一个字符的样式，而无须在HTML层面用`<span>`标签将该字符包起来。有关伪类元素的更多信息，可参考https://css-tricks.com/almanac/selectors/f/first-letter/。

以上代码行将美元符号缩小为原来的一半，并且顶部对齐。现在的结果如下图所示。

8.9.3　调整表体和表脚样式

同样以三个价目表样式为目标，统一做如下调整。

- 给功能列表添加左、右内边距。
- 把按钮拉伸至全宽。
- 增大按钮尺寸。

用下面的规则就可以实现。

```
#signup {
  table {
    tbody {
      td {
        padding-left: $spacer-x;
        padding-right: $spacer-x;
      }
    }
    a.btn {
      @extend .btn-lg;
      font-size: 1.25em;
      display: block;
      width: 100%;
```

```
            background-color: $gray-light;
            color: #fff;
        }
    }
}
```

上述 SCSS 代码中，`@extend` 功能用于扩展 Bootstrap 中大按钮的样式。Bootstrap 源代码中会避免使用`@extend` 功能，但我们作为开发人员可以自由使用。

除了上面的做法，也可以使用 Bootstrap 中的 `button-size()`混入来设置大按钮样式。有关`@extend`功能的更多内容，可以回顾第1章。请注意，上面的代码中字号设置为了1.25em，从而以父元素的字号为基准。如果使用混入的话，字号的单位为 rem。

保存文件，运行 `bootstrap watch` 命令，应该可以看到下面的结果。

Feature	Name
Feature	Name
Feature	Name
Feature	Name
Feature	Name

Sign up now!

公共的样式完成了，接下来可以考虑差异化了。

8.9.4　为不同的价目表添加不同的样式

我们先为不同的价目表的表头和 Sign up now! 按钮添加预期的颜色。在客户给我们的设计图中，Basic 是蓝色，Premium 是绿色，Pro 是红色。下面我们准备配色，将选择好的颜色值新变量指定给三级品牌色，如下所示。

```
$brand-primary:        #428bca;
$brand-secondary:      #5cb85c;
$brand-tertiary:       #d9534f;
```

设置完颜色变量，就可以将它们有效应用到表头和按钮元素上了。此时要用到前面给每个表格的父元素添加的特定的类，也就是 `package-basic`、`package-premium` 和 `package-pro`。

(1) 在 scss/includes/_pricing-tables.scss 文件中，新写一段注释。

```
// 价目表颜色
```

(2) 在这里我们给.package-basic 表应用主品牌色@brand-primary 变量,先在 thead th 元素中试验一下。

```
#signup .package-basic table {
  thead th {
    background-color: $brand-primary;
  }
```

(3) 然后再把主品牌色应用于 thead th 元素的按钮。这里,我们还使用了 bootstrap/mixins.less 文件中的.button-variant()混入给:hover 和:active 状态应用样式。这个混入接受三个参数：颜色、背景颜色和边框颜色。定义如下。

```
  ...
  .btn {
    @include button-variant(#fff, $brand-primary, darken($brand-primary, 5%));
  }
```

(4) 编译之后，这个简洁的混入就会为按钮及其悬停、选中状态生成对应的样式！

要了解 button-variant()混入的原理,可以参考 bootstrap/scss/mixins/_buttons.scss 中的定义，以及 bootstrap/scss/_buttons.scss 文件，其中使用这个混入定义了 Bootstrap 默认的按钮类。

(5) 现在，需要对.package-premium 表重复上述过程，只不过这次要使用$brand-secondary 变量。

```
#signup .package-premium table {
  thead th {
    background-color: $brand-secondary;
  }
  .btn {
    @include button-variant(#fff, $brand-secondary, darken($brand-secondary, 5%));
  }
}
```

(6) 最后，再给.package-pro 表应用第三品牌色变量$brand-tertiary。

```
#signup .package-pro table {
  thead th {
    background-color: $brand-tertiary;
  }
  .btn {
    @include button-variant(#fff, $brand-tertiary, darken($brand-tertiary 5%));
    }
  }
```

(7) 也许你已经注意到了，上述代码高度重复。可以借助 Sass，编写出符合 DRY 原则的 CSS 代码。通过将规则名封装到 Sass 映射表中并使用 @each 循环，即可实现这一点。

你也可阅读拙作 *Sass and Compass Designer's Cookbook*，学习如何在 Web 项目中用 Sass 编写高效的、可维护、可复用的 CSS 代码。详情可访问 https://www.packtpub.com/web-development/sass-and-compass-designers-cookbook。

(8) 保存文件，运行 `bootstrap watch` 命令。应该看到应用了新颜色的表格，如下图所示。

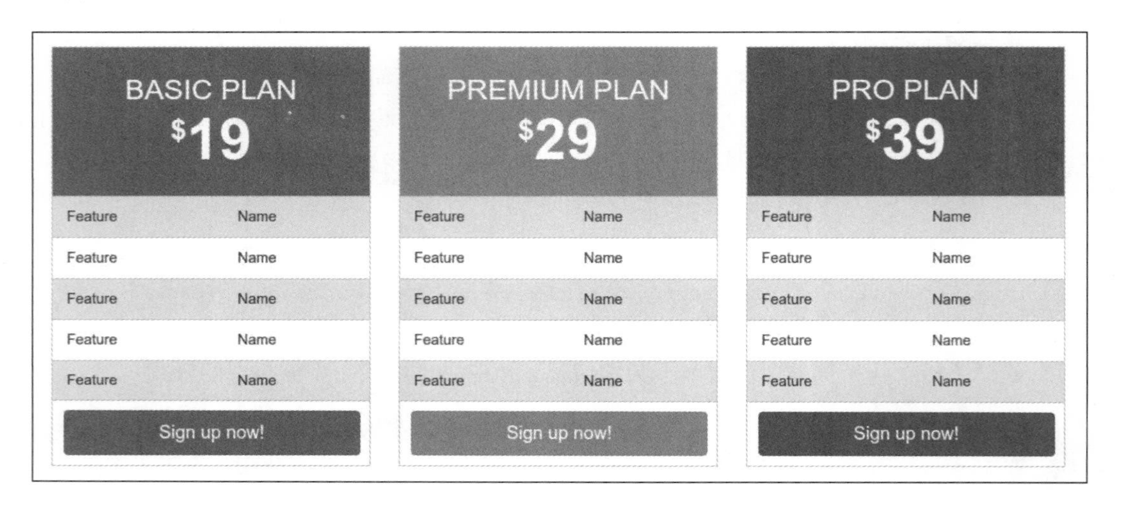

非常好！

接下来解决表格对不同视口的适配问题。

8.9.5　适配小视口

由于 Bootstrap 对响应式设计的重视，我们的表格在跨视口断点切换时都表现得很好。前面已经看到在中型宽度视口中表格的表现了，在大屏幕中，表格会扩展得更宽。而在小视口中，几个表格则会垂直堆叠显示，非常不错。

可是，在大约 480 像素到 768 像素宽度之间的时候，表格会扩展到与屏幕同宽。很明显，这时候就太宽了。

因为只有三个表格，所以不可能考虑两栏布局的方案。只能限制表格宽度，并使用自动的左、右外边距使它们居中排列。我们使用 `media-breakpoint-down()` 这一媒体查询混入，把表格的最大宽度设置为 400 像素，再通过水平外边距为 auto 的方式让表格居中。

```
//
// 限制小及超小屏幕的宽度
// ------------------------------------------

@include media-breakpoint-down(sm) {
  #signup .package {
```

```
    max-width: 400px;
    margin: 0 auto;
  }
}
```

使用 Sass 中的`@extend`功能来扩展`.m-x-auto`，无法使表格居中显示，因为我们无法在`@media`语句内部扩展外面的选择符。

```
#signup {
  font-size: 100%;
  @include media-breakpoint-only(md) {
    font-size: 70%;
  }
}
```

保存文件，并在浏览器中测试结果。应该可以看到宽度受限的表格在窗口内居中了。

此时，三个表格颜色上有了差异，而且具备了响应性。可是还差一点，在中、大视口，我们希望 Premium 方案更突出。

8.9.6 给表格以视觉层次

再看一眼设计图，就会发现我们的设计，至少在桌面级视口中，应该在视觉上强调中间的 Premium 方案：文字应该更大，而且视觉上应该在另外两个表格的前方。

这个效果可以通过调整内边距、外边距和字号来实现。我们要在针对中、大视口的媒体查询中添加样式。

```
//
// 视觉上增强 Premium 方案
// -----------------------------------------
  @include media-breakpoint-up(md) {

}
```

我们的第一个目标是要缩小表格之间的距离。这可以通过缩小网格栏之间的间距来实现。

```
#signup {
  // 把表格挤在一起
  .col-md-4 {
    padding: 0;
  }
}
```

然后，增大 Premium 块的字号。

```
#signup {
  .package-premium .price {
    font-size: 7em;
  }
}
```

在这个媒体查询中，我们首先减少 Basic 表和 Pro 表（即第一和第三个表）的宽度，再给它们添加一些上外边距，将它们推下一点。

```
// 减小 Basic 表和 Pro 表的尺寸
#signup .package-basic {
  padding-left: 4 * $spacer-y;
}
#signup .package-pro {
  padding-right: 4 * $spacer-y;
}
#signup .package-basic table,
#signup .package-pro table {
  margin-top: 3 * $spacer-x;
}
```

接下来增大 Premium 表的字号，并为其按钮添加内边距。

```
// 增大 Premium 表的尺寸
#signup .package-premium table {
  thead th {
    h2 {
      font-size: 2.5em;
    }
  }
  a.btn {
    font-size: 2em;
    padding-top: 1.5 * $spacer-x;
    padding-bottom: 1.5 * $spacer-x;
  }
}
```

保存文件，并在浏览器中观察结果。在 1200 像素及更大的视口中应该看到如下效果。

就这样了！至此，我们完成了客户给我们提出的最后一个要求。现在，从整体角度做一些修饰和调整的工作。

8.10 最后的调整

本节，我们从增强页面整体的角度出发，再做一些细节的调整。首先，给页面中的每个部分的 `h1` 标题增加必要的上、下内边距。然后，再增强一下导航的体验，即给导航条添加 ScrollSpy 并使用 jQuery 将点击导航项后的滚动行为变成动画。

先来增强各部分的主标题。现在看一下这些标题，你会发现它们很不起眼。我们的增强方案是降低其对比度，增大其内边距。我们只想把规则应用给 Features、Impact 和 Sigh up，因此可以通过 ID 选择它们。

(1) 在编辑器中再次打开 scss/includes/_page-contents.scss 文件。

(2) 在文件顶部，在给页面主体应用上内边距的规则之后，添加以下代码行。

```
#features, #impact, #signup {
  padding-top: $spacer-y * 2.5;
  padding-bottom: $spacer-y * 3;
  h1 {
    font-size: 5em;
    color: $gray;
    line-height: 1.3;
    padding-bottom: $spacer-y * 1.5;
  }
}
```

(3) 以上规则做的事情如下。

- 给这些部分添加上、下内边距。
- 显著增大 `h1` 标题的字号。
- 减少标题的对比度。
- 通过设置行高和下内边距，保证标题周围的空间合适。

(4) 保存并刷新浏览器，看看有什么不一样。

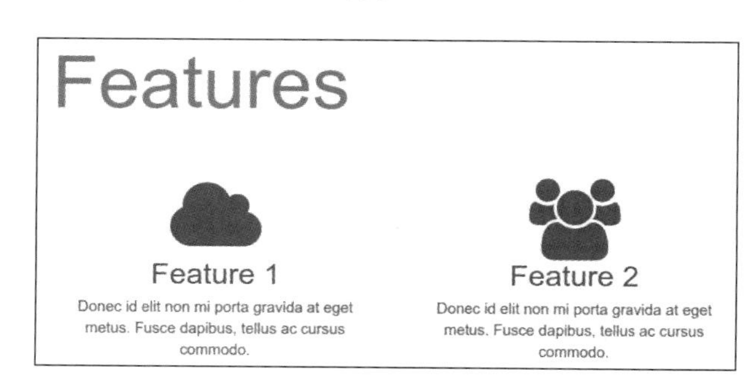

8

这些变化会体现在所有视口大小的页面中。对于小视口，目前的 h1 字号太大了。因此还要继续调整一下。我们不想让后面的样式影响更大视口中的布局，所以得把所写的样式规则封装到一个媒体查询中，将其限制于更大的视口。最终，重构后的移动优先的 SCSS 代码如下。

```
#features, #impact, #signup {
  padding-top: $spacer-y * 1.5;
  padding-bottom: $spacer-y * 1;
  h1 {
    font-size: 3em;
    color: $gray;
    line-height: 1.3;
    padding-bottom: $spacer-y;
  }
  @include media-breakpoint-up(md) {
    padding-top: $spacer-y * 2.5;
    padding-bottom: $spacer-y * 3;
    h1 {
      font-size: 5em;
      padding-bottom: $spacer-y * 1.5;
    }
  }
}
```

调整后的效果如下图所示。

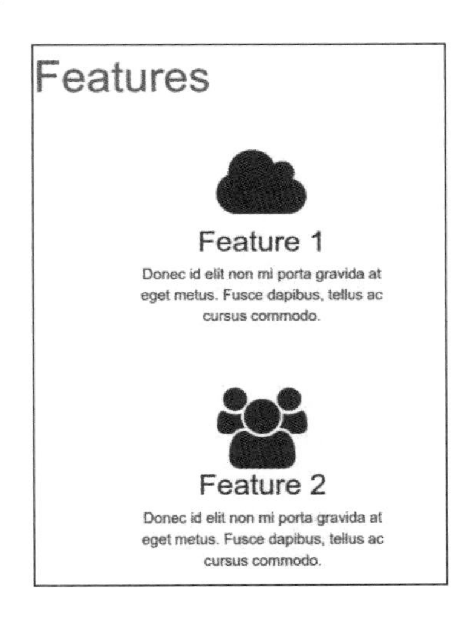

改进很大。接下来增强导航的体验。

8.11　为导航条添加 ScrollSpy

我们要配置顶部的导航条，令其对应页面中的位置。下面给导航条添加 Bootstrap 的 ScrollSpy 行为。

Bootstrap ScrollSpy 插件的文档如下：http://getbootstrap.com/javascript/#scrollspy。

默认情况下，只能在 Bootstrap 的 nav 组件上使用 ScrollSpy 插件。而我们之前使用的 navbar 组件中已经包含了 nav 组件。此外，我们还应把监听的元素的 `position` 值设为 `relative`。在本节示例中，则是需将 `body` 元素的 `position` 值设为 `relative`。

可以通过在 HTML 代码中添加 `data` 属性，轻松地启用 ScrollSpy 插件。首先，在监听的元素上添加 `data-spy="scroll"`属性，然后在其中设置 `data-target` 属性并设定值为`.nav` 组件的父元素的 ID 或类。

HTML5 中的 `data` 属性可用来在标准的 HTML 元素上存储额外的信息。可参考 https://developer.mozilla.org/en-US/docs/Web/Guide/HTML/Using_data_attributes，阅读更多有关 HTML5 中 `data` 属性的内容。

为了让 ScrollSpy 正常工作，还需要在 HTML 代码中设置可解析的目标元素 ID。之前的开发步骤中已经添加了这些目标ID。比如内容介绍部分的`section`元素拥`id="welcome"`的设置。

```
<section class="jumbotron" id="welcome">
```

这一 HTML 代码保存在 html/includes/intro.html 文件中。根据 html/includes/page-header.html 文件，`id="welcome"`声明与导航条链接中的目标 ID 一致。相关的 HTML 代码如下。

```
    <a class="nav-link active" href="#welcome">Welcome <span
class="sr-only">(current)</span></a>
```

接下来，执行以下步骤，在项目中启用 ScrollSpy 插件。

(1) 编辑 scss/app.scss 文件，将 `body`元素的 `position` 值设定为 `relative`。在文件末尾添加以下SCSS 代码。

```
body {
  position: relative;
}
```

(2) 在编辑器中打开 index.html。

(3) 给 `body` 标签添加下面的 ScrollSpy `data` 属性。

```
<body data-spy="scroll" data-target=".navbar">
```

(4) 编辑文件，在导航条链接中设置目标 ID 属性。改完后 HTML 代码如下。

```
<ul class="nav navbar-nav">
  <li class="nav-item">
    <a class="nav-link acti    href="#welcome">Welcome <span
```

8

```
        class="sr-only">(current)</span></a>
  </li>
  <li class="nav-item">
    <a class="nav-link" href="#features">Features</a>
  </li>
  <li class="nav-item">
    <a class="nav-link" href="#impact">Impact</a>
  </li>
  <li class="nav-item">
    <a class="nav-link" href="#signup">Sign up</a>
  </li>
</ul>
```

设置好目标 ID和新的 data 属性后，保存文件并刷新浏览器，在页面中用鼠标滚轮上下滚动一下。可以看到导航会表现出预期的行为：随页面滚动而指示当前显示区域所在的位置，效果如下图所示。

除了这种用 data属性来启用 Bootstrap ScrollSpy 插件的方式外，也可以用 JavaScript 来达到相同果，具体步骤如下。

(1) 首先，在 CSS/SCSS 代码中对 body 元素声明 position: relative 规则。

```
body {
  position: relative;
}
```

(2) 然后，用 JavaScript/jQuery 调用 ScrollSpy。

```
$('body').scrollspy({ target: '.navbar' })
```

为滚动添加动画

下面给点击导航后的页面滚动添加动画，为此需要使用 jQuery。

jQuery 是一个 JavaScript 的类库，提供了 HTML 文档操作的一系列 API，包括文档遍历、元素操作、事件处理、动画等。其中，`animate()` API 接口可以就 CSS 属性创建定制的动画效果。可以参考 http://api.jquery.com/animate/，了解更多有关 jQuery 动画的信息。

可以在 main.js 文件中添加以下代码，增加页面滚动的动画效果。

(1) 在编辑器中打开 js/main.js。

(2) 在`$(document).ready(function() {`中添加以下代码。

```
$('#nav-main [href^=#]').click(function (e) {
  e.preventDefault();
  var div = $(this).attr('href');
  $("html, body").animate({
  scrollTop: $(div).position().top
  }, "slow");
});
```

(3) 保存并刷新浏览器。

刚才的代码做了什么？我们使用 jQuery 做了以下几件事。

- 选择了`.navbar`元素中以页面中的锚为目标的链接，同时监听 click 事件。

```
$('#nav-main [href^=#]').click(function (e) {}
```

- 阻止了默认的单击行为。

```
e.preventDefault();
```

- 将滚动过程变成动画，设置了动画速度为`slow`，如以下代码片段所示。

```
$("html, body").animate({
    scrollTop: $(div).position().top
}, "slow");
```

单击某个导航项，应该可以看到滚动动画了！

8.12 小结

花点时间前后滚动一下页面，欣赏一下各个部分的细节，调整一下窗口，看看不同视口中的响应性如何。

想一想，一个页面就实现了那么多功能，而且它能够适配桌面浏览器、平板浏览器和手机浏览器，应该有不小的成就感吧！

下面回顾一下，我们满足了客户向我们提出的设计一个单页面营销站点的要求：使用

Bootstrap 高清图样式的大字欢迎语，背景图片格外抢眼，而且具有响应式特性； 使用大尺寸 Font Awesome 图标的功能列表；砌体版式的用户评论图片墙，完美适配各种视口；注册区使用 Bootstrap 的表格样式，并且定制了价目表，使其在中、大视口中更加突出；使用 ScrollSpy 和 jQuery 增强了导航条，并添加了动画滚动效果。实现了上述设计之后，应该说，没有什么是我们不能通过 Bootstrap 实现的了。

完成本章和前面几章的项目后，相信你一定有很大收获。总结一下，我们掌握了 Bootstrap 的所有细节；把 Bootstrap Sass 和 JavaScript 整合进了我们的定制项目文件；使用了更丰富的 Font Awesome 图标；调整、定制、创新了 Bootstrap 的样式，达到了对设计成果的精确控制。

接下来的最后一章将介绍如何用 Angular 2 和 Bootstrap 搭建应用程序。

第9章

用 Bootstrap 搭建 Angular 应用

本章将使用学到的 Bootstrap 技能来搭建 Angular 2 应用。Angular 2 的前身是 AngularJS。可以访问以下网址：https://angular.io/，阅读有关 Angular 2 的更多信息。Angular 是一个开发框架工具集，非常适于开发自己的应用，并在开发过程中扩展 HTML 的语义。使用该框架的开发环境极富表现力，可读性强且有助于快速开发。Angular 由 Google 和开发社区共同维护。

本章将介绍如何用 Angular 2 和 Bootstrap 搭建应用程序。

- 启动一个简单的 Angular 2 应用程序。
- 在应用中集成 Bootstrap 的 HTML 标记结构。
- 在 Angular 2 项目中添加 Bootstrap 的 CSS 代码。
- 使用原生的 Angular 指令。
- 了解其他构建工具，并用于部署 Bootstrap 4 项目。

9.1 概述

可以使用 Angular 来构建**单页面应用**（SPA）和富 Web 应用程序。Angular 在 JavaScript 和 HTML 层面实现了**模型–视图–控制器**（MVC）的模式。作为架构模式，MVC 将应用程序切分为三个主要的逻辑组件：模型、视图和控制器。其中，Angular 所使用的数据绑定机制会在模型和视图之间自动同步数据。

Angular 中的 HTML 编译器可在 **DOM 元素**上添加更多特殊行为。利用这一被称为“指令”的 DOM 元素标记，即可让 Angular 的编译器声明添加到元素上的功能及具体对元素的转换。

Angular 内置了一个被称为 jQuery lite 或 jqLite 的 jQuery 子集，也就是说在 Angular 应用中不应使用 jQuery。而由于 Bootstrap 里的 JavaScript 插件依赖 jQuery，因此在 Angular 应用中无法且不应再使用这些插件。

正确的做法是使用 Angular 里 Bootstrap 的相关指令，替换 Bootstrap 插件，从而在 Angular 应用中使用 Bootstrap 的各种组件。可以使用 Bootstrap 的 CSS 代码，乃至从 CDN 加载整个 CSS文件，配合这些 Angular 指令。

9.2　首次搭建 Angular 应用

Angular 2 的前身是 AngularJS。如果你已经熟练掌握了 Angular 2，则可以跳过本节的内容。访问 Angular 2 的官方网站：https://angular.io/，可了解更多相关信息。在官方网站上，可以找到“Getting Started”部分的内容，其中包含了一份 5 分钟快速上手指南以及“英雄指南”教程。

本书是关于 Bootstrap 的，因此不会详细介绍 Angular 2。言虽如此，还是建议你在继续阅读前了解一下 Angular 2 的快速上手指南和教程。

我们将复用“5 分钟快速上手指南”里的源代码，用 Bootstrap 搭建自己的 Angular 2 网站。

可以使用 TypeScript、Dart 或者 JavaScript 来编写 Angular 2 应用。本书中，我们将使用TypeScript。TypeScript 是一门由微软开发和维护的开源编程语言。它是JavaScript的一个严格的超集，以可选的方式提供了静态类型支持和基于类的面向对象编程特性。TypeScript 能编译成简洁的 JavaScript 代码并在任意浏览器、Node.js 以及任何支持 ECMAScript 3 及以上版本的 JavaScript 引擎中运行。有关TypeScript 的更多内容，可参考 https://www.typescriptlang.org/。

运行以下命令，开启 Angular 之旅。

```
git clone  https://github.com/angular/quickstart start
```

Git 是一个用于软件开发及其他版本相关任务的版本控制系统，Angular 的“5 分钟快速上手指南”的源代码可以从 GitHub 这一 Git 仓库托管服务中免费获取。

上述命令会将“5 分钟快速上手指南”的源代码复制到一个名为 start 的新文件夹中。进入该文件夹并运行以下命令。

```
npm install && npm start
```

该命令会创建一个使用 TypeScript 的、非常简单的 Angular 2 应用。而我们会基于该应用来构建自己的项目。运行 `npm start` 命令后，TypeScript 编译器和轻量级 Web 服务器会监听文件的改动。当文件发生变化时，重新将 TypeScript 编译成 JavaScript 并刷新浏览器。

在不做任何别的改动的情况下，可以在浏览器中访问 http://localhost:3000 打开应用程序。结果如下图所示。

My First Angular 2 App

接下来，我们将该应用重建为一个含四个网页的小网站。

9.3 在应用中添加路由

可以访问以下网址：https://angular.io/docs/ts/latest/tutorial/toh-pt5.html，学习有关 Angular 2 中路由的更多知识，这有助于理解我们接下来的开发步骤。

我们的小网站将拥有以下四个页面：Home、Features、Pricing 和 About。所以我们需要创建四个新的组件（视图）。对于主页而言，在 app 文件夹下创建一个名为 home.component.ts 的文件，其中包含以下 TypeScript 代码。

```
import { Component } from '@angular/core';
@Component({
  selector: 'home',
  template: '<h3>Home</h3>'
})
export class HomeComponent {
}
```

将以上步骤重复应用于其他页面，创建 features.component.ts、pricing.component.ts 和 about.component.ts 文件。

然后创建一个名为 app/app.routes.ts 的新文件，其中包含以下 TypeScript 代码。

```
import { provideRouter, RouterConfig }  from '@angular/router';
import { HomeComponent } from './home.component';
import { FeaturesComponent } from './features.component';
import { PricingComponent } from './pricing.component';
import { AboutComponent } from './about.component';
const routes: RouterConfig = [
  {
    path: 'home',
    component: HomeComponent
  },
  {
    path: 'features',
    component: FeaturesComponent
  },
  {
    path: 'pricing',
    component: PricingComponent
  },
  {
    path: 'about',
    component: AboutComponent
  },
  {
    path: '',
    redirectTo: '/home',
    pathMatch: 'full'
    }
```

9

```
];
export const appRouterProviders = [
  provideRouter(routes)
];
```

做完这些改动后，还应在 root 文件夹下的 index.html 文件中添加 `base` 标签。在编辑器中打开 index.html 文件，添加以下 HTML 代码。

```
<head>
  <base href="/">
```

接下来，我们开始编辑 app/app.component.ts 文件。

9.4 配置导航

原始的主应用组件（app/app.component.ts）应当只处理导航。编辑 app/app.component.ts 文件，使之包含以下 TypeScript 代码。

```
import { Component } from '@angular/core';
import { ROUTER_DIRECTIVES }  from '@angular/router';
@Component({
  selector: 'my-app',
  template: `<ul>
    <li><a [routerLink]="['/home']" routerLinkActive="active">Home</a></li>
    <li><a [routerLink]="['/features']" routerLinkActive="active">Features</a></li>
    <li><a [routerLink]="['/pricing']" routerLinkActive="active">Pricing</a></li>
    <li><a [routerLink]="['/about']" routerLinkActive="active">About</a></li>
  </ul>
  <router-outlet></router-outlet>`,
    directives: [ ROUTER_DIRECTIVES ]
})
export class AppComponent { }
```

当我们在应用程序中用导航切换界面时，`<router-outlet>`下相应的路由组件就能立即显示出来。

在浏览器中观察，最终的结果如下图所示。

- Home
- Features
- Pricing
- About

Home

点击其中的链接，页面就会加载一张新的视图。接下来，我们将 Bootstrap 集成到项目中！

9.5 在应用程序中添加 Bootstrap 的标记代码

再次在编辑器中打开 app/app.component.ts 文件。将 template 元数据替换成 `templateUrl` 属性，并将属性值设为 app/app.component.html 这一新的模板文件，如下所示。

```
@Component({
  selector: 'my-app',
  templateUrl: 'app/app.component.html',
  directives: [ ROUTER_DIRECTIVES ]
})
```

然后，就可以将 Bootstrap 的 HTML 标记结构添加到 app/app.component.html 模板文件中。将导航列表替换成响应式的导航条，同时使用 `container` 以及别的网格类。最后的 HTML 代码如下所示。

```
<div class="container">
  <div class="row">
    <h1>{{title}}</h1>
  </div>
</div>
<nav class="navbar navbar-light bg-faded">
  <button class="navbar-toggler hidden-sm-up" type="button" aria-controls=
"exCollapsingNavbar2" aria-expanded="false" aria-label="Toggle navigation">
    ≡
  </button>
  <div class="navbar-toggleable-xs">
    <div class="container">
      <ul class="nav navbar-nav">
        <li class="nav-item">
          <a class="nav-link active" [routerLink]="['/home']"
routerLinkActive="active">Home</a>
        </li>
        <li class="nav-item">
          <a class="nav-link" [routerLink]="['/features']" routerLinkActive=
"active">Features</a>
        </li>
        <li class="nav-item">
          <a class="nav-link" [routerLink]="['/pricing']"
routerLinkActive="active">Pricing</a>
        </li>
        <li class="nav-item">
          <a class="nav-link" [routerLink]="['/about']"
routerLinkActive="active">About</a>
        </li>
      </ul>
    </div>
  </div>
</nav>
<main class="container">
  <router-outlet></router-outlet>
</main>
<footer class="container">
  <div class="row">
```

```
      <div class="col-xs-12 text-xs-center">
        &copy; 2016 {{title}}
      </div>
    </div>
  </footer>
```

回顾第 1 章，了解更多有关 Bootstrap 导航条标记结构的信息。

再次在浏览器中观察结果，导航如下图所示。

正如从上图中所看到的，显示效果不佳。我们尚未在应用中加载 Bootstrap 的 CSS 代码，因此显示的 HTML 并无样式可言。接下来，我们将在应用程序中添加 Bootstrap 的 CSS 代码。

9.6　在应用程序中集成 Bootstrap 的 CSS 代码

接下来，我们需要在应用程序中添加 Bootstrap 的 CSS 代码。当然，我们也可以采取简单的做法，在 index.html 中通过链接从 CDN 加载 CSS 文件，但那么做无法有效利用 Bootstrap 底层的 Sass 代码。

我们的应用程序中，每个组件都有其自己的样式表。而应用的主样式则通过 styles.css 文件加载。我们将建立一个构建系统，把 Bootstrap 的 SCSS 代码和自己的定制代码一起打包到 styles.css 文件里。

首先，运行以下命令，通过 npm 安装 Bootstrap 的源代码。

```
npm install bootstrap --save-dev
```

然后，建立一个与之前类似的文件结构。

```
scss/styles.scss
scss/includes/_bootstrap.sccs
scss/includes/_variables.sccs
```

scss/_includes/_variables.scss 文件用于覆盖 Bootstrap 中的默认值，而 scss/_includes/_bootstrap.scss 文件则是 bootstrap.scss 源文件的一份副本。在 scss/_includes/_bootstrap.scss 文件中，所有的 Bootstrap

组件模块都是单独加载的，因此我们可以注释掉不需要的部分。通过将 Sass 编译器的 includePath 选项设为 node_modules 文件夹，就可以加载 node_modules 文件夹里的源代码。下面设置 Sass 编译器。

9.6.1　设置 Sass 编译器

运行以下命令，设置 node-sass 这一 Sass 编译器。

```
npm install node-sass --save-dev
```

node-sass 模块使用 libSass 编译 Sass 代码。请注意，libSass 与 Compass 并不兼容。有关 node-sass 模块的更多信息，可访问以下网址：https://github.com/sass/node-sass。

第 2 章介绍了如何在构建流程中通过 gulp-sass 来使用 node-sass 编译器。

安装 node-sass 模块后，编辑项目里的 package.json 文件，并按以下方式在脚本属性区域创建一个新的条目。

```
"compile-scss": "node-sass --output-style expanded --precision 6 --source-comments
false --source-map true --include-path node_modules -o . scss"
```

现在，即可运行以下命令，将 scss/styles.scss 编译成 styles.css。

```
npm compile-scss
```

将上述命令添加到启动命令中，如下所示。

```
"start": "npm run compile-scss & tsc && concurrently "tsc -w" "lite-server"",
```

这样，当运行 npm start 命令时，scss/styles.scss 文件就会被编译成 styles.css 文件。可以看到，启动命令中已经包含了 tsc -w 命令，因此会监听 TypeScript 文件的改动。当有任何 HTML、CSS 或 JavaScript 文件发生变化时，Web 服务器就会自动重新加载。而当任意 Sass 文件发生改动时，CSS 也应重新编译。可以用 Nodemon 模块来监听.scss 文件。

Nodemon 可以监听文件的改动，并相应地重启程序。可以运行以下命令，安装 Nodemon。

```
npm install nodemon --save-dev
```

安装完成后，对 package.json 文件的脚本属性做如下修改。

```
"start": "concurrently "npm run watch-scss" & tsc && concurrently "tsc -w"
"lite-server" ", "watch-scss": "nodemon -e scss -x "npm run compile-scss"",
```

请注意，node-sass 模块自带 watch 选项，但使用该 watch 选项后却无法对编译结果做后置处理。我们将在下一节对编译结果做后置处理。测试一下刚创建的新命令。首先运行 npm start 命令，然后修改 scss/styles.scss 文件并保存。保存后，Sass 编译器会自动启动，而浏览器窗口也会自动重新加载。

9.6.2 添加后置处理器

正如前面所介绍的，在将 Bootstrap 的 Sass 代码编译成 CSS 时需使用到 postcss 和 autoprefixer 等后置处理器。默认情况下，Bootstrap 还会运行 postcss-flexbugs-fixes 后置处理器。

postcss-flexbugs-fixes 会尝试修复 Flexbox 布局在各种浏览器上的问题。更多信息可参考以下网址：https://github.com/luisrudge/postcss-flexbugs-fixes。

首先，必须运行以下命令，安装 postcss 及其他后置处理器。

```
npm install postcss-cli autoprefixer postcss-flexbugs-fixes --save-dev
```

模块安装完成后，只要简单地复用 Bootstrap 的后置处理设置即可。在 package.json 文件的脚本属性中添加以下条目。

```
"postcss": "postcss --config node_modules/bootstrap/grunt/postcss.js --replace
styles.css"
```

然后，添加一个新的命令，在 Sass 编译完成后运行后置处理器，如下所示。

```
"build:css" : "npm run compile-scss && npm run postcss"
```

由于应该让 nodemon 执行 `build:css` 命令，因此别忘了对 `watch-scss` 命令做相应的修改。

```
"watch-scss": "nodemon -e scss -x "npm run build:css""
```

最后，package.json 文件中的脚本属性应如下所示。

```
"scripts": {
  "start": "concurrently "npm run watch-scss" & tsc && concurrently "tsc -w"
"lite-server" ",
  "docker-build": "docker build -t ng2-quickstart .",
  "docker": "npm run docker-build && docker run -it --rm -p 3000:3000 -p 3001:3001
ng2-quickstart",
  "pree2e": "npm run webdriver:update",
  "e2e": "tsc && concurrently "http-server -s" "protractor protractor.config.js"
--kill-others --success first",
  "lint": "tslint ./app/**/*.ts -t verbose",
  "lite": "lite-server",
  "postinstall": "typings install",
  "test": "tsc && concurrently "tsc -w" "karma start karma.conf.js"",
  "test-once": "tsc && karma start karma.conf.js --single-run",
  "tsc": "tsc",
  "tsc:w": "tsc -w",
  "typings": "typings",
  "webdriver:update": "webdriver-manager update",
  "build:css": "npm run compile-scss && npm run postcss",
  "postcss": "postcss --config node_modules/bootstrap/grunt/postcss.js --replace
styles.css",
  "watch-scss": "nodemon -e scss -x "npm run build:css"",
  "compile-scss": "node-sass --output-style expanded --precision 6 --source-comments
false --source-map true --include-path node_modules -o .scss"
},
```

最终的结果会如下图所示。

9.6.3 使用 ng-bootstrap 指令

调整浏览器窗口大小并使视口宽度小于 768 像素。可以看到导航条会堆叠显示成下图中的样子。

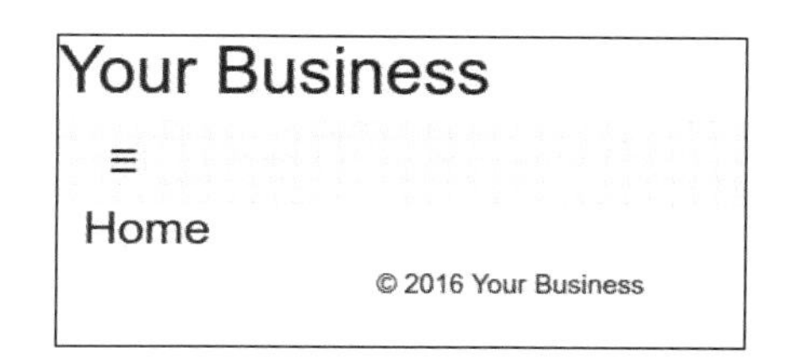

点击用于展开菜单的汉堡菜单按钮后没有反应。这是因为我们并没有引入它所依赖的 JavaScript 折叠插件。如本章之前所介绍的，我们不应使用 Bootstrap 中的 JavaScript 插件，而应以相关的 Angular 指令取代之。

还记得吗，Angular 指令就是 DOM 元素上的一些标记，用于在编译过程中声明对元素的附加功能及对元素的转换。

可以用 ng-bootstrap 指令来替换 Bootstrap 中的 jQuery 插件。有关该指令的更多信息，可参考 https://ng-bootstrap.github.io/。

执行以下步骤，在项目中集成 ng-bootstrap 指令。

首先，运行以下命令，安装 ng-bootstrap 指令。

```
npm install @ng-bootstrap/ng-bootstrap --save-dev
```

然后，在项目根目录下打开 angular-cli-build.js 文件，添加以下代码。

```
// 映射告知系统加载器从哪里找
var map = {
  'app':                            'app', // 'dist',
  '@angular':                       'node_modules/@angular',
  'angular2-in-memory-web-api': 'node_modules/angular2-in-memory-web-api',
```

```
  'rxjs':                       'node_modules/rxjs',
  '@ng-bootstrap/ng-bootstrap': 'node_modules/@ng-bootstrap/ng-bootstrap'
};
// 包告知系统加载器当没有文件名或扩展时如何加载
var packages = {
  'app':                        { main: 'main.js',  defaultExtension: 'js' },
  'rxjs':                       { defaultExtension: 'js' },
  'angular2-in-memory-web-api': { main: 'index.js', defaultExtension: 'js' },
  '@ng-bootstrap/ng-bootstrap': { defaultExtension: 'js', main: 'index.js' }
};
```

之后，我们将修改应用中的组件及其 HTML 模板。首先编辑 app.components.ts 文件，使其 TypeScript 代码如下所示。

```
import { Component } from '@angular/core';
import { ROUTER_DIRECTIVES }  from '@angular/router';
import {NGB_COLLAPSE_DIRECTIVES} from '@ng-bootstrap/ng-bootstrap';
@Component({
  selector: 'my-app',
  templateUrl: 'app/app.component.html',
  directives: [ ROUTER_DIRECTIVES, NGB_COLLAPSE_DIRECTIVES]
  })
export class AppComponent {
  title = 'Your Business';
  private isCollapsed = true;
}
```

可以看到，上述代码在组件中引入了折叠相关的指令。按如下方式编辑修改。

```
          <button class="navbar-toggler hidden-sm-up"
type="button" (click)="isCollapsed = !isCollapsed" aria-
expanded="false" aria- label="Toggle navigation">
          ≡
          </button>
          <div class="navbar-toggleable-xs" [ngbCollapse]="isCollapsed">
```

运行 `npm start` 命令并在浏览器中观察结果。在小视口环境中，汉堡菜单已经可以正常工作了。

至此，我们介绍了如何在 Angular 2 项目中集成 Bootstrap，同时也搭好了网站的骨架。

1. 使用其他指令

根据 ng-bootstrap 官方网站说明，目前已有的指令与 Bootstrap组件之间并未做到完全的一一对应。与此同时，有些组件指令则是 ng-bootstrap 所特有的，在 Bootstrap 中并不存在。

比如，评级组件就是 ng-bootstrap 中所特有的。可以用以下步骤在项目中使用该组件。

在编辑器中打开 home.component.ts 文件，添加评级组件指令及相关的 HTML 代码。参考示例代码。修改后的 TypeScript 如下所示。

```
import { Component } from '@angular/core';
import {NGB_RATING_DIRECTIVES} from '@ng-bootstrap/ng-bootstrap';

@Component({
  selector: 'home',
  template: `<h3>Home</h3>
  <ngb-rating [(rate)]="currentRate"></ngb-rating>
  <hr>
  <pre>Rate: <b>{{currentRate}}</b></pre>`,
directives: [NGB_RATING_DIRECTIVES]
})
export class HomeComponent {
  currentRate = 10;
}
```

修改完成后，主页视图的最终效果显示如下。

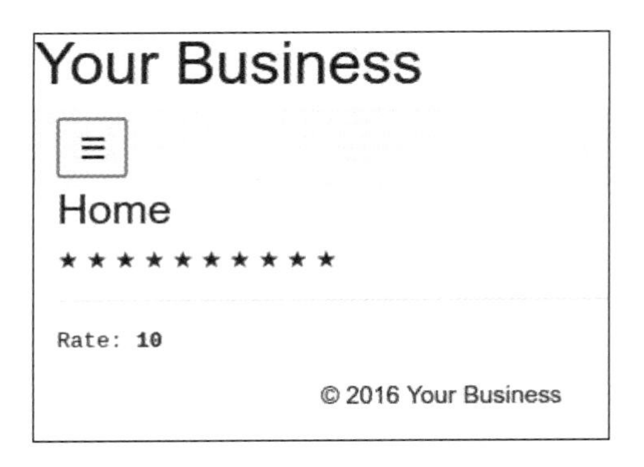

2. 将 ng2-bootstrap 指令作为候选方案

ng-bootstrap 指令由 Google 的 Angular 2 团队维护，其前身为 Angular UI Bootstrap 库。除了该类库外，还存在由 Valor Software 公司维护的 ng2-bootstrap 模块等。这些用于 Bootstrap 的 Angular 2 指令在 Bootstrap 3 和 Bootstrap 4 中都能正常工作。

可以重复之前集成 ng-bootstrap 模块的步骤，将 ng-bootstrap 指令替换为 ng2-bootstrap 指令。首先，运行以下命令，安装 ng2-bootstrap 指令。

```
npm install ng2-bootstrap --save
```

ng2-bootstrap 指令安装完成后，还需要修改 angular-cli-build.js、app.components.ts 和 app.components.html 文件。另外，可参考以下网址中的指导步骤：https://github.com/valor-software/ngx-bootstrap#quick-start。该指导提供了在 Angular 2 中使用 ng2-bootstrap 模块的 5 分钟快速上手指南。

ng2-bootstrap 模块中包含了 datepicker 和 timepicker 及其他组件。其中，datepicker 组件的显示效果如下。

9.7 下载完整的代码

与本书中的其他项目一样，可以访问 Packt 出版社网站（http://www.packtpub.com/support），下载项目源代码。本章项目的源代码文件保存在 chapter9/finish 目录里。

打开 chapter9/finish 文件夹并运行以下命令，启动项目。

```
npm install && npm start
```

本书中涉及的项目源代码也发布到了 GitHub 上。其下载地址为：https://github.com/bassjobsen/angular2-bootstrap4-website-builder。可以简单地运行以下命令，安装项目源文件。

```
git clone https://github.com/bassjobsen/angular2-bootstrap4-website-
builder.git yourproject
```

9.8 使用 Angular CLI

Angular CLI 是基于 ember-cli 项目的 Angular 2 应用程序 CLI（Command Line Interface，命令行界面）工具。该工具可以帮助你更轻松地配置和开发 Angular 2 项目。

可以通过 Angular CLI 使用之前介绍的 ng-bootstrap 和 ng2-bootstrap 指令。Angular CLI 工具使用的是 webpack 这一模块打包工具。该工具会通过插件加载机制对 Sass 文件进行预处理。如果项目中尚未通过 CDN 的方式加载 Bootstrap 的 CSS 代码，则必须配置 webpack，用该工具来对 Bootstrap 的 Sass 进行预处理和后置处理。

9.9 在 React.js 中使用 Bootstrap

React 是另一个流行的 JavaScript 类库，可用于构建 Web 应用的用户界面（UI）组件。与 Angular 相比，React 采用了组件组装的理念，而非 Angular 中的模板逻辑。在组件组装这一理念里，页面逻辑并不会存储在一个额外的模板文件中。相应地，React 技术使用了一种名为 JSX（JavaScript syntax extension，JavaScript 语法扩展）的语法。该语法和 HTML 类似，最终会被编译成 JavaScript 代码。

使用 React 的最简单的方式可能就是直接从 CDN 加载需要的类库了。React 支持包括 IE9 在内的所有的主流浏览器。根据文档，可以从 JSFiddle 上的 Hello World 示例开始体验 React。该示例的网址为：https://jsfiddle.net/reactjs/69z2wepo/。该示例最终会打印出“hello world”的字样。

本书讲述的是 Bootstrap，因此不详细介绍 JSXzu。有关 React 和 JSX 的知识，可以观看 Samer Buna 的相关视频，地址为 https://www.packtpub.com/web-development/learning-reactjs-video。接下来，我们将 Bootstrap 添加到 React 应用中。

使用 Bootstrap 4 的 React 组件

Reactstrap 是一个包含 Bootstrap 4 的 React 组件的类库。其文档地址为：https://reactstrap.github.io。

可以执行以下步骤，在本机系统中安装 Reactstrap。

- 运行以下命令。

```
git clone https://github.com/reactstrap/reactstrap.git reactstrap
```

- 打开 reactstrap 文件夹并运行以下命令。

```
npm install && npm start
```

`npm start` 命令会在开发环境中启动 webpack 的 Web 服务器，访问地址为：http://localhost:8080/webpack-dev-server/。如之前所提到的，Webpack 是一个 JavaScript 下的模块打包工具。在浏览器里打开 http://localhost:8080/webpack-dev-server/，显示结果如下图所示。

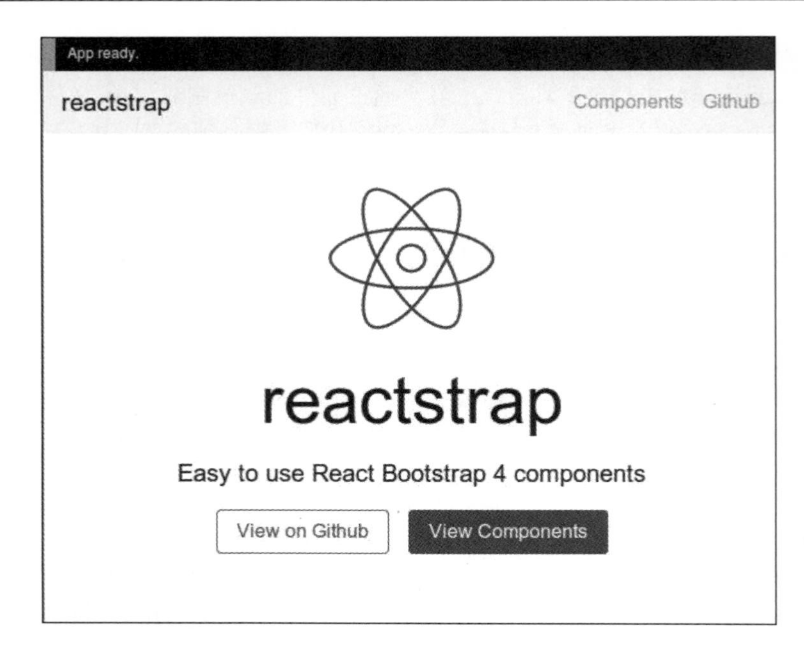

请注意，Reactstrap 依赖 Bootstrap 的 CSS 代码，但不依赖 jQuery 或 Bootstrap 的 JavaScript 插件。

可以在 JSFiddle 的 Hello World 示例里使用 Reactstrap。访问该示例的网址并创建一个自己的分支。

然后添加以下外部资源。

- https://npmcdn.com/bootstrap@4.0.0-alpha.3/dist/css/bootstrap.min.css（Bootstrap 的 CSS 代码）
- https://npmcdn.com/reactstrap@2/dist/reactstrap.min.js（Reactstrap 类库）

最终，加载的资源文件会如下图所示。

External Resources 3
JavaScript/CSS URI
browser.js
react-with-addons.js
react-dom.js
bootstrap.min.css
reactstrap.min.js

接着编辑 JavaScript 代码。可编写以下 JavaScript 程序，在页面上显示 Bootstrap 中的警告按钮。

```
  const {
    Button
  } = Reactstrap;
var Hello = React.createClass({
  render: function() {
    return <Button color="danger">danger</Button>;
  }
});
ReactDOM.render(
  <Hello name="World" />,
  document.getElementById('container')
);
```

最后，点击页面上的 run 按钮，结果会如下图所示。

danger

可以访问 https://jsfiddle.net/bassjobsen/2fz6aLrv/，查看该定制的 JSFiddle 示例。

9.10　其他用于部署 Bootstrap 4 的工具

可以访问以下网址：https://github.com/ bassjobsen/brunch-bootstrap4，查看在 Brunch 中使用 Bootstrap 4 的骨架代码。Brunch 是一个 Web应用的前端构建工具。可以对 HTML5 应用进行代码静态检查、编译、拼接，以及缩减构建结果的大小。

可以访问 Brunch 的官方网站（http://brunch.io/），了解更多相关信息。可运行以下命令，尝试使用 Brunch。

```
npm install -g brunch
brunch new -s https://github.com/bassjobsen/brunch-bootstrap4
```

请注意，上述第一个命令需要管理员权限才能执行。安装完成后，可以运行以下命令构建项目。

```
brunch build
```

该命令会创建一个名为 public/index.html 的新文件。在浏览器中打开该文件，即可观察到下图所示的效果。

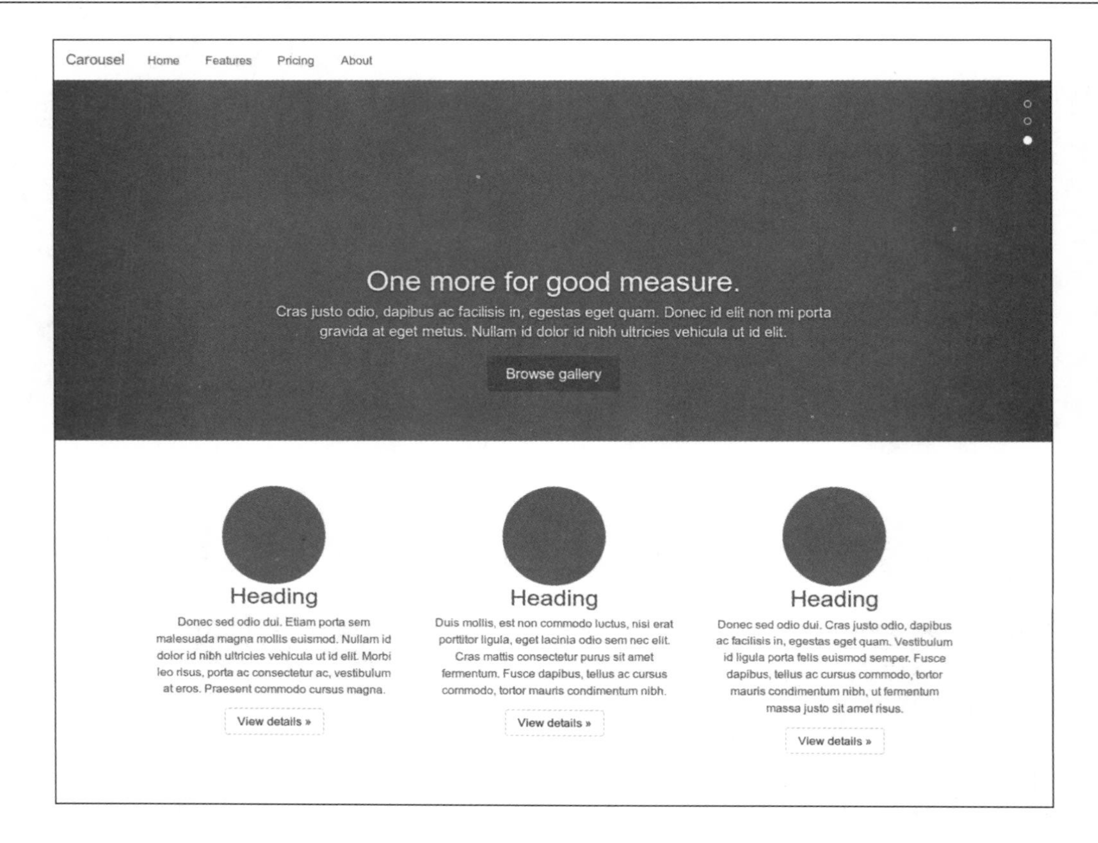

Yeoman

Yeoman 也是一个构建工具。它采用被称为“生成器”的脚手架模板技术，用命令行的方式创建项目。可以访问以下网址：https://github. com/bassjobsen/generator-bootstrap4，查看用于生成 Bootstrap 4 前端应用的脚手架生成器。

可以执行以下命令，运行 Yeoman 中的 Bootstrap 4 生成器。

```
npm install -g yo
npm install -g generator-bootstrap4
yo bootstrap4grunt serve
```

与之前一样，前两个命令需要管理员权限方能执行。

`grunt serve` 命令会在本地启动一个 Web 服务器，访问地址为 http://localhost:9000。用浏览器打开该地址，即可看到下图所示的效果。

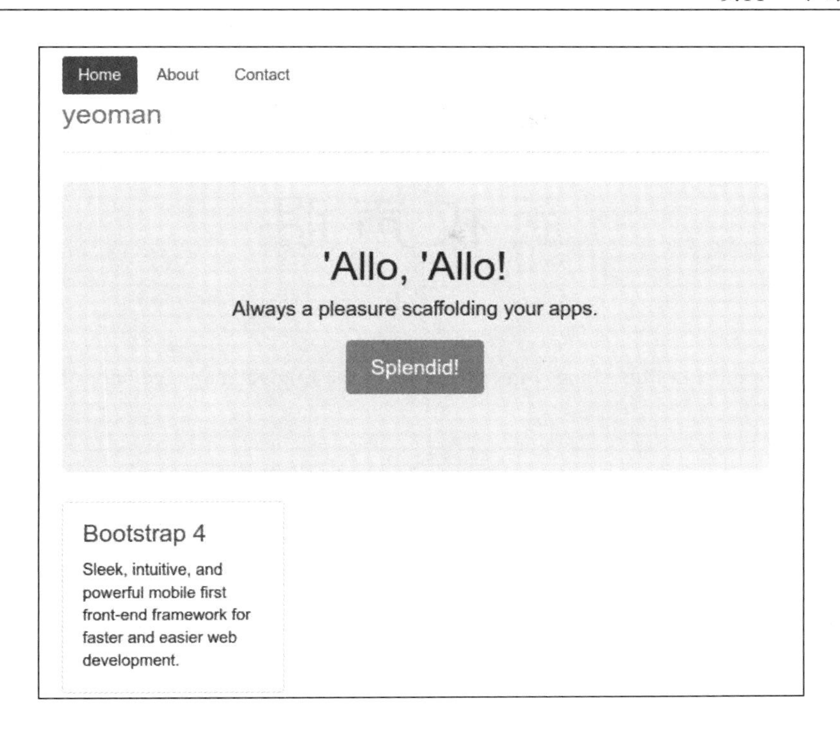

9.11 小结

至此，本书的内容就全部介绍完毕了。希望你享受整个学习的过程并有所收获。你可以开始创建属于自己的 Bootstrap 4 项目，并用所学的工具部署项目。

本章介绍了如何启动一个使用 Bootstrap 4 的 Angular 2 应用，还介绍了可用于部署项目的其他工具。干得漂亮！

除了我们所介绍的内容，有关 Bootstrap 还有很多别的资源可供学习。Bootstrap 社区非常活跃。当下也是 Web 前端开发历史中令人兴奋的时刻。可以说，Bootstrap 已然青史留名。你可以访问我的 GitHub 页面（http://github.com/bassjobsen），了解新项目和更新的资源，也可以在 Stack Overflow 上向我提问（http://stackoverflow.com/users/1596547/bass-jobsen）。

版权声明

站在巨人的肩上
Standing on Shoulders of Giants
TURING
图灵教育
iTuring.cn